电路学习指导书

主　编　柳　懿
副主编　卞　强　嵇　斗　常路宾
　　　　徐　星　吕井勇　张天然

国防工业出版社
·北京·

内容简介

本书是辅助学习"电路""电路分析基础"等课程,帮助学生课后进行有效复习和有层次练习的指导书。主要内容包括电路模型和基尔霍夫定律、电阻电路的等效化简、电路的系统分析方法、电路定理、动态电路的时域分析、正弦稳态交流电路分析基础、互感器和变压器、谐振电路、三相电路、非正弦周期电流电路、二端口网络、动态电路的复频域分析。每章包括 A 内容提要、B 例题详解、C 练习题,先易后难、逐步深入,便于学习。

本书可作为高等院校电气、电子、计算机专业本科电路相关课程的辅助教材。本教材力求继承传统性、增强应用性和反映先进性。

图书在版编目(CIP)数据

电路学习指导书 / 柳懿主编. —北京:国防工业出版社,2023.6
ISBN 978-7-118-12947-2

Ⅰ. ①电… Ⅱ. ①柳… Ⅲ. ①电路理论-高等学校-教学参考资料 Ⅳ. ①TM13

中国国家版本馆 CIP 数据核字(2023)第 116765 号

※

国防工业出版社出版发行
(北京市海淀区紫竹院南路 23 号 邮政编码 100048)
三河市腾飞印务有限公司印刷
新华书店经售

*

开本 787×1092 1/16 印张 17 字数 388 千字
2023 年 6 月第 1 版第 1 次印刷 印数 1—2500 册 定价 78.00 元

(本书如有印装错误,我社负责调换)

国防书店:(010)88540777　　书店传真:(010)88540776
发行业务:(010)88540717　　发行传真:(010)88540762

前　言

本书是与王向军主编的《电路》教材配套的教辅书。可用于"电路""电路分析基础"等课程，为学生课后进行有效复习和有层次练习提供指导。

本书共 12 章。第 1 章的电路模型和基尔霍夫定律为全书奠定基础。电阻电路分为 3 章：第 2 章为电阻电路的等效化简；第 3 章为电路系统分析方法；第 4 章为电路定理。交流电路分为 5 章：第 6 章为正弦稳态交流电路分析基础；第 7 章为互感器和变压器；第 8 章为谐振电路；第 9 章为三相电路；第 10 章为非正弦周期电流电路。动态电路的分析分为 2 章：第 5 章动态电路的时域分析和第 12 章动态电路的复频域分析。第 11 章为二端口网络。本书整体结构完整，各章又自成体系，层次分明、条理清晰，逻辑性强，体例结构能充分反映内容的内在联系及本课程特有的思维方法。

每章包含 3 个部分，分别为：A 内容提要、B 例题详解、C 练习题。A 内容提要先对每章的内容进行总结，总结中突出重点和难点。A 部分内容未采用一般教材平铺直叙的方式，而是通过大量图表的方式对相关的知识点进行类比，这样可以让读者在掌握这些知识点内容的同时又能了解各知识点的特点和不同，便于读者清晰准确地理解相关内容。B 例题详解的部分中选取的例题都是每章中具有代表性的典型性习题，能帮助读者发现及重视平时学习中容易犯错的知识点。每个例题的解题过程均突出了解题思路的分析、电路图特点的描述，以便让读者深刻掌握每种分析方法。C 练习题中除了给出一些基本的电路问题帮助大家巩固相应章节的知识点，还有大量具有一定难度的综合类习题。这样的练习题培养读者两个方面的能力：一是对知识点理解的深入性，这要求读者对每个知识点要从原理上吃透弄懂，而不仅仅是简单了解；二是对多个知识点的综合应用，电路是一门比较复杂的分析计算类课程，很多电路问题需要综合运用多个知识点来分析。本书的这种编写法体现了先易后难、逐步深入、便于学习的特点。

本书写作分工为：柳懿编写第 2、3、4、5 章，卞强编写第 6、7 章，嵇斗编写第 9、10 章，常路宾编写第 12 章，徐星编写第 11 章，吕井勇编写第 1 章，张天然编写第 8 章。全书由柳懿统稿。

由于作者水平所限，本书结构和体系的安排、内容的取舍和叙述等方面多有疏漏和不当之处，恳请读者指正。

柳　懿
2023 年 1 月

目 录

第 1 章 电路模型和基尔霍夫定律 ... 1
  A 内容提要 ... 1
    一、电路与电路模型 ... 1
    二、电路的基本物理量及其参考方向 ... 1
    三、基尔霍夫定律 ... 3
    四、电路元件 ... 4
  B 例题 ... 5
  C 练习题 ... 19
  练习题答案 ... 20

第 2 章 电阻电路的等效化简 ... 21
  A 内容提要 ... 21
    一、等效变换 ... 21
    二、无源单口网络的等效化简 ... 21
    三、有源单口网络的等效化简 ... 22
  B 例题 ... 24
  C 练习题 ... 32
  练习题答案 ... 35

第 3 章 电路的系统分析方法 ... 36
  A 内容提要 ... 36
    一、网络图论基本概念 ... 36
    二、电路分析方法 ... 37
  B 例题 ... 39
  C 练习题 ... 50
  练习题答案 ... 52

第 4 章 电路定理 ... 53
  A 内容提要 ... 53
    一、叠加定理 ... 53
    二、替代定理 ... 54
    三、戴维南定理和诺顿定理 ... 54
  B 例题 ... 56
  C 练习题 ... 75

练习题答案 ... 78

第5章　动态电路的时域分析 ... 79
- A　内容提要 ... 79
  - 一、换路定则 ... 79
  - 二、电容电压和电感电流的跃变 ... 79
  - 三、一阶电路的零输入响应和零状态响应 ... 79
  - 四、一阶动态电路的求解方法 ... 80
- B　例题 ... 82
- C　练习题 ... 93
- 练习题答案 ... 95

第6章　正弦稳态交流电路分析基础 ... 96
- A　内容提要 ... 96
  - 一、相量法 ... 96
  - 二、时域和频域中的两类约束方程 ... 96
  - 三、阻抗、导纳及功率 ... 97
  - 四、相量图分析法 ... 101
- B　例题 ... 102
- C　练习题 ... 141
- 练习题答案 ... 146

第7章　互感器和变压器 ... 147
- A　内容提要 ... 147
  - 一、互感现象和耦合电感的伏安特性 ... 147
  - 二、含耦合电感电路的分析 ... 148
  - 三、空心变压器 ... 150
  - 四、理想变压器 ... 150
- B　例题 ... 152
- C　练习题 ... 166
- 练习题答案 ... 168

第8章　谐振电路 ... 169
- A　内容提要 ... 169
- B　例题 ... 170
- C　练习题 ... 179
- 练习题答案 ... 181

第9章　三相电路 ... 182
- A　内容提要 ... 182
  - 一、对称三相电路 ... 182
  - 二、不对称三相电路 ... 183
  - 三、三相电路的功率及测量方法 ... 183

    B　例题 ··· 185

    C　练习题 ··· 192

    练习题答案 ··· 195

第 10 章　非正弦周期电流电路 ··· 196

    A　内容提要 ·· 196

        一、非正弦周期函数傅里叶级数展开 ··· 196

        二、非正弦周期函数频谱图 ··· 197

        三、非正弦周期电流和电压的有效值 ··· 197

        四、非正弦周期电流和电压的平均值 ··· 197

        五、非正弦周期电流电路中的功率 ··· 197

        六、非正弦周期电流电路计算 ··· 197

    B　例题 ··· 199

    C　练习题 ··· 213

    练习题答案 ··· 215

第 11 章　二端口网络 ··· 216

    A　内容提要 ·· 216

        一、二端口网络的方程和参数 ··· 216

        二、二端口网络的等效电路 ··· 216

        三、二端口网络的连接 ·· 217

        四、接负载的二端口网络 ··· 218

        五、几种常用的二端口网络 ··· 220

    B　例题 ··· 222

    C　练习题 ··· 238

    练习题答案 ··· 241

第 12 章　动态电路的复频域分析 ··· 243

    A　内容提要 ·· 243

        一、拉普拉斯变换的定义 ··· 243

        二、拉普拉斯变换简表 ·· 243

        三、拉普拉斯变换的性质 ··· 243

        四、拉普拉斯反变换 ·· 244

        五、常用简单电路的运算形式 ··· 245

    B　例题 ··· 246

    C　练习题 ··· 260

    练习题答案 ··· 262

第1章 电路模型和基尔霍夫定律

A 内容提要

一、电路与电路模型

（一）电路的组成和功能

电路通常由电源、负载、中间环节三大部分组成。电路分为两种类型：电力系统的电路功能是实现电能的传输、分配和转换；电子技术的电路功能是对电信号进行传递、变换、储存和处理。

（二）电路模型

电路理论是建立在模型概念的基础上的，用理想化的电路模型来描述电路是一种十分重要的研究方法。由理想电路元件构成的、与实际电路相对应的电路图称为电路模型。

（三）理想电路元件

理想电路元件是电路模型中不可再分割的基本构造单元并具有精确的数学定义。理想电路元件也是一种科学的抽象，可以用来表征实际电路中的各种电磁性质。例如"电阻元件"表征了电路中消耗电能的电磁特性；"电感元件"表征了电路中储存磁场能量的电磁特性；"电容元件"则表征了电路中储存电场能量的电磁特性。

（四）集总参数电路

学习电路基本定律时要注意它们的适用范围：仅限于对集总参数电路的分析。集总参数电路是指电路中的电磁能量只储存和消耗在元件上，并且各元件间是用无阻、无感的理想导线相连接，导线与电路各部分之间的电容也都可以忽略的电路。换句话说，只要电路的尺寸远小于电路中最高频率所对应的波长，不管其连接方式如何，都可以称为集总参数电路。

二、电路的基本物理量及其参考方向

（一）基本电量

虽然我们在中学已经从物理概念上接触过电压、电流、电动势、电功率这些电量，但在本章的学习中，我们要从工程应用的角度上重新理解电压、电流、电动势、电功率这些电量的概念，并把它们与参考方向联系在一起加以理解。

在电路分析中，电压就是电路中两点电位之差，是产生电流的根本原因；电流通过电路元件时，必然产生能量转换；电动势只存在于电源内部，其大小反映了有源元件能量转换的本领。

电流所做的功就是电功，日常生活中"度"就是电功，因此电功的单位除了焦耳还有 kW·h（度）；电功率则反映了设备能量转换的本领。如电气设备上标示的额定电功率，表征了该设备本身能量转换的本领：100W 表示该设备在 1s 时间内可以把 100J 的电能转换成其他形式的能量，40W 表示设备在 1s 时间内可以把 40J 的电能转换成其他形式的能量。

（二）参考方向及关联参考方向

参考方向是电路分析过程中人们假定的电压、电流方向，原则上可以任意假定，习惯上若假定一个电路元件是负载时，就把这个元件两端的电压与通过这个元件上的电流的参考方向设立为"关联参考方向"，关联参考方向就是电流流入端为电压的正极性端，电流的流出端是电压的负极性端。相反，电流流入端为电压的负极性端，电流的流出端是电压的正极性端，则称为"非关联参考方向"。

（三）参考方向和实际方向

正电荷移动的方向规定为电流的实际方向；电路中两点从高到低的方向规定为电压的实际方向。有了实际方向为什么还要引入参考方向，它们之间有什么样的差别和联系，这是学习时必须首先要搞清楚的问题。

电压、电流的实际方向即指它们的真实方向，是客观存在；参考方向则是指电路图上标示的电压、电流的箭头方向，是人为任意假定的。分析和计算电路时，常常无法正确判断出电压、电流的真实方向，因此按照人们的主观想象，在电路图中标出一个假定的电压、电流方向，这就是参考方向。电路图中的参考方向一旦标定，在整个电路分析计算过程中就不容改变。参考方向提供了电压、电流方程式中各量前面正、负号确定的依据。对方程求解的结果表明参考方向与实际方向的关系，若电压、电流是正值，说明标定的电压、电流参考方向与电压、电流的实际方向相同；若方程求解的结果是负值，则说明假定的参考方向与实际方向相反。

电路分析和计算中，参考方向的概念十分重要，如果在计算电路时不标示电压、电流的参考方向，方程式中各量的正、负就无法确定。本章强调了电路响应的"参考方向"在电路分析中的重要性。

（四）电源和负载的判别

当某一电路元件上电压和电流是关联参考方向时吸收功率 $P=UI$，电压和电流是非关联参考方向时吸收功率 $P=-UI$。当式中计算的结果 $P>0$ 时，表示元件吸收功率作为负载使用，当式中计算的结果 $P<0$ 时，表示元件发出功率作为电源使用。

（五）电压、电位、电动势区别

电压、电位和电动势三者定义式的表达形式相同，因此它们的单位相同，都是伏特（V）；电压和电位是反映电场力做功能力的物理量，电动势则是反映电源力做功能力的物理量；电压和电位既可以存在于电源外部，还可以存在于电源两端，而电动势只存在于电源内部；电压是矢量，其大小仅取决于电路中两点电位的差值，因此是绝对的量，其方向由电位高的一点指向电位低的一点，因此也常把电压称为电压降；电位是标量，只有高、低、正、负之分，没有方向而言，其高、低、正、负均相对于电路中的参考点，因此电位是相对的量；电动势的方向由电源负极指向电源正极。

（六）引入参考方向的目的

电路分析中之所以引入参考方向，目的是给分析和计算电路提供方便和依据。应用参考方向时遇到的"正""负"，是指在参考方向下，电压和电流的数值前面的正、负号，若一个电流为"–2A"，说明它的实际方向与参考方向相反，一个电压为"+20V"，说明该电压的实际方向与参考方向一致；"加""减"是指在参考方向下列写电路方程式时各量前面的符号；"相同""相反"则是指电压、电流是否为关联参考方向，电压、电流参考方向"相同"是指二者为关联参考方向，即电流流入端为电压的正极性端；"相反"是指电压、电流为非关联参考方向，即电流由电压的负极性端流入。

（七）电路中各点电位的计算

电路中计算电位，必须在电路设立电路参考点，没有电路参考点，讲电位是没有意义的。电位的计算，主要是学会看懂简化电路图与我们所熟悉的电路图之间的关系：某点电位是+12V，相当于在这点与参考点之间接一个12V的理想电压源，其正极就是该点位置，负极与参考点相连；某点电位是–12V，也相当于在这点与参考点之间接一个12V的理想电压源，但其正极电位是参考点，负极电位是该点。还要理解：电路中某点电位就等于该点到参考点的电压。计算某点电位时，即从该点找出一条到参考点的闭合路径，从该点沿路径到参考点，各元件上电压降的代数和就等于该点电位值，其中与路径方向一致的电压降取正，相反的取负。

三、基尔霍夫定律

（一）欧姆定律和基尔霍夫定律

欧姆定律和基尔霍夫电流定律、基尔霍夫电压定律统称为电路的三大基本定律，它们反映了电路中的两种不同约束。欧姆定律阐述和解决的是某一元件对于电路基本变量（元件两端电压与通过元件的电流）的约束关系；而基尔霍夫两定律阐述和解决的是电路元件互连后，电路的整体结构对电路基本变量（回路中的电压和节点上的电流）的约束关系，在学习中应把这两种不同的约束关系加以区别。

（二）基尔霍夫定律

基尔霍夫第一定律也称为节点电流定律，它解决了汇集到电路节点上各条支路电流的约束关系：对电路的任意节点而言，流入节点的电流的代数和恒等于零，即 $\sum i = 0$。对电路中某一节点运用 KCL 时，首先要标出和该节点相连接的各支路电流的参考方向，列写方程时一般规定流入节点的电流取"+"号，流出节点的电流取"–"号，反之亦可。KCL 中的节点可以推广到任一闭合面，即对任一闭合面 KCL 仍然成立。

基尔霍夫第二定律也称为回路电压定律，它解决了一个回路中所有元件上电压降的相互约束关系：对电路的任意回路而言，绕回路一周，所有元件上电压代数和为零，即 $\sum u = 0$。对电路中某一回路运用 KVL 时首先要标定回路绕行方向（可取顺时针或逆时针）、回路中各段电压的参考方向，列写方程时一般规定电压参考方向和绕行方向一致时取"+"号、不一致时取"–"号，反之亦可。KVL 中的回路可以推广到任一假想回路，即对任一假想回路 KVL 仍然成立。

要注意KCL和KVL是电路中最基本的定律,对任意集总参数电路都适用,同时KCL和KVL都是根据电流、电压的参考方向来列写方程,并不管电流、电压的实际方向。

四、电路元件

(一)无源电路元件

无源电路元件包含电阻R、电感L和电容C,它们的特性如表1-1所示。

表1-1 无源电路元件

元件	电阻(R)	电感(L)	电容(C)
定义式	$R=\dfrac{u}{i}$	$L=\dfrac{\psi}{i}$	$C=\dfrac{q}{u}$
单位	欧姆(Ω)	亨利(H)	法拉(F)
伏安关系	$u=Ri$ $i=Gu$ $\left(G=\dfrac{1}{R}电导\right)$	$u_L=L\dfrac{di}{dt}$ $i(t)=\dfrac{1}{L}\int_{-\infty}^{0}u_L(\xi)d\xi$ $+i(0)+\dfrac{1}{L}\int_{0}^{t}u_L(\xi)d\xi$ $=i(0)+\dfrac{1}{L}\int_{0}^{t}u_L(\xi)d\xi$	$i=C\dfrac{du_C}{dt}$ $u_C(t)=\dfrac{1}{C}\int_{-\infty}^{0}i(\xi)d\xi$ $+\dfrac{1}{C}\int_{0}^{t}i(\xi)d\xi$ $=u_C(0)+\dfrac{1}{C}\int_{0}^{t}i(\xi)d\xi$
功率、储能	$p=ui$ $=Ri^2=Gu^2$	$W_L(t)=\dfrac{1}{2}Li^2(t)$	$W_C(t)=\dfrac{1}{2}Cu_C^2(t)$

(二)有源电路元件

1. 理想电压源

理想电压源简称电压源,由于它向外供出的电压值恒定,因此也称为恒压源。注意恒压源上通过的电流值是由它和外电路共同决定的,理想电压源"恒压不恒流"。另外,理想电压源属于无穷大功率源,实际中不存在。

2. 理想电流源

理想电流源简称电流源,由于它向外供出的电流值恒定,也常称为恒流源。注意恒流源两端的电压是由它和外电路共同决定的,理想电流源"恒流不恒压"。理想电流源也是无穷大功率源。学习时应掌握两种理想电源的基本性质和特点,分析时可借助伏安特性将两种电源进行对比,从而加深理解。

3. 受控源

受控源也是一个理想的二端电路元件,学习受控源关键在于理解"受控"二字。受控源受电路中某处电压(或电流)的控制,当控制量存在时,受控源起电源的激励作用;若控制量不存在时,受控源输出电压或电流为零。通过受控源和独立源的相互比较,深入理解受控源的本质。一般受控电源在电路计算中可以按照独立电源处理,最后代入控制量即可。但要注意在含有受控源的电路等效中,控制量所在支路不能随便消去。

B 例 题

例1 一只"100Ω，100W"的电阻与120V电源相串联，至少要串入多大的电阻R才能使该电阻正常工作？电阻R上消耗的功率又为多少？

解 100W电阻允许通过的最大电流为

$$I = \sqrt{\frac{P}{r}} = \sqrt{\frac{100}{100}} = 1\text{A}$$

所以应有$100 + R = \frac{120}{1}$，由此可解得：$R = \frac{120}{1} - 100 = 20\Omega$

电阻R上消耗的功率为$P = 1^2 \times 20 = 20\text{W}$

例2 图1-1（a）、(b)电路中，若让$I = 0.6\text{A}$，$R = ?$图1-1（c）、(d)电路中，若使$U = 0.6\text{V}$，$R = ?$

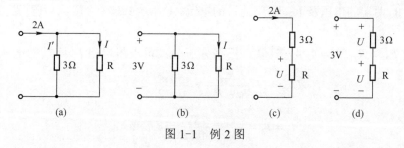

图1-1 例2图

解 图(a)电路中，3Ω电阻中通过的电流为$I' = 2 - 0.6 = 1.4\text{A}$

R与3Ω电阻并联，端电压相同且$U = 1.4 \times 3 = 4.2\text{V}$，$R = \frac{U}{I} = \frac{4.2}{0.6} = 7\Omega$

图(b)电路中，R与3Ω电阻并联，端电压相同，因此$R = \frac{3}{0.6} = 5\Omega$

图(c)电路中，R与3Ω电阻串联，通过的电流相同，因此$R = \frac{0.6}{2} = 0.3\Omega$

图(d)电路中，3Ω电阻两端的电压为$U' = 3 - 0.6 = 2.4\text{V}$

R与3Ω电阻串联，通过的电流相同且$I = \frac{2.4}{3} = 0.8\text{A}$，$R = \frac{0.6}{0.8} = 0.75\Omega$

例3 图1-2所示电路中，已知$U_s = 6\text{V}$，$I_s = 3\text{A}$，$R = 4\Omega$。计算通过理想电压源的电流及理想电流源两端的电压，并根据两个电源功率的计算结果，说明它们是产生功率还是吸收功率。

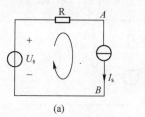 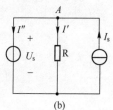

图1-2 例3图

解 图(a)电路中，三元件为串联关系，因此通过的电流相同，根据KVL定律可列出电压方程为$U_{AB} - U_s + I_s R = 0$，因此可得理想电流源端电压$U_{AB} = 6 - 3 \times 4 = -6\text{V}$。根据理想电流源上的电压参考方向和电流参考方向是关联参考方向，再结合上述结果可计算出理想电流源上吸收的功率为：$P = I_s \times U_{AB} = 3 \times (-6) = -18\text{W}$，吸收负功率说明理想电流源实际上是发出功率;理想电压源的电压参考方向和电流参考方向是非关联参考方向,吸收的功率为:$P = -I_s \times U_s = -3 \times 6 = -18\text{W}$,负值说明理想电压源也是向外供出电能;负载 R 上吸收的功率为 $P = I_s^2 R = 9 \times 4 = 36\text{W}$,两个理想电源发出的功率恰好等于电阻上消耗的功率,分析结果正确。

图(b)电路中,三元件为并联关系,因此端电压相等,根据欧姆定律可得 R 中通过的电流为:$I' = \dfrac{U_s}{R} = \dfrac{6}{4} = 1.5\text{A}$(流出 A 点),对 A 点列一 KCL 方程又可得出理想电压源中通过的电流 $I'' = 3 - 1.5 = 1.5\text{A}$(流出 A 点)。根据这一结果可计算出理想电流源上吸收的功率为:$P = -I_s \times U_s = -3 \times 6 = -18\text{W}$,吸收负功率说明理想电流源实际上是发出功率;理想电压源的电压参考方向和电流参考方向是关联参考方向,吸收的功率为:$P = I'' \times U_s = 1.5 \times 6 = 9\text{W}$;负载 R 上消耗的功率为 $P = I'^2 R = 2.25 \times 4 = 9\text{W}$,理想电流源发出的功率恰好等于理想电压源和电阻上消耗的功率,分析结果正确。

例 4 电路如图 1-3 所示,已知 $U_s = 150\text{V}$,$R_1 = 2\text{k}\Omega$,$R_2 = 4\text{k}\Omega$,在下列 3 种情况下,分别求电阻 R_2 两端的电压及 R_2、R_3 中通过的电流。① $R_3 = 4\text{k}\Omega$;② $R_3 = \infty$(开路);③ $R_3 = 0$(短路)。

解 ① $R_{23} = R_2 // R_3 = 4 // 4 = 2\text{k}\Omega$,根据分压公式可求得电阻 R_2 两端的电压为

$$U_{R2} = U_s \dfrac{R_{23}}{R_1 + R_{23}} = \dfrac{150 \times 2}{2 + 2} = 75\text{V}$$

$$I_3 = I_2 = \dfrac{U_{R2}}{R_2} = \dfrac{75\text{V}}{4\text{k}\Omega} = 18.75\text{mA}$$

② $R_3 = \infty$ 时,通过它的电流为零,此时 R_2 的端电压为

$$U_{R2} = U_s \dfrac{R_2}{R_1 + R_2} = \dfrac{150 \times 4}{2 + 4} = 100\text{V}$$

$$I_2 = \dfrac{U_{R2}}{R_2} = \dfrac{100}{4} = 25\text{mA}$$

③ $R_3 = 0$ 时,R_2 被短路,其端电压为零,所以

$$I_2 = 0 \text{ , } \quad I_3 = \dfrac{U_s}{R_1} = \dfrac{150}{2} = 75\text{mA}$$

例 5 电路如图 1-4 所示,求电流 I 和电压 U。

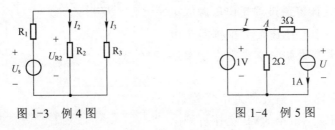

图 1-3 例 4 图   图 1-4 例 5 图

解 对最大的回路列一个 KVL 方程(选顺时针绕行方向):

$$U - 1 + 1 \times 3 = 0$$

可得
$$U = 1 - 1 \times 3 = -2\text{V}$$
对 A 点列一个 KCL 方程 $I - \frac{1}{2} - 1 = 0$，可得
$$I = \frac{1}{2} + 1 = 1.5\text{A}$$

例 6 电路如图 1-5 所示，已知其中电流 $I_1 = -1\text{A}$，$U_{s1} = 20\text{V}$，$U_{s2} = 40\text{V}$，电阻 $R_1 = 4\Omega$，$R_2 = 10\Omega$，求电阻 R_3 等于多少。

解 并联支路的端电压
$$U_{AB} = U_{s1} - I_1 R_1 = 20 - (-1) \times 4 = 24\text{V}$$
U_{s2} 支路的电流假设方向向上，则
$$I_2 = \frac{U_{s2} - U_{AB}}{R_2} = \frac{40 - 24}{10} = 1.6\text{A}$$
对节点 A 列 KCL 方程可求出 R_3 支路电流（假设参考方向向下）为
$$I_3 = I_1 + I_2 = (-1) + 1.6 = 0.6\text{A}$$
由此可得
$$R_3 = \frac{U_{AB}}{I_3} = \frac{24}{0.6} = 40\Omega$$

例 7 分别计算 S 打开与闭合时图 1-6 电路中 A、B 两点的电位。

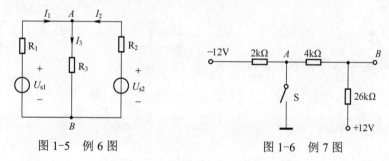

图 1-5 例 6 图 　　　　　图 1-6 例 7 图

解 ① S 打开时：
$$V_B = 12 - \frac{12 - (-12)}{2 + 4 + 26} \times 26 = -7.5\text{ V}$$
$$V_A = -7.5 - \frac{12 - (-12)}{2 + 4 + 26} \times 4 = -10.5\text{ V}$$

② S 闭合时：
$$V_A = 0\text{V}，\quad V_B = \frac{4}{26 + 4} \times 12 = 1.6\text{V}$$

例 8 图 1-7 电路中，电流 $I = 10\text{mA}$，$I_1 = 6\text{mA}$，$R_1 = 3\text{k}\Omega$，$R_2 = 1\text{k}\Omega$，$R_3 = 2\text{k}\Omega$。求电流表 A_4 和 A_5 的读数各为多少？

解 对 a 点列 KCL 方程可得

$$I_2 = I - I_1 = 10 - 6 = 4\text{mA}$$

对闭合回路列 KVL 方程（设绕行方向顺时针）

$$I_1R_1 + I_3R_3 - I_2R_2 = 0$$

可得

$$I_3 = \frac{4 \times 1 - 6 \times 3}{2} = -7\text{mA}$$

对 b 点列 KCL 方程可得

$$I_4 = I_1 - I_3 = 6 - (-7) = 13\text{mA}$$

对 c 点列 KCL 方程可得

$$I_5 = -I_2 - I_3 = -4 - (-7) = 3\text{mA}$$

例 9 各元件的情况如图 1-8 所示。
（1）求元件 A 吸收的功率；
（2）求元件 B 产生的功率；
（3）若元件 C 产生的功率为 10W，求电流 i；
（4）若元件 D 产生的功率为-10W，求电压 u。

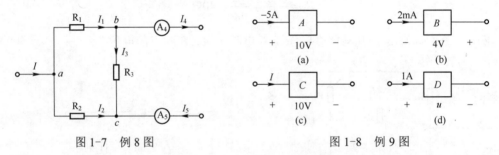

图 1-7 例 8 图　　　　　图 1-8 例 9 图

解 （1）由图 1-8（a）可知，元件 A 的电压和电流为关联参考方向，根据功率的定义可得

$$P = UI = 10 \times (-5)\text{W} = -50\text{W}$$

所以元件 A 吸收功率为-50W。

（2）由图 1-8（b）可知，元件 B 的电压和电流为非关联参考方向，根据功率的定义可得

$$P = -UI = -(4 \times 2)\text{mW} = -8\text{mW}$$

由于 $P < 0$，所以元件 B 产生功率为 8mW。

（3）由图 1-8（c）可知，元件 C 的电压和电流为关联参考方向。且由题意可知元件 C 产生的功率为 10W，则 $P < 0$。根据功率的定义可得

$$P = UI$$

$$I = \frac{P}{U} = \frac{-10\text{W}}{10\text{V}} = -1\text{A}$$

（4）由图 1-8（d）可知，元件 D 的电压和电流为关联参考方向。且由题意可知元件 D 产生的功率为 -10W，则 $P=10\text{W}$。根据功率的定义可得

$$P=UI$$

$$U=\frac{P}{I}=\frac{10\text{W}}{1\text{A}}=10\text{V}$$

例 10 某元件电压 u 和电流 i 的波形如图 1-9 所示，电压 u 和电流 i 为关联参考方向，试求该元件吸收功率 $p(t)$ 及其波形，并计算该元件从 $t=0$ 至 $t=2\text{s}$ 期间所吸收的能量。

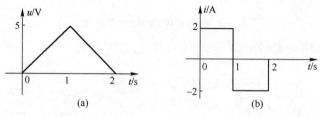

图 1-9 例 10 图

解 由图 1-9（a）所示的电压波形可写出如下表达式（时间单位为 s，电压单位为 V）

$$u(t)=\begin{cases}0 & (-\infty<t<0)\\ 5t & (0\leqslant t<1\text{s})\\ -5t+10 & (1\leqslant t<2\text{s})\\ 0 & (t\geqslant 2\text{s})\end{cases}$$

由图 1-9（b）所示的电流波形可写出如下表达式（时间单位为 s，电流单位为 A）

$$i(t)=\begin{cases}0 & (-\infty<t<0)\\ 2 & (0\leqslant t<1\text{s})\\ -2 & (1\leqslant t<2\text{s})\\ 0 & (t\geqslant 2\text{s})\end{cases}$$

由题意可知，该元件的电压和电流为关联参考方向，根据功率的定义可得

$$P=u(t)i(t)=\begin{cases}0 & (-\infty<t<0)\\ 10t & (0\leqslant t<1\text{s})\\ (10t-20) & (1\leqslant t<2\text{s})\\ 0 & (t\geqslant 2\text{s})\end{cases}$$

据此画出功率的波形如图 1-10 所示。

该元件吸收的能量表达式为

$$w(t)=\int_{-\infty}^{t}p(t)\text{d}t=\begin{cases}0 & (-\infty<t<0)\\ 5t^{2} & (0\leqslant t<1\text{s})\\ 5t^{2}-20t+20 & (1\leqslant t<2\text{s})\\ 0 & (t\geqslant 2\text{s})\end{cases}$$

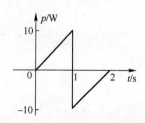

图 1-10 例 10 功率波形图

则该元件从 $t=0$ 至 $t=2\text{s}$ 期间吸收的能量为

$$W=0\text{J}$$

例 11 电路如图 1-11 所示,已知 $I_1 = 0.01\mu A$,$I_2 = 0.3\mu A$,$I_5 = 9.61\mu A$。试求电流 I_3,I_4 和 I_6。

解 求 I_3。对于节点 1,根据 KCL 方程有 $I_3 = I_1 + I_2$,则
$$I_3 = I_1 + I_2 = 0.01 + 0.3 = 0.31\mu A$$
求 I_4。可利用节点 2,由 KCL 方程有 $I_3 + I_4 = I_5$,即
$$I_4 = I_5 - I_3 = 9.61 - 0.31 = 9.3\mu A$$
求 I_6。可理解节点 3,由 KCL 方程有 $I_6 = I_2 + I_4$,可得
$$I_6 = I_2 + I_4 = 0.3 + 9.3 = 9.6\mu A$$

例 12 电路如图 1-12 所示,求电压 u_1 和 u_{ab}。

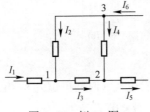

图 1-11 例 11 图

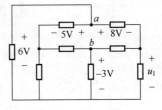

图 1-12 例 12 图

解 由 KVL 的推广形式,有
$$u_1 = -8 + 6 = -2V$$
$$u_{ab} = 8 + u_1 - (-3) = 8 - 2 + 3 = 9V$$

例 13 电路如图 1-13 所示,已知 $I_1 = 2A$,$I_3 = -3A$,$U_1 = 10V$,$U_4 = -5V$。试计算各元件吸收的功率。

解 设定元件 2,元件 3 的电压参考方向,元件 4 电流参考方向如图 1-14 所示。

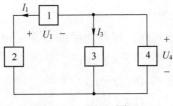

图 1-13 例 13 图

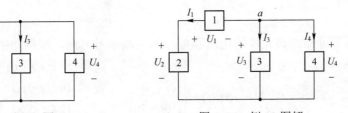

图 1-14 例 13 图解

(1) 求 I_4。对于节点 a,根据 KCL 得 $I_1 + I_3 + I_4 = 0$,即
$$I_4 = -(I_1 + I_3) = 1A$$

(2) 求 U_2。对元件 1、元件 4 和元件 2 构成闭合电路应用 KVL,得 $U_1 - U_2 + U_4 = 0$,即
$$U_2 = U_1 + U_4 = 10 - 5 = 5V$$

(3) 求 U_3。因元件 3 和元件 4 并联,可得
$$U_3 = U_4 = -5V$$

（4）各元件吸收的功率为

$$P_1 = -U_1I_1 = -10 \times 2 = -20\text{W}$$
$$P_2 = U_2I_1 = 5 \times 2 = 10\text{W}$$
$$P_3 = U_3I_3 = (-5) \times (-3) = 15\text{W}$$
$$P_4 = U_4I_4 = -5 \times 1 = -5\text{W}$$

例 14 电路如图 1-15 所示，求电流 i。

解 由 KCL 可标出两个 2Ω 电阻电流如图 1-16 中所示，列出 2Ω、2Ω、4Ω 电阻所在网孔 KVL 方程为

$$2 \times (0.5 + i) + 4i = 2 \times (2.5 - i)$$

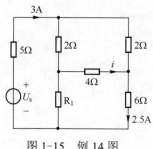

图 1-15 例 14 图　　　　图 1-16 例 14 图解

解得

$$i = 0.5\text{A}$$

例 15 电路如图 1-17 所示，求未知电阻 R。

解 将图 1-17 所示的 3Ω 和 6Ω 电路进行并联简化为 2Ω 电阻，并由 KCL 可标出两个支路电流如图 1-18 所示，列出 6Ω、R、2Ω 电阻所在网孔 KVL 方程为

$$12 + 2 \times (6 - i) = 6i$$
$$12 = R \times (6 - i)$$

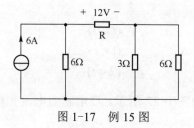 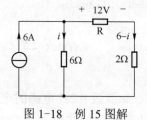

图 1-17 例 15 图　　　　图 1-18 例 15 图解

解得

$$i = 3\text{A}$$
$$R = 4Ω$$

例 16 求图 1-19 所示电路中的 u 和 i_s 的值。

解 设定 10Ω 支路的电流为 i_1，由 KCL 可标出 2Ω、4Ω 电阻电流如图 1-20 所示，列出 8Ω、10Ω 电阻和 60V 电压源所在网孔 KVL 方程为

$$60 = 5 \times 8 + 10i_1$$

解得
$$i_1 = 2\text{A}$$

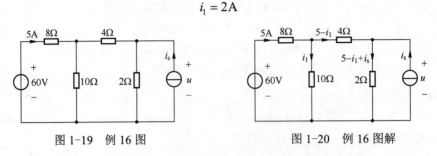

图 1-19 例 16 图　　　　图 1-20 例 16 图解

求电压 u。列出 8Ω、4Ω 电阻，60V 电压源和电流源所在回路 KVL 方程为
$$60 = 5 \times 8 + 4 \times (5 - i_1) + u$$

解得
$$u = 8\text{V}$$

求电流 i_s。列写 2Ω 电阻和电流源所在网孔 KVL 方程为
$$2 \times (5 - i_1 + i_s) = 8$$

解得
$$i_s = 1\text{A}$$

例 17　已知图 1-21（a）所示电容两端电压波形如图 1-21（b）所示。已知 $C = 100\text{pF}$，求电流 i。

解　电容两端电压 $u(t)$ 表达式为（电压单位为 V，时间单位为 s）
$$u(t) = \begin{cases} 0 & (t \leqslant 1) \\ 2t - 2 & (1 < t \leqslant 2) \\ 2 & (2 < t) \end{cases}$$

根据电容的元件特性，有
$$i_C(t) = C \frac{du(t)}{dt} = \begin{cases} 0 & (t \leqslant 1) \\ 2 \times 10^{-10}\text{A} & (1 < t \leqslant 2) \\ 0 & (2 < t) \end{cases}$$

例 18　已知流过 0.2H 电感的电流波形如图 1-22 所示。设电感的电流和电压参考方向关联，求电感电压的波形。

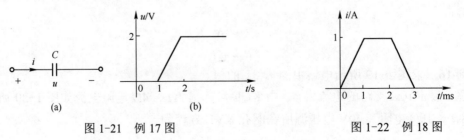

图 1-21 例 17 图　　　　图 1-22 例 18 图

解 流过电感电流 $i(t)$ 表达式为（电流单位为 A，时间单位为 ms）

$$i(t) = \begin{cases} 0 & (t \leqslant 0) \\ t & (0 < t \leqslant 1) \\ 1 & (1 < t \leqslant 2) \\ 3-t & (2 < t \leqslant 3) \\ 0 & (t > 3) \end{cases}$$

根据电感的元件特性，有

$$u_L(t) = L\frac{di(t)}{dt} = \begin{cases} 0 & (t \leqslant 0) \\ 0.2 & (0 < t \leqslant 1) \\ 0 & (1 < t \leqslant 2) \\ -0.2 & (2 < t \leqslant 3) \\ 0 & (t > 3) \end{cases}$$

电感两端电压的波形如图 1-23 所示。

例 19 一电容 $C = 0.2$F，其电流波形如图 1-24 所示，若已知在 $t = 0$ 时，电容电压 $u(0) = 0$，求其端电压 u。

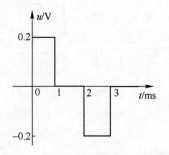

图 1-23 例 18 电感电压波形图

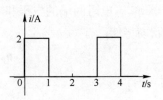

图 1-24 例 19 图

解 流过电容电流 $i(t)$ 表达式为（电流单位为 A，时间单位为 s）

$$i(t) = \begin{cases} 0 & (t < 0) \\ 2 & (0 \leqslant t < 1) \\ 0 & (1 \leqslant t < 3) \\ 2 & (3 \leqslant t < 4) \\ 0 & (t \geqslant 4) \end{cases}$$

（1）由于在 $t < 0$ 时电流 i 恒为零，在 $-\infty < t < 0$ 区间 $u(t) = 0$。

（2）在 $0 \leqslant t < 1$s 区间，有

$$u(t) = u(0) + \frac{1}{C}\int_0^t 2d\xi = 10t$$

$$u(1) = 10\text{V}$$

（3）在 $1 \leqslant t < 3$s 区间，有

$$u(t) = u(1) + \frac{1}{C}\int_1^t 0\,\mathrm{d}\xi = 10\mathrm{V}$$

$$u(3) = 10\mathrm{V}$$

（4）在 $3 \leqslant t < 4\mathrm{s}$ 区间，有

$$u(t) = u(3) + \frac{1}{C}\int_3^t 2\,\mathrm{d}\xi = 10 + 10(t-3) = 10t - 20$$

$$u(4) = 20\mathrm{V}$$

（5）在 $t \geqslant 4\mathrm{s}$ 区间，有

$$u(t) = u(4) + \frac{1}{C}\int_4^t 0\,\mathrm{d}\xi = 20\mathrm{V}$$

即（电压单位为 V，时间单位为 s）

$$u(t) = \begin{cases} 0 & (-\infty < t < 0) \\ 10t & (0 \leqslant t < 1) \\ 10 & (1 \leqslant t < 3) \\ 10t - 20 & (3 \leqslant t < 4) \\ 20 & (t \geqslant 4) \end{cases}$$

例 20 电路如图 1-25 所示。其中 $R = 2\Omega$，$L = 1\mathrm{H}$，$C = 0.1\mathrm{F}$。若 $i(t) = \mathrm{e}^{-t}\mathrm{A}$，求 $t > 0$ 时的 u_R，u_L 和 u_C。设 $u_\mathrm{C}(0) = 0$

图 1-25 例 20 图

解 （1）求 u_R。电阻两端的电压和电流为关联方向，依据电阻元件的伏安特性，有

$$u_\mathrm{R} = R \times i(t)$$

即 $t > 0$ 时，有

$$u_\mathrm{R} = 2\mathrm{e}^{-t}\mathrm{V}$$

（2）求 u_L。电感两端的电压和电流为关联方向，依据电感元件的伏安特性，有

$$u_\mathrm{L}(t) = L\frac{\mathrm{d}i(t)}{\mathrm{d}t}$$

即 $t > 0$ 时，有

$$u_\mathrm{L}(t) = -\mathrm{e}^{-t}\mathrm{V}$$

（3）求 u_C。电容两端的电压和电流为关联方向，依据电容元件的伏安特性，有

$$u_\mathrm{C}(t) = u(0) + \frac{1}{C}\int_0^t i(t)\,\mathrm{d}\xi$$

即 $t > 0$ 时，有

$$u_\mathrm{C}(t) = 10 - 10\mathrm{e}^{-t}\mathrm{V}$$

例 21 求图 1-26 所示电路中的电压 u。若 20Ω 电阻改成 40Ω，对结果有何影响，为什么？

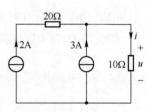

图 1-26 例 21 图

解 （1）求 u。依据 KCL 得 10Ω 电阻支路的电流为

$$i = 2 + 3 = 5\text{A}$$

且电流和电压为关联方向，求得

$$u = 5 \times 10 = 50\text{V}$$

（2）若 20Ω 电阻改成 40Ω，10Ω 电阻支路的电流仍然为 5A，电压 u 仍然为 50V。对结果没有影响。

例22 电路如图 1-27 所示。求

（1）图 1-27（a）中的电流 i；

（2）图 1-27（b）中电流源的端电压 u；

（3）图 1-27（c）中的电流 i。

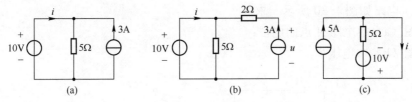

图 1-27　例 22 图

解 图 1-27 中各电路均属于简单电路，利用两类约束即可求得有关变量。

（1）建立 KCL 方程：$(3+i) = \dfrac{10}{5}$，解得 $i = -1\text{A}$；

（2）建立 KVL 方程：$10 + 2 \times 3 = u$，解得 $u = 16\text{V}$；

（3）由 KCL 得：$i = 5 - \dfrac{10}{5} = 3\text{A}$

例23 求图 1-28 所示电路的 u_1 及各元件吸收的功率。

解 列出右边网孔的 KVL 方程，有

$$10 \times 1 + u_1 = 5$$

则

$$u_1 = -5\text{V}$$

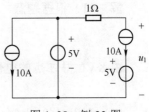

图 1-28　例 23 图

左边支路 10A 电流源的吸收功率：$P = 5 \times 10 = 50\text{W}$

左边支路 5V 电压源的吸收功率：$P = 5 \times (-20) = -100\text{W}$

右边支路 10A 电流源的吸收功率：$P = (u_1 - 5) \times 10 = -100\text{W}$

右边支路 5V 电压源的吸收功率：$P = 5 \times 10 = 50\text{W}$

1Ω 电阻的吸收功率：$P = 10^2 = 100\text{W}$

例24 计算图 1-29 所示各电路中 V_a，V_b 和 V_c。

解 （1）图（a）中回路电流为 $i = \dfrac{6\text{V}}{6\text{k}\Omega} = 1\text{mA}$，则

$$V_a = 6\text{V}, \ V_b = 2\text{k}\Omega \times 1 = 2\text{V}, \ V_c = 0\text{V}$$

（2）图（b）中回路电流为 $i = \dfrac{6\text{V}}{6\text{k}\Omega} = 1\text{mA}$，则

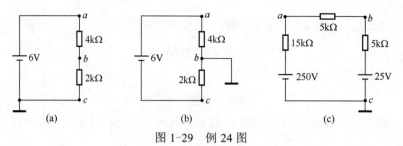

图 1-29 例 24 图

$$V_a = 4\text{V}, \quad V_b = 0\text{V}, \quad V_c = -2\text{V}$$

（3）图（c）中回路电流为 $i = \dfrac{(250-25)\text{V}}{25\text{k}\Omega} = 9\text{mA}$，则

$$V_a = 250 - 15\text{k}\Omega \times 9\text{mA} = 115\text{V}, \quad V_b = 5\text{k}\Omega \times 9\text{mA} + 25\text{V} = 70\text{V}, \quad V_c = 0\text{V}$$

例 25 电路如图 1-30 所示。求：

（1）图（a）中电路 A 点的电位；

（2）图（b）中电压 u。

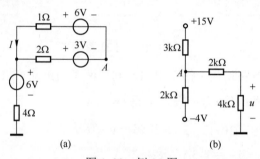

图 1-30 例 25 图

解 （1）根据题意，4Ω 电阻的电流为 0，标出回路电流为 I，列 KVL 方程，得

$$I = \dfrac{6-3}{1+2} = 1\text{A}$$

由 KVL 得 A 点的电位为

$$u_A = -3 - 2 \times 1 + 6 = 1\text{V}$$

（2）利用 KCL 求解。以 A 节点电位 u_A 为变量，建立 A 节点的 KCL 方程为

$$\dfrac{u_A}{2+4} + \dfrac{u_A + 4}{2} + \dfrac{u_A - 15}{3} = 0$$

解得

$$u_A = 3\text{V}$$

由分压公式，得

$$u = 3 \times \dfrac{4}{2+4} = 2\text{V}$$

例 26 电路如图 1-31 所示。求：

（1）图（a）中的电流 i_1 和电压 u_{ab}；

（2）图（b）中的电压 u_{ab} 和 u_{cb}；

（3）图（c）中的电压 u 和电流 i_1、i_2。

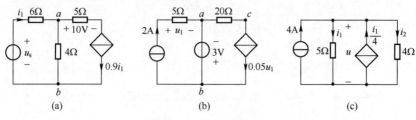

图 1-31 例 26 图

解 （a）求 i_1。依据 5Ω 电阻的伏安特性，得
$$10 = 5 \times 0.9 i_1$$

解得
$$i_1 = 2.22\text{A}$$

求 u_{ab}。在图（a）中，由 KCL 可标出 4Ω 电阻电流如图 1-32 所示，则
$$u_{ab} = 4 \times 0.1 i_1 = 0.888\text{V}$$

（b）求 u_{ab}。依据题意可得，$u_{ab} = -3\text{V}$

依据 2Ω 电阻的伏安特性，得
$$u_1 = 2 \times 5 = 10\text{V}$$

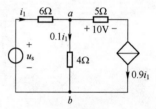

图 1-32 例 26 图（a）图解

求 u_{cb}。
$$u_{cb} = -20 \times 0.05 \times 10 - 3 = -13\text{V}$$

（c）建立 KCL 方程：
$$4 + \frac{i_1}{4} = i_1 + i_2$$

列出 5Ω、4Ω 电阻回路 KVL 方程为
$$5i_1 = 4i_2$$

解得
$$i_1 = 2\text{A}$$
$$i_2 = 2.5\text{A}$$
$$u = 5i_1 = 10\text{V}$$

例 27 求图 1-33 所示电路中的电流 i_1 和电压 u。

解 设定两个 10Ω 电阻的电流参数及方向如图 1-34 所示，列出 8V 电压源，4Ω、10Ω、5Ω 电阻所在回路 KVL 方程为
$$8 = 4i_1 + 10(0.5i_1 - i_2) + 5(i_1 - i_2)$$

列写 4Ω、10Ω 电阻和 8V 电源所在的网孔 KVL 方程为
$$8 = 4i_1 + 10i_2$$

解得

$$i_1 = 1\text{A}$$
$$i_2 = 0.4\text{A}$$
$$u = 5\times(i_1 - i_2) = 3\text{V}$$

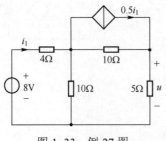 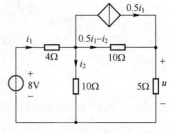

图 1-33　例 27 图　　　　　图 1-34　例 27 图解

例 28　求图 1-35 所示电路中的电压 u_{ab}。

解　在图 1-35 中，由 KCL 可标出各电阻电流如图 1-36 所示。

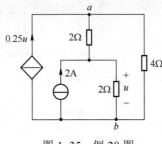 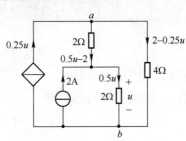

图 1-35　例 28 图　　　　　图 1-36　例 28 图解

列写 4Ω、2Ω、2Ω 电阻所在的网孔 KVL 方程为
$$4\times(2-0.25u) - u - 2\times(0.5u - 2) = 0$$

解得
$$u = 4\text{V}$$

则
$$u_{ab} = (2 - 0.25\times 4)\times 4 = 4\text{V}$$

C 练 习 题

1. 图 1-37 所示电路，已知 $U_s = 3V$，$I_s = 2A$，求 U_{AB} 和 I。
2. 图 1-38 所示电路中，求 2A 电流源之发出功率。
3. 图 1-39 电路中，$I_1 = -3mA$，确定电路元件 3 中的电流 I_3 及电压 U_3，并判断其是电源还是负载。

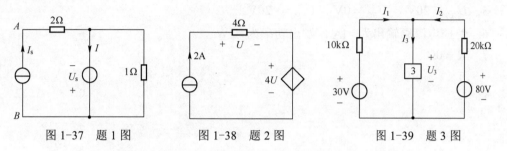

图 1-37 题 1 图　　　图 1-38 题 2 图　　　图 1-39 题 3 图

4. 电路如图 1-40 所示，已知 1A 电流源吸收功率为 1W，求电阻 R。
5. 求图 1-41 电路中电压 U_{AB}，U_{BC}，U_{CA}。
6. 在图 1-42 所示电路中，试求受控源提供的电流以及功率。

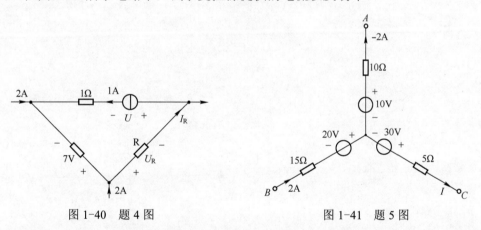

图 1-40 题 4 图　　　图 1-41 题 5 图

7. 电路如图 1-43 所示，若 $U_s = -19.5V$，$U_1 = 1V$，试求 R。

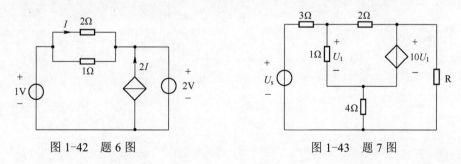

图 1-42 题 6 图　　　图 1-43 题 7 图

练习题答案

1. $U_{AB} = 1\text{V}$ 和 $I = 5\text{A}$
2. 80W
3. $U_3 = 60\text{V}$，$I_3 = -2\text{mA}$，电源
4. $R = 1\Omega$
5. $U_{AB} = 20\text{V}$，$U_{BC} = 0\text{V}$，$U_{CA} = -20\text{V}$
6. 受控电流源输出为 –1A，发出功率为 –2W
7. $R = 0\Omega$

第2章 电阻电路的等效化简

A 内 容 提 要

一、等效变换

（一）单口网络

只有两个端钮对外与其他电路相连接的网络称为二端网络，也可称为单口网络。内部没有独立源的单口网络，称为无源单口网络；内部存在独立源的单口网络，称为有源单口网络。

单口网络的描述方式一般有3种：

（1）具体的电路模型。

（2）端口电压与电流的约束关系，即单口网络的 VCR（用方程或曲线表述），该方法是常用的方法，相当于元件的约束条件。

（3）等效电路。

（二）等效的概念

两个单口网络，若它们的输出伏安特性完全相同，对任一外电路而言，它们具有完全相同的作用，就称这两个单口网络是等效的。在计算与一个复杂单口网络相连的外电路时，可以用一个简单单口网络替换此复杂单口网络，从而达到简化计算的目的。

注意：等效只是针对外电路而言，对其内部电路是不等效的。应用电路等效变换的方法分析电路时，只可用变换后的电路求解外部电路的电压、电流；求解内部电路的电压、电流时要在原电路中进行。

二、无源单口网络的等效化简

（一）电阻的串联、并联

电阻的串联、并联等效化简如表 2-1 所示。

表 2-1 电阻的串联、并联

	串联	并联
结构	两电阻串联：一端相连，另一端不相连，注意相连端无其他支路连接。 串联：─▭──▭─ 非串联：─▭─┬─▭─ 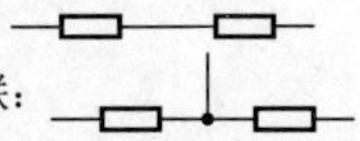	两电阻并联：电阻两端分别相连，相连端可以连接其他支路。 并联：═▭═▭═ 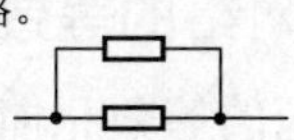
特点	串联时，各电阻的电流相同	并联时，各电阻的电压相同
等效电阻	$R = R_1 + R_2 + \cdots + R_n = \sum_{k=1}^{n} R_k$	$\dfrac{1}{R} = \dfrac{1}{R_1} + \dfrac{1}{R_2} + \cdots + \dfrac{1}{R_n} = \sum_{k=1}^{n} \dfrac{1}{R_k}$ 或 $G = G_1 + G_2 + \cdots + G_n = \sum_{k=1}^{n} G_k$

（续）

	串联	并联
分压公式、分流公式	$u_k = R_k i = \dfrac{R_k}{R} u$ 当2个电阻 R_1、R_2 串联时，分压公式为 $u_1 = \dfrac{R_1}{R_1 + R_2} u \quad u_2 = \dfrac{R_2}{R_1 + R_2} u$	$i_k = G_k u = \dfrac{G_k}{G} i$ 当2个电阻 R_1、R_2 并联时，分流公式为 $i_1 = \dfrac{R_2}{R_1 + R_2} i \quad i_2 = \dfrac{R_1}{R_1 + R_2} i$

（二）电阻的星形与三角形连接的等效变换

三个电阻形成星形连接或三角形连接时，可以将两种连接方式进行等效变换，如表 2-2 所示。

表 2-2 电阻的星形与三角形连接的等效变换

口诀	公式	电路图
三角变星形，顶点要对准；分母单个加，分子夹边乘	$R_1 = \dfrac{R_{31} R_{12}}{R_{12} + R_{23} + R_{31}}$ $R_2 = \dfrac{R_{12} R_{23}}{R_{12} + R_{23} + R_{31}}$ $R_3 = \dfrac{R_{23} R_{31}}{R_{12} + R_{23} + R_{31}}$	（见右图）
星形变三角，顶点要对好；分子乘积和，分母找对角	$R_{12} = \dfrac{R_1 R_2 + R_2 R_3 + R_3 R_1}{R_3}$ $R_{23} = \dfrac{R_1 R_2 + R_2 R_3 + R_3 R_1}{R_1}$ $R_{31} = \dfrac{R_1 R_2 + R_2 R_3 + R_3 R_1}{R_2}$	注意：进行等效变换时，确保外部3个节点①②③位置不发生改变
若 $R_1 = R_2 = R_3 = R_Y$，$R_{12} = R_{13} = R_{23} = R_\Delta$ 则有：$R_\Delta = 3 R_Y$ 或 $R_Y = \dfrac{1}{3} R_\Delta$		

注意：在选择电阻进行星形与三角形等效变换的时候，要考虑两点：
（1）首先考虑变化之后的电阻能否与其他电阻形成新的串并联结构，进行进一步的化简，从而减少电阻的数量。
（2）在有多种情况都可以进行等效变换的时候，先预估一下哪一种变换计算的数值是整数，比较好计算，就选择哪一种方式进行等效变换。

（三）电桥电路以及电桥平衡

如图 2-1 所示，电阻 R_1、R_2、R_3、R_4、R_5 构成一个电桥电路。

当 $I_5 = 0$ 时电桥平衡，电桥平衡的条件为

$$\dfrac{R_1}{R_3} = \dfrac{R_2}{R_4} \quad \text{或} \quad R_1 R_4 = R_2 R_3$$

电桥平衡时，$I_5 = 0$，$u_{cd} = 0$，即 c、d 两点之间即可看作"开路"，也可看作"短路"。

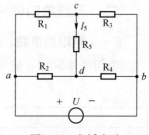

图 2-1 电桥电路

三、有源单口网络的等效化简

（一）独立电压源的等效化简

1. 串联

几个独立电压源串联时，可用一个等效独立电压源代替，其电压为

$$u_s = u_{s1} + u_{s2} + \cdots + u_{sn} = \sum_{k=1}^{n} u_{sk}$$

2．并联

只有每个独立电压源具有相同的电压时，独立电压源才能并联，并联后的电压为单个独立电压源的电压。

（二）独立电流源的等效化简

1．并联

几个独立电流源并联时，可用一个等效独立电流源代替，其电流为

$$i_s = i_{s1} + i_{s2} + \cdots + i_{sn} = \sum_{k=1}^{n} i_{sk}$$

2．串联

只有每个独立电流源具有相同的电流时，独立电流源才能串联，串联后的电流为单个独立电流源的电流。

（三）多余元件

多余元件是指电路进行等效化简的过程中，有无这些元件，不影响要计算的电流、电压，所以这些元件可以从电路图中去掉，简化电路图。有两类元件可以看成是多余元件：①任何元件与独立电压源并联时，对外的电压恒等于此独立电压源的电压，与其并联的任何元件都无关，可以去掉；②任何元件与独立电流源串联时，对外的电流恒等于此独立电流源的电流，与其串联的任何元件都无关，可以去掉。

由于等效电路是针对外电路而言的，故要求解等效前内部的电流、电压，则必须回到原电路进行求解。

（四）实际电源的两种模型及其等效变换

独立电源在现实中不存在，一般以实际电源模型的方式存在。实际电源的两种模型及其等效变换如表 2-3 所示。

表 2-3 实际电源的两种模型及其等效变换

实际电压源模型	实际电流源模型	两种实际电源模型的等效变换
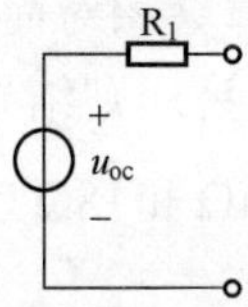 （电压源 u_{oc} 与 R_1 串联电路图）	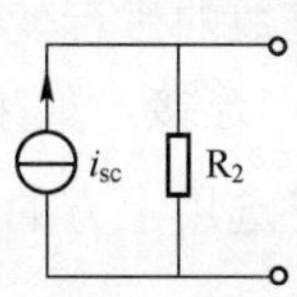 （电流源 i_{sc} 与 R_2 并联电路图）	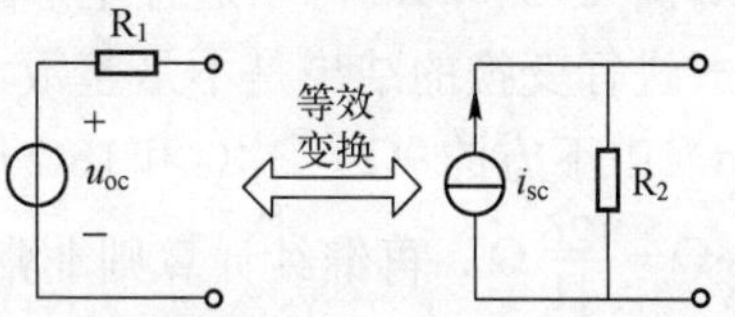 （左右两种模型的等效变换图） 等效条件：$R_1 = R_2 = R$，$i_{sc} = \dfrac{u_{oc}}{R}$

（五）含受控源电路的等效变换

（1）仅由线性二端电阻和线性受控源构成的单口网络，就端口特性而言，可以等效为一个线性二端电阻，其等效电阻值就等于该二端端口电压与端口上电流之比值。常用外加独立源后再计算端口 VCR 方程的方法求得。

（2）受控电压源和电阻串联的电路结构以及受控电流源和电阻并联的电路结构，可以像独立源一样进行等效变换。但是注意，准备进行等效变换的支路中包含受控源的控制量则不能进行等效变换。

B 例 题

例1 求图2-2所示各二端网络的输入电阻R_{ab}。

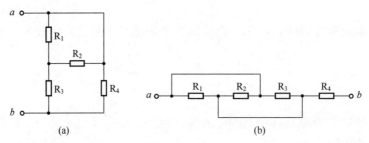

图 2-2　例1图

解 对图2-2（a），要看清楚R_1和R_2是并联关系，有$R_{ab}=(R_1//R_2+R_3)//R_4$；
对图2-2（b），要看清楚R_1、R_2和R_3是并联关系，有$R_{ab}=R_1//R_2//R_3+R_4$。

例2 求图2-3（a）所示电路的等效电阻R_{ab}。

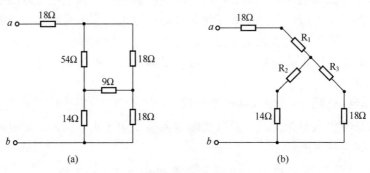

图 2-3　例2图

解 对图 2-3（a），可以进行星形或三角形变换的组合方式非常多，要事先估算一下利用公式进行变换的结果是不是整数，选用结果为整数的进行变换则计算会相对简单。例如图（a）中下方的9Ω、14Ω和18Ω形成一个三角形连接，如果变换为星形则结果为$\frac{9\times14}{9+14+18}\Omega=\frac{126}{41}\Omega$，再继续计算则非常麻烦，此题可选用上方的9Ω、54Ω和18Ω三角形连接变换成星形连接，如图 2-3（b）所示。

$$R_1=\frac{54\times18}{9+54+18}=12\Omega$$

$$R_2=\frac{54\times9}{9+54+18}=6\Omega$$

$$R_3=\frac{9\times18}{9+54+18}=2\Omega$$

$$R_{ab}=18+R_1+[(R_2+14)//(R_3+18)]=40\Omega$$

例3 求图2-4（a）所示电路的等效电阻R_{ab}。

解 此题对电路图 2-4（a）中间星形连接的 3 个电阻40Ω、4Ω和8Ω等效为三角形，注意等效后3个电阻的位置。等效后电路图如图2-4（b）所示。

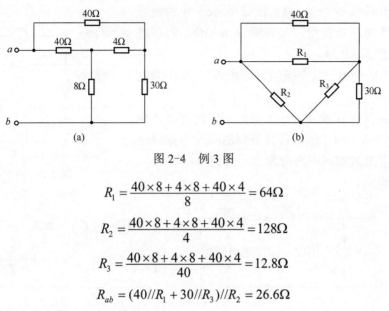

图2-4 例3图

$$R_1 = \frac{40 \times 8 + 4 \times 8 + 40 \times 4}{8} = 64\Omega$$

$$R_2 = \frac{40 \times 8 + 4 \times 8 + 40 \times 4}{4} = 128\Omega$$

$$R_3 = \frac{40 \times 8 + 4 \times 8 + 40 \times 4}{40} = 12.8\Omega$$

$$R_{ab} = (40//R_1 + 30//R_3)//R_2 = 26.6\Omega$$

例4 利用电源等效变换化简图2-5。

解 观察电路图，可以进行电源等效变化的有两个组合，上方1V电压源和2Ω电阻形成的实际电压源模型以及右下方1A电流源和2Ω电阻形成的实际电流源模型。选择哪一个进行等效变换需要考虑变换之后元件与其他电路元件的关系。先对右下角的实际电流源模型进行等效变换，得到图2-6（a），此时，新形成的实际电压源模型与原电路上方的实际电压源模型形成串联结构，对其进行化简，得到图2-6（b）。如果先对上方1V电压源和2Ω电阻形成的实际电压源模型进行等效变换，则新的实际电流源模型与其他元器件没有新的串并联关系，属于无效的等效变换。

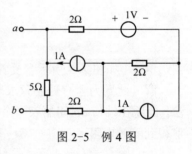

图2-5 例4图

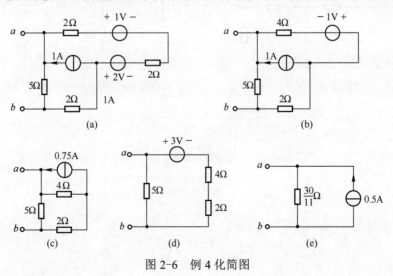

图2-6 例4化简图

然后将图 2-6（b）中上方的电压源模型变换为电流源模型并与1A的电流源进行并联化简，得到图 2-6（c）。再将图 2-6（c）中的电流源模型变换为电压源模型，得到图 2-6（d），最后进行化简得到图 2-6（e）。

例 5 应用电源等效变换的方法求图 2-7 中的电流 i。

解 此题先将 3 个实际电源模型同时进行等效变换，得到图 2-8（a），然后将新得到的两个电流源进行合并，再等效为实际电压源模型，得到图 2-8（b），即可计算出电流 i。

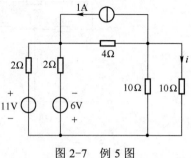

图 2-7 例 5 图

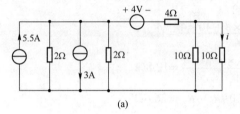

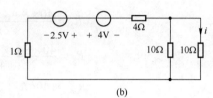

图 2-8 例 5 化简图

$$i = \frac{1}{2}\left(\frac{-4+2.5}{1+4+10//10}\right) = -0.075\text{A}$$

例 6 如图 2-9 所示含受控源的电路，求各图中 ab 端的等效电阻。

解 此题为含有受控源求等效电阻的题目，对于这类题目应采用外加独立电源的方法，此题在端口 ab 间加入一个电流源，如图 2-10 所示。再求端口 ab 间电压与电流的比值得到等效电阻。

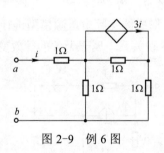

图 2-9 例 6 图

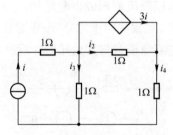

图 2-10 例 6 外加电源图

$$\begin{cases} i_2 + i_4 - i_3 = 0 \\ i_4 - i_2 = 3i \\ i = 3i + i_2 + i_3 \end{cases}$$

$$i_3 = -\frac{1}{3}i$$

解得

$$R_{ab} = \frac{i+i_3}{i} = \frac{2}{3}\Omega$$

例 7 求图 2-11 所示各二端网络的输入电阻 R_{ab}。

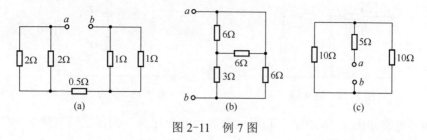

图 2-11 例 7 图

解 （a） $R_{ab}=2//2+0.5+1//1=2\Omega$；

（b） $R_{ab}=(6//6+3)//6=3\Omega$；

（c） $R_{ab}=10//10+5=10\Omega$。

例 8 电路如图 2-12 所示，已知 $R_1=5\Omega$，$R_3=15\Omega$，$R_4=10\Omega$，电阻 R_4 两端电压 $u=18\text{V}$。试求电阻 R_2 的值。

解 标识各支路电流参考方向，如图 2-13 所示。依据 R_4 电阻的电流电压约束关系，有

$$i_2=\frac{u}{R_4}=\frac{18}{10}=1.8\text{A}$$

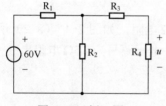
图 2-12 例 8 图

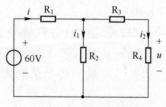
图 2-13 例 8 图解

列写 KVL 方程，有

$$60=iR_1+i_2R_3+u$$

则

$$i=\frac{60-i_2R_3-u}{R_1}=\frac{60-1.8\times15-18}{5}=3\text{A}$$

由 KCL，得

$$i_1=i-i_2=3-1.8=1.2\text{A}$$

则

$$60=iR_1+i_1R_2$$

$$R_2=\frac{60-iR_1}{i_1}=\frac{60-3\times5}{1.2}=37.5\Omega$$

例 9 求图 2-14 所示电路的等效电阻 R_{ab}。

解 通过 $\Delta \rightarrow Y$ 将图 2-14 等效变换为图 2-15，则

$$R_{ab}=18+(9//18)=18+6=24\Omega$$

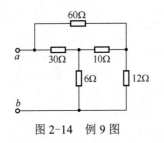
图2-14 例9图

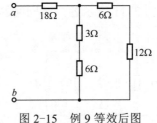
图2-15 例9等效后图

例10 电路如图2-16所示,利用电源等效变换化简下列各二端网络。

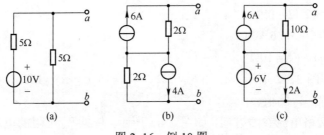
图2-16 例10图

解 (a)

(1) 将图2-17 (a) 中电压源与电阻串联的支路等效变换为电流源与电阻并联, 如图2-17 (a-1) 所示。

(2) 将两个5Ω电阻进行并联等效变换为2.5Ω电阻, 如图2-17 (a-2) 所示。

(3) 将电流源与并联电阻支路等效变换为5V 电压源与为2.5Ω电阻串联, 如图2-17 (a-3) 所示, 这就是所求的最简单形式的等效电路。

(b)

(1) 将4A 和6A 的两个电流源与电阻并联的支路等效为电压源与电阻串联, 如图2-17 (b-1) 所示。

(2) 将两个串联的电压源等效为一个电压源, 将两个串联的电阻等效为一个电阻, 如图2-17 (b-2) 所示, 这就是所求的最简单形式的等效电路。

(c)

(1) 将上边电流源与电阻的并联支路等效变换为电压源和电阻的串联, 如图2-17 (c-1) 所示。

(2) 将一个电流源与电压源并联支路等效变换为一个电压源, 如图2-17 (c-2) 所示。

(3) 将两个电压源串联等效变换为一个电压源, 如图2-17 (c-3) 所示, 这就是所求的最简单形式的等效电路。

例11 化简图2-18所示各电路。

解 (a)

(1) 去掉多余元件:将 2A 电流源与 2Ω电阻, 2V 电压源串联等效为一个 2A 电流源。10V 电压源与 2Ω电阻并联等效为 10V 电压源。如图2-19 (a-1) 所示。

(2) 电源等效变换:将 2A 电流源与 10V 电压源并联等效为 10V 电压源, 如图2-19 (a-2) 所示, 这就是所求的最简单形式的等效电路。

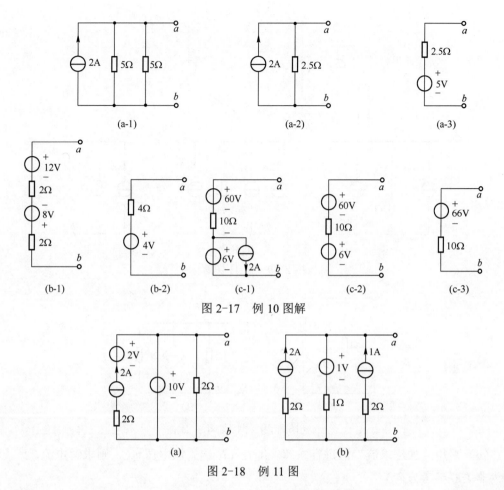

图 2-17 例 10 图解

图 2-18 例 11 图

（b）

（1）去掉多余元件：将 2A 电流源与 2Ω 电阻串联等效为一个 2A 电流源。将 1A 电流源与 2Ω 电阻串联等效为一个 1A 电流源。如图 2-19（b-1）所示。

（2）电源等效变换：将 1V 电压源与 1Ω 电阻串联等效为 1A 电流源与 1Ω 电阻并联，如图 2-19（b-2）所示。

（3）将 2A 电流源，1A 电流源与 1A 电流源并联等效为 4A 电流源，如图 2-19（b-3）所示，这就是所求的最简单形式的等效电路。

例 12 如图 2-20 所示含受控源的电路，求各图中 ab 端的等效电阻。

解 （a）采用"加压求流"法进行求解。即在 ab 端施加电压 u_{ab}，则求解电流 i_{ab}。（两者为非关联参考方向）。

$$u_{ab} = 2i_1$$

$$\frac{u_{ab} - \gamma i_1}{3} + i_1 = i_{ab}$$

则等效电阻 R_{eq} 为

$$R_{eq} = \frac{u_{ab}}{i_{ab}} = \frac{6}{5-\gamma}\Omega$$

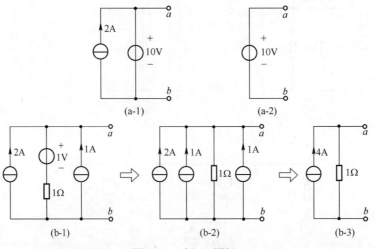

图 2-19 例 11 图解

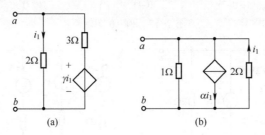

图 2-20 例 12 图

（b）采用"加压求流"法进行求解。即在 ab 端施加电压 u_{ab}，则求解电流 i_{ab}。（两者为非关联参考方向）

$$u_{ab} = -2i_1$$
$$i_{ab} = u_{ab} + \alpha i_1 - i_1$$

则等效电阻 R_{eq} 为

$$R_{eq} = \frac{u_{ab}}{i_{ab}} = \frac{2}{3-\alpha}\,\Omega$$

例 13 试把图 2-21 所示含受控源二端网络化简为最简等效电路。

解 先对电路进行等效变换，具体步骤如下：

（1）将 2V 电压源与 1Ω 电阻串联支路等效变换为 2A 电流源与 1Ω 电阻的并联支路，将 $3u_1$ 受控电流源与 2Ω 电阻的并联支路等效变换为 $6u_1$ 电压源与 2Ω 电阻串联支路，如图 2-22（a）所示。

（2）将并联的 2Ω 电阻和 1Ω 电阻等效为 2/3Ω 电阻，将 2A 电流源与 2/3Ω 电阻的并联支路等效变换为 4/3V 电压源与 2/3Ω 电阻串联支路，如图 2-22（b）所示。

列写 KVL 方程，得

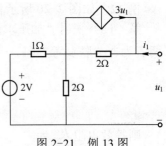

图 2-21 例 13 图

$$u_1 = 6u_1 + \frac{8}{3}i_1 + \frac{4}{3}$$

$$u_1 = -\frac{8}{15}i_1 - \frac{4}{15}$$

则最简等效电路如图 2-22（c）所示。

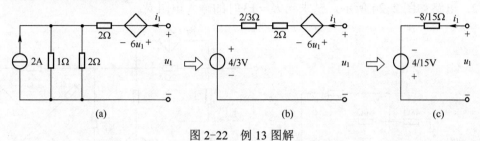

图 2-22 例 13 图解

C 练 习 题

1. 电路如图 2-23 所示，试求 R_{ab}。
2. 电路如图 2-24 所示，试求当 $K = \pm 3$ 时的输入电阻 R_{ab}。

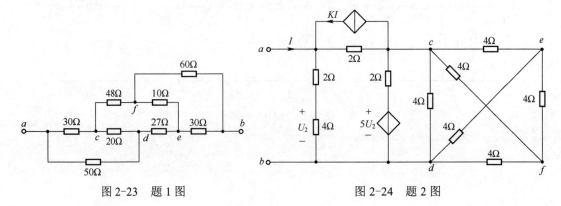

图 2-23 题 1 图　　　　　图 2-24 题 2 图

3. 电路如图 2-25（a）、(b) 所示，试分别求 R_{ab}。

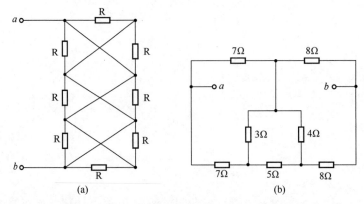

图 2-25 题 3 图

4. 图 2-26 为一无限梯形电阻网络，试求输入电阻 R_{ab}。
5. 图 2-27 电阻电路中，各个电阻均为 3Ω，求电路的等效电阻 R。

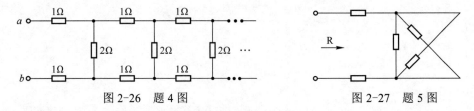

图 2-26 题 4 图　　　　　图 2-27 题 5 图

6. 求图 2-28 电路中 a、b 端的等效电阻 R_{ab}。
7. 对图 2-29 所示电桥电路，应用 Y-Δ 等效变换求：(1) 对角线电压 U；(2) 电压 U_{ab}。

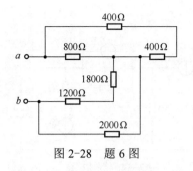

图 2-28　题 6 图

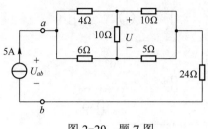

图 2-29　题 7 图

8. 求图 2-30 所示各电路的等效电阻 R_{ab}，其中 $R_1 = R_2 = 1\Omega$，$R_3 = R_4 = 2\Omega$，$R_5 = 4\Omega$，$G_1 = G_2 = 1\text{S}$。

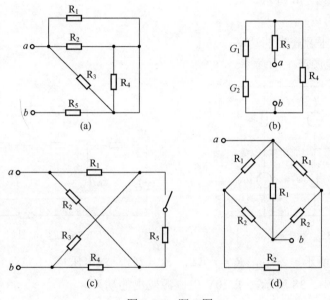

图 2-30　题 8 图

9. 求图 2-31 所示电路的 i_1 和 i_2。

10. 求图 2-32 电路中电流 I。

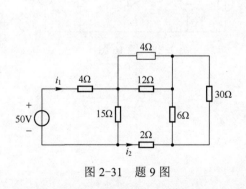

图 2-31　题 9 图

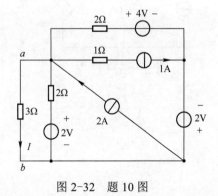

图 2-32　题 10 图

11. 写出图 2-33 电路 ab 端口的电压电流关系式。

12. 应用等效变换方法求图 2-34 电路的 U 和 I。

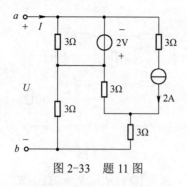

图 2-33 题 11 图

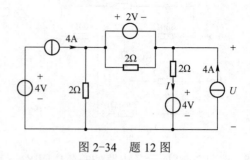

图 2-34 题 12 图

13. 求图 2-35 电路 ab 端口含电流源的最简单的等效电路。
14. 电路如图 2-36 所示，求：
（1）电路中的 u_o；
（2）300V 电压源产生的功率；
（3）10A 电流源产生的功率。

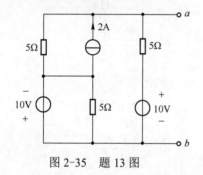

图 2-35 题 13 图

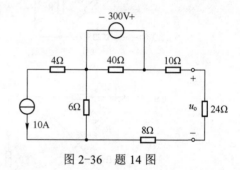

图 2-36 题 14 图

15. 图 2-37 所示电路中，$R_1 = 1.5\Omega$，$R_2 = 2\Omega$，求电压 u。
16. 电路如图 2-38 所示，求 10V 电压源发出的功率。

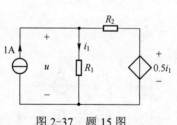

图 2-37 题 15 图

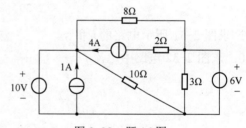

图 2-38 题 16 图

练习题答案

1. 57Ω
2. $-54\Omega(K=3)$，$18\Omega(K=-3)$
3. （a）$R_{ab}=\frac{1}{8}\Omega$；（b）$R_{ab}=8.164\Omega$
4. $R_{ab}=3.236\Omega$
5. 7Ω
6. 1600Ω
7. $U=5\text{V}$，$U_{ab}=150\text{V}$
8. （a）$R_{ab}=4.4\Omega$；（b）$R_{ab}=3\Omega$；（c）$R_{ab}=1.5\Omega$；（d）$R_{ab}=0.5\Omega$
9. $i_1=5\text{A}$，$i_2=-3\text{A}$
10. 0.75A
11. $U=2I-4$
12. $U=9\text{ V}$，$I=\frac{1}{2}(U-4)=2.5\text{A}$
13. 2A 电流源与 2.5Ω 电阻并联电路
14. （1）120V；（2）3.75kW；（3）1300W
15. $u=1\text{V}$
16. -35W

第 3 章　电路的系统分析方法

A　内　容　提　要

一、网络图论基本概念

（一）电路的拓扑图

在列写电路的 KCL、KVL 方程时，可以不考虑支路上是何元件，而将支路抽象成带方向、有电压与电流的线段，电路抽象成由有向线段和点构成的几何图形，称为电路的拓扑图，也称为线图。

学习这部分内容时，需要弄清楚一些重要的概念和定义，包含：①拓扑支路、拓扑节点与拓扑图；②连通图与非连通图；③子图与生成子图；④有向图与无向图；⑤平面图与非平面图。

（二）树、树支与连支

在一个具有 n 个节点、b 条支路的拓扑图中，树、树支与连支的定义如下：

树：连接连通图中所有节点的最少支路的集合，用字母 T 表示。确定树的时候一定要注意树的 4 个特点：①树是连通图 G 的一个子图；②树包含连通图 G 的全部节点；③在树中，从任一节点出发，都可经过树中的支路连续地到达任何其他的节点，即树也是连通的；④不包含任何回路。

树支：树选定后，组成树的支路，数目为 $n-1$ 个，即独立节点数。

连支：拓扑图中，不属于树支的其他支路，数目为 $b-n+1$ 个。

（三）回路、网孔和基本回路

在一个具有 n 个节点、b 条支路的拓扑图 G 中，回路、网孔和基本回路的定义如下：

回路：从图中某一节点出发，经过若干支路和节点（均只许经过一次）又回到出发节点所形成的闭合路径。一个回路有 4 个特点：①回路是图 G 的一个子图；②此子图是一个连通图；③与该子图中每个节点连接的支路必须是且只能是两条；④若移去该子图中的任一条支路，则其余支路便不能再构成闭合路径。

网孔：内部未包含支路的回路，数目为 $b-n+1$ 个。

基本回路：只包含一个连支的回路称为单连支回路或基本回路。单连支回路是唯一的，由单连支回路组成的回路组为一组独立回路组，因为在每一个回路都包含了其他回路所没有的连支支路。数目为 $b-n+1$ 个。

（四）割集和基本割集

在一个具有 n 个节点、b 条支路的拓扑图 G 中，割集和基本割集的定义如下：

连通图的割集是一组支路集合,并且满足:

(1) 如果移去包含在此集合中的全部支路(但所有节点予以保留),则留下的图变成两个彼此分离而又各自连通的子图(这种子图也可以是一个孤立节点)。

(2) 如果留下该集合中的任一支路,则剩下的图仍是连通的。

条件(2)表明,割集是满足条件(1)的为数最少的支路集合。

应注意割集定义中的要点如下:

(1) 移去割集后的图不连通。

(2) 该不连通图具有两个分离部分(而不是多个)。

(3) 割集是一种最小支路集合(移去该集合中的任意支路则图仍连通)。

基本割集:只包含一个树支,而其余均为连支的割集称为基本割集,也称单树支割集。树一经选定,基本割集唯一地被确定下来。

二、电路分析方法

(一) 2b 法和支路法

2b 法和支路法是电路分析中最基础的分析方法,两种方法的对比如表 3-1 所示。

表 3-1 2b 法和支路法

	2b 法	支路电流法	支路电压法
电路变量	支路电流、支路电压	支路电流	支路电压
依据	KCL、KVL、VCR	KCL、KVL	KCL、KVL
解题步骤	① 选择($n-1$)个节点,列写 KCL 方程。 ② 选择($b-n+1$)个独立回路,列写 KVL 方程。 ③ 针对 b 条支路列写 VCR 方程。 ④ 联立方程求解	① 选择($n-1$)个节点,列写 KCL 方程。 ② 选择($b-n+1$)个独立回路。列写 KVL 方程。 ③ 联立方程求解	① 选择($n-1$)个节点,列写 KCL 方程。 ② 选择($b-n+1$)个独立回路,列写 KVL 方程。 ③ 联立方程求解
备注	独立回路的选取: ① 根据图论的知识,选择合适的独立回路。 ② 直接选取所有的网孔作为独立回路		

(二) 回路(网孔)电流法和节点电压法

回路(网孔)电流法和节点电压法是在支路法的基础上,对方程进行变化得到的方法,具有列写规律性强、方程数量少等特点。两种方法的对比如表 3-2 所示。

表 3-2 回路(网孔)电流法和节点电压法

	回路(网孔)电流法	节点电压法
电路变量	回路(网孔)电流	节点电压
依据	KVL	KCL
解题步骤	① 选定 l 个独立回路(网孔),并确定其电流参考方向,设置 l 个独立回路(网孔)电流为未知数。 ② 列 l 个方程,其方程一般形式为 $R_{11}i_{l1}+R_{12}i_{l2}+\cdots+R_{1l}i_{ll}=u_{s11}$ $R_{21}i_{l1}+R_{22}i_{l2}+\cdots+R_{2l}i_{ll}=u_{s22}$ ⋮	① 任选一参考节点,此参考节点电压为零,设置其他($n-1$)节点的电压为未知数。 ② 列($n-1$)个方程,其方程一般形式为 $G_{11}u_{n1}+G_{12}u_{n2}+\cdots+G_{1(n-1)}u_{n(n-1)}=i_{s11}$ $G_{21}u_{n1}+G_{22}u_{n2}+\cdots+G_{2(n-1)}u_{n(n-1)}=i_{s22}$ ⋮

（续）

	回路（网孔）电流法	节点电压法
解题步骤	$R_{k1}i_{l1} + R_{k2}i_{l2} + \cdots + R_{kl}i_{ln} = u_{skk}$ $\vdots$ $R_{n1}i_{l1} + R_{n2}i_{l2} + \cdots + R_{nn}i_{ln} = u_{snn}$ ③ 联立方程求解	$G_{k1}u_{n1} + G_{k2}u_{n2} + \cdots + G_{kk}u_{n(n-1)} = i_{skk}$ $\vdots$ $G_{(n-1)1}u_{n1} + G_{(n-1)2}u_{n2} + \cdots + G_{(n-1)(n-1)}u_{n(n-1)} = i_{s(n-1)(n-1)}$ ③ 联立方程求解
方程特点	① 自电阻：具有相同下标的电阻 $R_{11}, R_{22}, \cdots, R_{ll}$，其值等于各自回路（网孔）中电阻之和，总为正。 ② 互电阻：具有不同下标的电阻，其绝对值等于相邻两回路（网孔）公共支路上的电阻值，符号可正可负，其正负取决于相邻回路（网孔）电流在公共电阻上方向是否一致，一致时取正，反之取负。若两回路（网孔）之间没有公共电阻，则二者之间的互电阻等于0。 ③ 方程右边为各个回路（网孔）电源电压代数和，其方向与回路（网孔）电流方向一致为负，反之为正。电压源直接写，实际电流源等效为实际电压源再列写，无伴独立电流源按照备注的方法处理	① 自电导：具有相同下标的电导 $G_{11}, G_{22}, \cdots, G_{(n-1)(n-1)}$，其值等于与该节点相连支路的电导之和，总为正。 ② 互电导：具有不同下标的电导，其绝对值为相邻两节点之间各支路电导之和，恒为负。 ③ 方程右边为流入该节点的电源电流的代数和，流入为正，流出为负。电流源直接写，实际电压源等效为实际电流源再列写，无伴独立电压源按照备注的方法处理
备注	① 电路中有无伴电流源支路的处理方法：其一是选取独立回路（网孔）时使该支路仅有一个回路（网孔）电流流过，此回路（网孔）电流为电流源电流，无需列写方程；其二是设置该电流源电压为未知量，写入方程右侧，再补充一个该电流源电流与回路（网孔）电流关系的辅助方程。 ② 若电路中有受控源，视其为独立源一样列方程，然后增加控制量与回路（网孔）电流关系的辅助方程。 ③ 对于网孔电流法，如果假设所有的网孔电流都是顺时针或逆时针，则所有的互电阻均为负，不需要进行判断	① 电路中有无伴电压源支路的处理方法：其一是将无伴电压源一个端点选作参考点，则另一端点的节点电压等于电压源电压，无需列写方程；其二是将电压源支路电流设为未知量，写入方程右侧，再补充一个电压源电压与节点电压关系的辅助方程。 ② 若电路中有受控源，视其为独立源一样列方程，然后增加控制量与节点电压关系的辅助方程。 ③ 若电路中仅有两个节点，则节点电压为 $$U_n = \frac{\sum G_k u_{sk}}{\sum G_k}$$ ——弥尔曼定理

B 例 题

例1 用支路电流法求图 3-1 各电路的电流 i，并求出图 3-1（b）电路中电流源的功率。

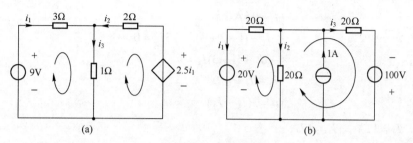

图 3-1 例 1 图

解 （a）对上方的节点列写 KCL 方程，对两个网孔列写 KVL 方程，联立求解。

$$\begin{cases} i_1 + i_2 = i_3 \\ 3i_1 + i_3 - 9 = 0 \\ -2i_2 + 2.5i_1 - i_3 = 0 \end{cases}$$

解得：$i_1 = 2\text{A}$，$i_2 = 1\text{A}$，$i_3 = 3\text{A}$

（b）此题的关键是列写几个 KVL 方程，由于 1A 的电流源和 20Ω 电阻是并联，具有相同的电压，所以并不用对 3 个网孔都列写方程，可以选取如图 3-1（b）的两个回路来列写 KVL 方程。具体方程如下：

$$\begin{cases} i_1 + i_2 + i_3 = 1 \\ -20i_1 + 20i_2 - 20 = 0 \\ -20i_2 + 20i_3 - 100 = 0 \end{cases}$$

解得：$i_1 = -2\text{A}$，$i_2 = -1\text{A}$，$i_3 = 4\text{A}$

$$P = 1 \times (100 - 20i_3) = 20\text{W}$$

例2 用网孔分析法求图 3-2 所示电路中电流源的端电压 u。

解 此电路图含有独立电流源支路，并且此电源电流经过两个网孔，不能令其等于某个网孔的网孔电流，必须要假设其两端的电压作为未知数列入方程中，并增加一个电流源电流与网孔电流关系的方程。具体方程如下：

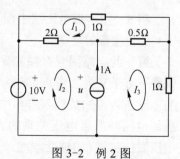

$$\begin{cases} (1+2+0.5)I_1 - 2I_2 - 0.5I_3 = 0 \\ -2I_1 + 2I_2 + 0 = 10 - u \\ -0.5I_1 + 0 + (0.5+1)I_3 = u \\ I_3 - I_2 = 1 \end{cases}$$

图 3-2 例 2 图

解得：$I_1 = \dfrac{23}{6}\text{A}$，$I_2 = \dfrac{31}{6}\text{A}$，$I_3 = \dfrac{37}{6}\text{A}$，$u = \dfrac{22}{3}\text{V}$

例3 用网孔电流法求图3-3所示电路的网孔电流。

解 此电路图含有受控电流源,并且此受控源电流经过两个网孔,不能令其等于某个网孔的网孔电流,所以必须要假设其两端的电压作为未知数列入方程中,并增加一个受控电流源电流与网孔电流关系的方程和一个关于受控电流源控制量 u 的辅助方程。同时和受控电流源串联的 2Ω 电阻应视为多余元件,不列写入方程。具体方程如下:

$$\begin{cases} I_1 = 15\text{A} \\ -I_1 + (1+2+3)I_2 - 3I_3 = 0 \\ -3I_2 + (1+3)I_3 = u_s \\ I_3 - I_1 = u/9 \\ u = 3(I_3 - I_2) \end{cases}$$

解得:$I_2 = 11\text{A}$,$I_3 = 17\text{A}$。

例4 求图3-4所示电路中 $2\text{k}\Omega$ 电阻中的电流 I_{AB}。

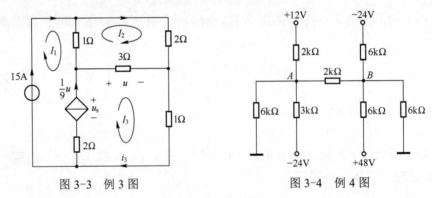

图3-3 例3图   图3-4 例4图

解 此题的难点是此电路图采用电位的形式,读者需要理解电位对于参考点的意义,同时要清楚节点电压法列写方程的对象是节点电压。具体方程如下:

$$\begin{cases} \left(\dfrac{1}{6} + \dfrac{1}{2} + \dfrac{1}{3} + \dfrac{1}{2}\right)U_A - \dfrac{1}{2}U_B = \dfrac{12}{2} - \dfrac{24}{3} \\ -\dfrac{1}{2}U_A + \left(\dfrac{1}{2} + \dfrac{1}{6} + \dfrac{1}{6} + \dfrac{1}{6}\right)U_B = \dfrac{48}{6} - \dfrac{24}{6} \end{cases}$$

解得:$U_A = 0\text{V}$,$U_B = 4\text{V}$,$I_{AB} = \dfrac{U_A - U_B}{2000} = -2\text{mA}$

例5 用节点电压法求图3-5所示电路中的电压 u 及受控源的功率。

解 此电路图含有独立受控电压源支路,这题设置下方节点为参考点,则要假设流过受控电压源的电流作为未知数列入方程中,并增加一个受控电压源电压与节点电压关系的方程和一个关于受控电压源控制量 i 的辅助方程。具体方程如下:

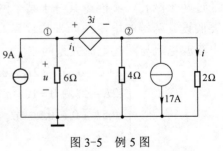

图3-5 例5图

$$\begin{cases} \dfrac{1}{6}U_1 = 9 + i_1 \\ \left(\dfrac{1}{4} + \dfrac{1}{2}\right)U_2 = -i_1 - 17 \\ i = \dfrac{U_2}{2} \\ U_1 - U_2 = 3i \end{cases}$$

解得：$U_1 = -\dfrac{120}{7}$V，$U_2 = -\dfrac{48}{7}$V，$i_1 = -\dfrac{71}{7}$A，$i = -\dfrac{24}{7}$A，$P = -3i(-i_1) = 122$W

例6 如图 3-6 所示电路，已知 $R = 2\Omega$，求 R 吸收的功率 P。

解 用节点法求解。选参考点、设相关节点电位，如图中所标。节点方程为

$$\begin{cases} \left(\dfrac{1}{2} + \dfrac{1}{3} + \dfrac{1}{2}\right)(8 - u_1) - \dfrac{1}{2}v_2 - \dfrac{1}{3} \times 8 = -0.5u_1 \\ \left(\dfrac{1}{4} + \dfrac{1}{4} + \dfrac{1}{2}\right)v_2 - \dfrac{1}{2}(8 - u_1) - \dfrac{1}{4} \times 8 = 0.5u_1 \end{cases}$$

解得 $\qquad\qquad\qquad u_1 = v_2 = 6\text{V}$

则 R 吸收的功率

$$p = \dfrac{[v_2 - (8 - u_1)]^2}{R} = \dfrac{(6 - 8 + 6)^2}{2} = 8\text{W}$$

例7 按图 3-7 所给定的节点编号列写电路的节点电压方程。

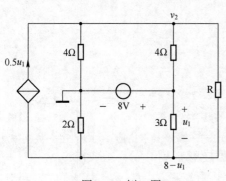
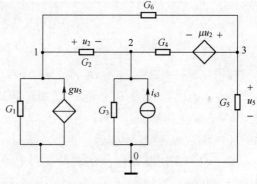

图 3-6 例 6 图　　　　　　　　图 3-7 例 7 图

解 首先将受控源看作独立源，列写节点电压方程为

$$\begin{cases} (G_1 + G_2 + G_6)u_{n1} - G_2 u_{n2} - G_6 u_{n3} = gu_5 \\ -G_2 u_{n1} + (G_2 + G_3 + G_4)u_{n2} - G_4 u_{n3} = i_{s3} - G_4 \mu u_2 \\ -G_6 u_{n1} - G_4 u_{n2} + (G_4 + G_5 + G_6)u_{n3} = G_4 \mu u_2 \end{cases}$$

再将控制量用相应的节点电压表示为

$$u_2 = u_{n1} - u_{n2}$$
$$u_5 = u_{n3}$$

将以上两式代入节点电压方程中并进行整理，得

$$\begin{cases}(G_1+G_2+G_6)u_{n1}-G_2u_{n2}-(G_6+g)u_{n3}=0\\-(G_2-\mu G_4)u_{n1}+(G_2+G_3+G_4-\mu G_4)u_{n2}-G_4u_{n3}=i_{s3}\\-(G_6+\mu G_4)u_{n1}-(1-\mu)G_4u_{n2}+(G_4+G_5+G_6)u_{n3}=0\end{cases}$$

例8 电路如图3-8所示，试用支路法求各支路电流。

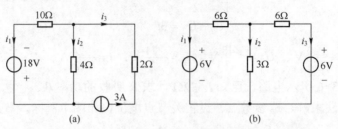

图 3-8 例 8 图

解 （a）根据题意，列出 KCL 和 KVL 方程为

$$\begin{cases}i_1+i_2+i_3=0\\18-10i_1+4i_2=0\\i_3=-3\end{cases}$$

解得：$i_1=\dfrac{15}{7}\text{A}$，$i_2=\dfrac{6}{7}\text{A}$，$i_3=-3\text{A}$

（b）根据题意，列出 KCL 和 KVL 方程为

$$\begin{cases}i_1+i_2+i_3=0\\3i_2-6-6i_1=0\\-3i_2+6i_3+6=0\end{cases}$$

解得：$i_1=-0.5\text{A}$，$i_2=1\text{A}$，$i_3=-0.5\text{A}$

例9 电路如图 3-9 所示，已知 $u_{s1}=10\text{V}$，$u_{s2}=12\text{V}$，$u_{s3}=16\text{V}$，$R_1=2\Omega$，$R_2=4\Omega$，$R_3=6\Omega$，分别用支路电流法和网孔电流法求各支路电流。

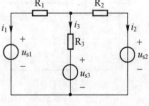

图 3-9 例 9 图

解 （1）采用支路电流法求各支路电流。根据题意，列出 KCL 和 KVL 方程为

$$\begin{cases}i_1+i_2+i_3=0\\2i_1+10=6i_3+16\\2i_1+10=4i_2+12\end{cases}$$

解得：$i_1=\dfrac{9}{11}\text{A}$，$i_2=-\dfrac{1}{11}\text{A}$，$i_3=-\dfrac{8}{11}\text{A}$

（2）采用网孔电流法求各支路电流。选定各网孔电流的参考方向，如图 3-10 所示。用观察法直接列出网孔电流方程为

$$\begin{cases}(2+6)i_\text{I}-6i_\text{II}=10-16\\(6+4)i_\text{II}-6i_\text{I}=16-12\end{cases}$$

解得：$i_\mathrm{I} = -\dfrac{9}{11}\mathrm{A}$，$i_\mathrm{II} = -\dfrac{1}{11}\mathrm{A}$

则 $i_1 = \dfrac{9}{11}\mathrm{A}$，$i_2 = -\dfrac{1}{11}\mathrm{A}$，$i_3 = -\dfrac{8}{11}\mathrm{A}$

例 10　试用网孔电流法求图 3-11 所示电路各电压源对电路提供的功率 P_s1 和 P_s2。

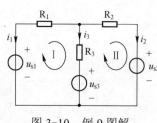

图 3-10　例 9 图解

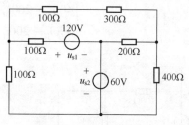

图 3-11　例 10 图

解　选定各网孔电流的参考方向，如图 3-12 所示。用观察法直接列出网孔电流方程为

$$\begin{cases} 200i_\mathrm{I} - 100i_\mathrm{III} = -180 \\ 600i_\mathrm{II} - 200i_\mathrm{III} = 60 \\ -100i_\mathrm{I} - 200i_\mathrm{II} + 700i_\mathrm{III} = 120 \end{cases}$$

解得

$$i_\mathrm{I} = -0.857\mathrm{A}$$
$$i_\mathrm{II} = 0.129\mathrm{A}$$
$$i_\mathrm{III} = 0.086\mathrm{A}$$

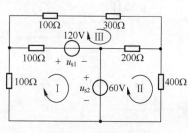

图 3-12　例 10 图解

电压源对电路提供的功率 P_s1 和 P_s2 为

$$P_\mathrm{s1} = u_\mathrm{S1}(i_\mathrm{III} - i_\mathrm{I}) = 120 \times (0.086 + 0.857) = 113.16\mathrm{W}$$
$$P_\mathrm{s2} = u_\mathrm{S2}(i_\mathrm{II} - i_\mathrm{I}) = 60 \times (0.129 + 0.857) = 59.16\mathrm{W}$$

例 11　电路如图 3-13 所示，用网孔电流法求电流 i。

解　选定各网孔电流的参考方向，如图 3-14 所示。用观察法直接列出网孔电流方程，其中 $i = i_\mathrm{II}$。

$$\begin{cases} 12i_\mathrm{I} - 2i_\mathrm{II} = 6 - 8i_\mathrm{II} \\ -2i_\mathrm{I} + 6i_\mathrm{II} = -4 + 8i_\mathrm{II} \end{cases}$$

图 3-13　例 11 图　　　　　图 3-14　例 11 图解

解得：$i_\mathrm{I} = -1\mathrm{A}$，$i_\mathrm{II} = 3\mathrm{A}$

$$i = i_{\text{II}} = 3\text{A}$$

例 12 电路如图 3-15 所示，用网孔分析法求电流 I_A，并求受控源提供的功率。

解 将受控电流源与其并联的电阻支路等效变换为受控电压源与电阻串联支路。并选定各网孔电流的参考方向，如图 3-16 所示。用观察法直接列出网孔电流方程为

$$\begin{cases} 400i_{\text{I}} - 200i_{\text{II}} = 14 + 2 + 200i_{\text{II}} \\ 500i_{\text{II}} - 200i_{\text{I}} = -2 \end{cases}$$

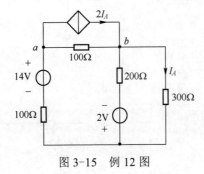

图 3-15 例 12 图

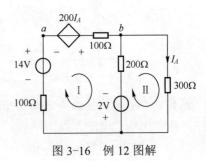

图 3-16 例 12 图解

解得：$i_{\text{I}} = 0.06\text{A}$，$i_{\text{II}} = 0.02\text{A}$

则

$$I_A = i_{\text{II}} = 0.02\text{A}$$

$$U_{ba} = 300i_{\text{II}} + 100i_{\text{I}} - 14 = 6 + 6 - 14 = -2\text{V}$$

则

$$P = U_{ab} 2I_A = 0.08\text{W}$$

受控源提供的功率为-0.08W。

例 13 电路如图 3-17 所示，用网孔分析法求 4Ω 电阻的功率。

解 如图 3-18 所示，选定各网孔电流的参考方向，用观察法直接列出网孔电流方程为

$$\begin{cases} i_{\text{I}} = 2\text{A} \\ 3i_{\text{II}} - i_{\text{III}} = 4 - 6U_1 \\ -2i_{\text{I}} - i_{\text{II}} + 7i_{\text{III}} = 0 \end{cases}$$

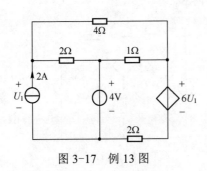

图 3-17 例 13 图

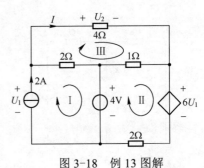

图 3-18 例 13 图解

补充方程为
$$U_1 = 2(i_I - i_{III}) + 4$$
解得
$$i_{III} = -4A$$
则4Ω电阻的功率为
$$P = i_{III}^2 R = 64W$$

例 14 电路如图 3-19 所示，分别用网孔电流法和回路电流法列写电路方程。

解 （1）采用网孔电流法列写电路方程。如图 3-20（a）所示，选定各网孔电流的参考方向，并增加变量即 2A 电流源两端电压 U_1，用观察法直接列出网孔电流方程为

$$\begin{cases} i_I = 1A \\ -2i_I + 3i_{II} = -U_1 \\ -i_I + 3i_{III} = U_1 - 2 \end{cases}$$

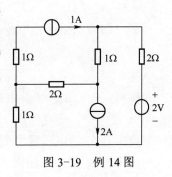

图 3-19 例 14 图

依据题意可得补充方程为
$$i_{III} + 2 = i_{II}$$

（2）回路电流法列写电路方程。首先选取各回路及其参考方向，如图 3-20（b）所示。用观察法直接列出回路电流法的方程为

$$\begin{cases} i_I = 1A \\ i_{II} = 2A \\ -3i_I + 3i_{II} + 6i_{III} = -2 \end{cases}$$

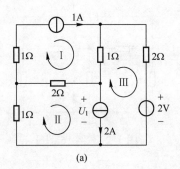

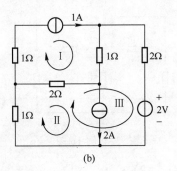

(a)   (b)

图 3-20 例 14 图解

例 15 电路如图 3-21 所示，已知其网孔电流方程为
$$\begin{cases} 2i_1 + i_2 = 4V \\ 4i_2 = 8V \end{cases}$$

电流单位为 A，求各元件参数和电压源发出的功率。

解 列出网孔电流方程为

45

$$\begin{cases}(R_1+R_2)i_1+R_2i_2=u_{s1}-ku_1\\ R_2i_1+(R_2+R_3)i_2=u_{s2}-ku_1\end{cases}$$

依据题意可以列出补充方程

$$u_1=u_{s1}-R_1i_1$$

整理，得

$$\begin{cases}(R_1-kR_1+R_2)i_1+R_2i_2=(1-k)u_{s1}\\ (R_2-kR_1)i_1+(R_2+R_3)i_2=u_{s2}-ku_{s1}\end{cases}$$

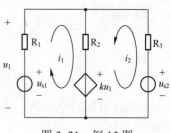

图 3-21　例 15 图

又已知该电路网孔电流方程为

$$\begin{cases}2i_1+i_2=4\text{V}\\ 4i_2=8\text{V}\end{cases}$$

解得：$R_1=2\Omega$，$R_2=1\Omega$，$R_3=3\Omega$，$k=0.5$，$u_{s1}=8\text{V}$，$u_{s2}=12\text{V}$，$u_1=6\text{V}$，$i_1=1\text{A}$，$i_2=2\text{A}$。

电压为 u_{s1} 的电压源发出的功率为：$P=u_{s1}i_1=8\times1=8\text{W}$

电压为 u_{s2} 的电压源发出的功率为：$P=u_{s2}i_2=12\times2=24\text{W}$

受控电压源发出的功率为：$P=-ku_1(i_1+i_2)=-0.5\times6(2+1)=-9\text{W}$

例 16　电路如图 3-22 所示，用节点法求电流源对电路提供的功率。

解　指定参考节点并给各节点编号，如图 3-23 所示。用观察法列出 3 个节点的方程为

$$\begin{cases}(1+2)u_A-2u_B=-13\\ -2u_A+(2+1+3)u_B-u_C=0\\ -u_B+(2+1)u_C=13\end{cases}$$

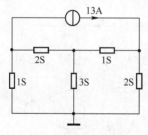

图 3-22　例 16 图

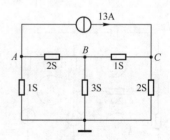

图 3-23　例 16 图解

解得：$u_A=-5\text{V}$，$u_B=-1\text{V}$，$u_C=4\text{V}$

则 $u_{CA}=u_C-u_A=4-(-5)=9\text{V}$

电流源对电路提供的功率为

$$P=u_{CA}\times13=9\times13=117\text{W}$$

例 17　用节点电压法求图 3-24 所示电路中的 u 和 i。

解　指定参考节点并给各节点编号，如图 3-25 所示。用观察法列出两个节点的方程为

$$\begin{cases}\left(1+\dfrac{1}{2}+\dfrac{1}{3}\right)u_A - \dfrac{1}{3}u_B = \dfrac{10}{2}\\ \left(-\dfrac{1}{3}\right)u_A + \left(1+\dfrac{1}{3}\right)u_B = 8\end{cases}$$

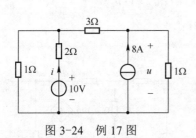

图 3-24 例 17 图

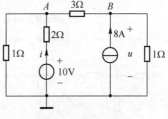

图 3-25 例 17 图解

解得： $u_A = 4\text{V}$， $u_B = 7\text{V}$

则 $u = u_B = 7\text{V}$， $i = \dfrac{10 - u_A}{2} = 3\text{A}$

例 18 用节点电压法求图 3-26 所示电路中的 u_1 和 i。

解 指定参考节点并给各节点编号，如图 3-27 所示。用观察法列出一个节点的方程为

$$\left(\dfrac{1}{2}+\dfrac{1}{4}\right)u_1 = \dfrac{12}{4} + 3i$$

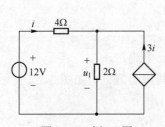

图 3-26 例 18 图

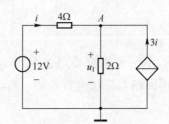

图 3-27 例 18 图解

补充方程为

$$u_1 = 4i \times 2$$

联立解得： $u_1 = 8\text{V}$， $i = 1\text{A}$

例 19 列写节点电压方程（图中 S 代表西门子）。

解 用观察法列出两个节点的方程为

$$\begin{cases}(4+1)u_a - 4u_b - u_c = -1 + 9\\ -4u_a + \left(4 + \dfrac{3\times 6}{3+6} + 2\right)u_b - 2u_c = 0\\ -u_a - 2u_b + 8u_c = 6 + 1\end{cases}$$

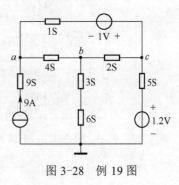

图 3-28 例 19 图

即

$$\begin{cases}5u_a - 4u_b - u_c = 8\\ -4u_a + 8u_b - 2u_c = 0\\ -u_a - 2u_b + 8u_c = 7\end{cases}$$

例 20 试列出为求解图 3-29 所示电路中 u_0 所需的节点电压方程。

解 增设受控电压源的电流 i_X 为变量,如图 3-30 所示。用观察法列出 3 个节点的方程为

$$\begin{cases} (G_1+G_2+G_3)u_a - G_3u_b - G_2u_c = G_1u_S \\ -G_3u_a + (G_3+G_5)u_b = i_X \\ -G_2u_a + (G_2+G_4)u_c = -i_X \end{cases}$$

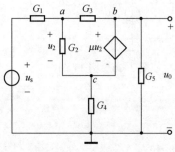
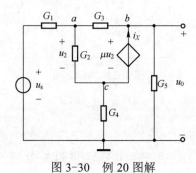

图 3-29 例 20 图   图 3-30 例 20 图解

依据题意列出补充方程为

$$\begin{cases} u_b - u_c = \mu u_2 \\ u_a - u_c = u_2 \\ u_0 = u_b \end{cases}$$

例 21 仅列一个方程求图 3-31 所示电路中的电流 i。

解 采用回路电流法进行求解,选取回路及其参考方向,如图 3-32 所示。列出的方程为

$$5i_\mathrm{I} - 3i_\mathrm{II} + 10i_\mathrm{III} = 10$$

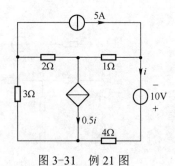
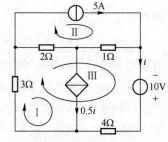

图 3-31 例 21 图   图 3-32 例 21 图解

其中

$$i_\mathrm{I} = 0.5i$$
$$i_\mathrm{II} = 5A$$
$$i_\mathrm{III} = i$$

解得

$$i = 2\mathrm{A}$$

例 22 仅列一个方程求图 3-33 所示电路中的电压 u。

解 指定参考节点并给各节点编号，并标出节点 A 电压为 $-6V$，节点 B 的电压为 $12V$，节点 C 的电压为 $-u$。如图 3-34 所示。用观察法列出节点 C 的方程为

$$-u\left(\frac{1}{20}+\frac{1}{8}\right)-\frac{12}{8}=-5$$

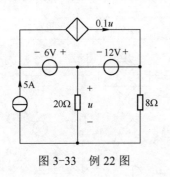

图 3-33　例 22 图

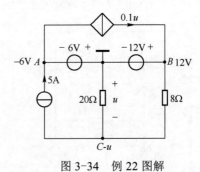

图 3-34　例 22 图解

解得

$$u = 20\text{V}$$

C 练 习 题

1. 电路如图 3-35 所示，各已知量已标于图中，试求各支路电流，并用功率平衡校验之。
2. 电路如图 3-36 所示，试列出节点方程，并求出两个独立电流源发出的功率。

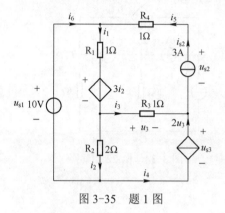

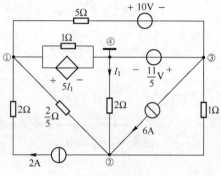

图 3-35　题 1 图　　　　　　　　　　图 3-36　题 2 图

3. 电路如图 3-37 所示，试用节点法求 I_1、I_2，并计算电压源（含受控源）的功率。
4. 电路如图 3-38 所示，已知 $U_1 = 2\text{V}$，求电阻 $R = ?$，$I = ?$。

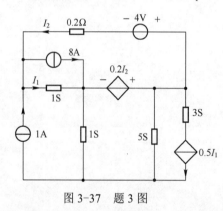

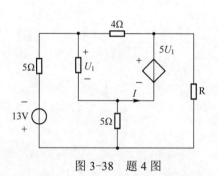

图 3-37　题 3 图　　　　　　　　　　图 3-38　题 4 图

5. 已知图 3-39 所示电路的回路方程为

$$\begin{cases} 2I_1 + I_2 = 4\text{V} \\ 4I_2 = 8\text{V} \end{cases}$$

式中的各电流的单位为 A。

求：（1）各元件的参数和各电源的功率。（2）改变 u_{s1} 和 u_{s2} 的值，使各电阻的功率增加一倍，此时受控源 u_{cs} 为多少？

6. 图 3-40 所示电路为开尔文双电桥。（1）试求检验计 G 电流为零时未知电阻 R_x 与 R_1，R_2，R_3，R_4，R_5，R_6 的关系。（2）试求与 R_6 无关时的平衡条件。

7. 用节点分析法求图 3-41 所示电路中的 u_1，u_2，u_3。

8. 电路如图 3-42 所示，用网孔法求出 2Ω 电阻消耗的功率。

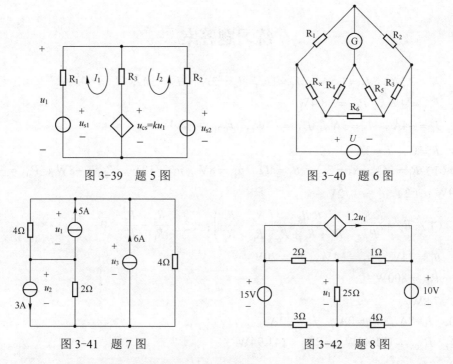

图 3-39　题 5 图　　　　图 3-40　题 6 图

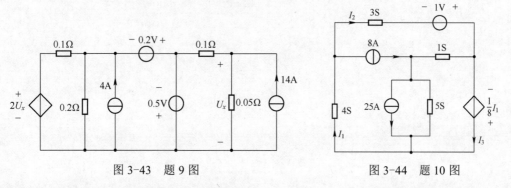

图 3-41　题 7 图　　　　图 3-42　题 8 图

9. 求图 3-43 所示电路中受控源输出的功率。
10. 求图 3-44 所示电路中的支路电流 I_1、I_2、I_3。

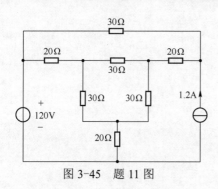

图 3-43　题 9 图　　　　图 3-44　题 10 图

11. 试求图 3-45 所示电路中各电源输出的功率。
12. 求图 3-46 所示电路中 8A 电流源的端电压 U。

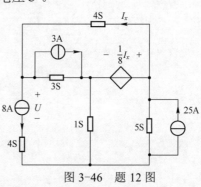

图 3-45　题 11 图　　　　图 3-46　题 12 图

练习题答案

1. $I_1 = 2.5\text{A}$，$I_2 = 1.5\text{A}$，$I_3 = 1\text{A}$，$I_4 = 2\text{A}$，$I_5 = 3\text{A}$，$I_6 = -0.5\text{A}$
2. $P_{2\text{A}} = 4\text{W}$，$P_{6\text{A}} = -8.4\text{W}$
3. $I_1 = -4\text{A}$，$I_2 = 3\text{A}$，$P_{2\text{V}} = 12\text{W}$，$P_{0.2I_2} = -2.4\text{W}$
4. $R = 0$，$I = 3\text{A}$
5. （1）$R_1 = 2\Omega$，$R_2 = 3\Omega$，$R_3 = 1\Omega$，$u_{s1} = 8\text{V}$，$u_{s2} = 12\text{V}$，$P_{us1} = -8\text{W}$，$P_{us2} = -24\text{W}$，$P_{ucs} = 9\text{W}$；（2）$u'_{cs} = 3\sqrt{2}\text{V}$
6. （1）$R_x = \dfrac{R_1 R_3}{R_2} - \dfrac{R_1 R_6}{R_4 + R_5 + R_6}\left(\dfrac{R_4}{R_1} - \dfrac{R_5}{R_2}\right)$；（2）$\dfrac{R_4}{R_1} - \dfrac{R_5}{R_2} = 0$
7. $u_1 = 24\text{V}$，$u_2 = -4\text{V}$，$u_3 = 20\text{V}$
8. $P_{2\Omega} = 800\text{W}$
9. 7.8W
10. $I_1 = 8\text{A}$，$I_2 = 0\text{A}$，$I_3 = -2\text{A}$
11. $P_{120\text{V}} = 171.43\text{W}$，$P_{1.2\text{A}} = 141.94\text{W}$
12. $U = -1\text{V}$

第4章 电路定理

A 内容提要

一、叠加定理

（一）激励和响应

将作用于电路的独立电源称为电路的激励。而将电路中任一处的电压和电流称为电路的响应。

（二）定理内容图示

叠加定理是线性电路的重要定理，齐次定理是叠加定理的一种特殊情况。两个定理的内容如表 4-1 所示。

表 4-1 定理内容图示

齐次定理图示	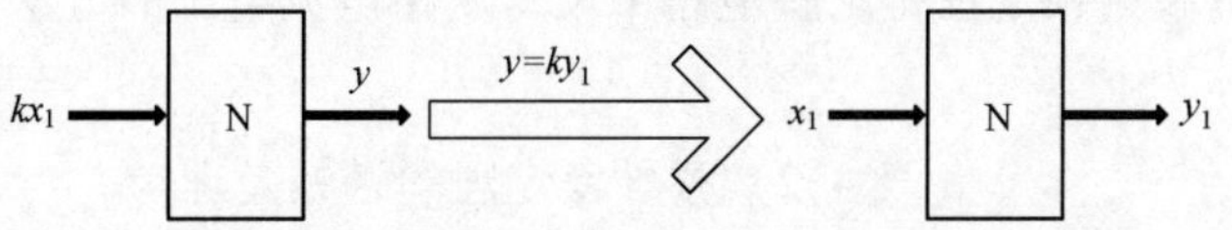 $kx_1 \rightarrow$ N $\rightarrow y$，$y=ky_1$ $\Rightarrow$ $x_1 \rightarrow$ N $\rightarrow y_1$
叠加定理图示	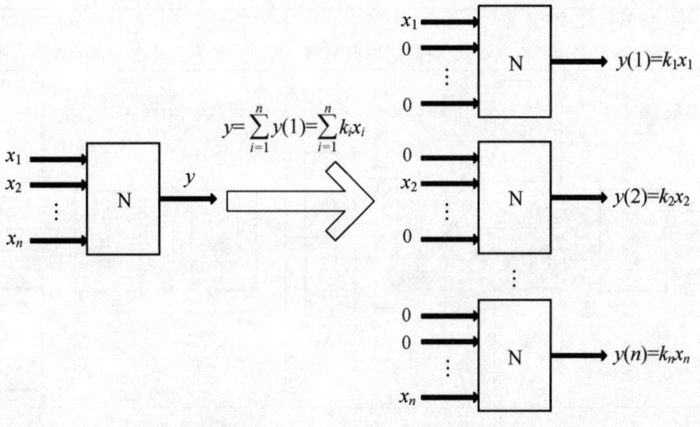 $x_1, x_2, \dots, x_n \rightarrow$ N $\rightarrow y$，$y=\sum_{i=1}^{n}y(1)=\sum_{i=1}^{n}k_i x_i$ $\Rightarrow$ 各独立源单独作用：$y(1)=k_1 x_1$，$y(2)=k_2 x_2$，……，$y(n)=k_n x_n$
定理描述	叠加定理：对于有唯一解的线性电路而言，由全部独立电源在线性电阻电路中产生的任一电压或电流，等于每一个独立电源单独作用所产生的相应电压或电流的代数和。 齐次定理：叠加定理的一种特例，可以认为是 k 个相同的输入进行叠加
使用方法	分别计算每一个独立电源单独作用的结果，然后将所有独立电源单独作用的结果进行叠加。在计算某一独立电源单独作用所产生的电压或电流时，应将电路中其他独立电压源用短路（$u_s=0$）代替，而其他独立电流源用开路（$i_s=0$）代替

	（续）
注意事项	① 图中 k_i 与激励 x_i 无关（$i=1,2,\cdots,n$），而仅由电路结构和参数决定的常数。 ② 叠加定理只适用于存在唯一解的线性电路电压或电流的计算，不能用来直接计算功率。 ③ 叠加时，不能改变电路的结构。 ④ 若电路中有受控源，则受控源一般不能当作独立电源处理，它与电阻一样均存在于各独立源作用的电路中。 ⑤ 应用叠加定理计算包含几个独立电源的线性电路中的电压电流时，可以分别计算各个独立电源所产生的电压和电流；也可以把电源分成几组简单的电路，按组计算出结果，再叠加

二、替代定理

对任一给定电路，若其第 k 条支路的电压 u_k 或电流 i_k 已知，则有

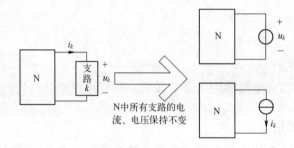

注意：支路 k 中一般不应含有受控源的控制支路或受控支路。

三、戴维南定理和诺顿定理

戴维南定理和诺顿定理是求解电路中某一支路电流电压的方法，具体内容如表 4-2 所示。

表 4-2 戴维南定理和诺顿定理

	戴维南定理	诺顿定理
定理描述	含独立电源的线性单口网络 N，就端口特性而言，可以等效为一个独立电压源 u_{oc} 和电阻 R_0 串联的单口网络	含独立电源的线性单口网络 N，就端口特性而言，可以等效为一个独立电流源 i_{sc} 和电阻 R_0 并联的单口网络
定理图示		
输入电阻 R_0 求法	① 直接化简法：将有源单口网络中的所有独立电源置零，利用电阻串并联与 Y-△ 变换，此方法适用于不含受控源的电路。 ② 外加电源法：将有源单口网络中的所有独立电源置零，断开外电路，在端口 a、b 加入电压源 u，求电压源输出电流 i，则输入电阻 $R_0 = \dfrac{u}{i}$；或者在端口 a、b 加入电流源 i，求电流源两端电压 u，则输入电阻 $R_0 = \dfrac{u}{i}$，此方法适用于所有电路。 ③ 开路短路法：针对有源单口网络，分别求出断开外电路的开路电压 u_{oc} 和短路外电路的短路电流 i_{sc}，则输入电阻 $R_0 = \dfrac{u_{oc}}{i_{sc}}$，此方法适用于所有电路	

(续)

	戴维南定理	诺顿定理
最大功率传输定理	含源线性电阻单口网络（$R_0 > 0$）向可变电阻负载 R_L 传输最大功率的条件是负载电阻 R_L 与单口网络的输入电阻 R_0 相等。满足 $R_L = R_0$ 条件时，称为最大功率匹配，此时负载电阻 R_L 获得的最大功率为 $P_{max} = \dfrac{u_{oc}^2}{4R_0}$	

B 例 题

例1 电路如图4-1所示,利用叠加定理求:(1)图(a)电路中的电压 u;(2)图(b)电路中的电流 i_x。

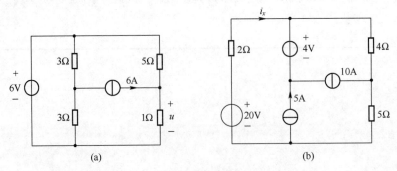

图4-1 例1图

解 (a)电流源单独作用,电压源短路,1Ω电阻和5Ω电阻并联且总电流为6A,解得此时1Ω电阻上电压为

$$u' = 6 \times (1 // 5) = 5\text{V}$$

电压源单独作用,电流源开路,1Ω电阻和5Ω电阻串联且总电压为6V,解得此时1Ω电阻上电压为

$$u'' = 6 \times \frac{1}{1+5} = 1\text{V}$$

运用叠加定理,得 $u = u' + u'' = 6\text{V}$。

(b)本题的独立电源数量比较多,如果每一个单独作用,分图太多,比较繁琐。所以本题可以采用独立电源分组的方式进行叠加。分组的原则是每组的电路图必须也非常简单,不需要列方程组就可以直接计算出结果。本题通过对电路图的观察,分为3组:5A电流源一组、10A电流源一组、两个电压源一组。

5A电流源单独作用,10A电流源开路,两个电压源短路,4Ω电阻和5Ω电阻串联然后与2Ω电阻并联,总电流为5A。利用分流公式,解得

$$i_x' = -5 \times \frac{9}{11} = -\frac{45}{11}\text{A}$$

10A电流源单独作用,5A电流源开路,两个电压源短路,2Ω电阻和5Ω电阻串联然后与4Ω电阻并联,总电流为10A。利用分流公式,解得

$$i_x'' = 10 \times \frac{4}{11} = \frac{40}{11}\text{A}$$

两个电压源作用,5A电流源开路,10A电流源开路,4V电压源在此电路中被断开,不起作用。2Ω电阻、5Ω电阻、4Ω电阻和20V电压源串联,解得

$$i_x''' = \frac{20}{2+4+5} = \frac{20}{11}\text{A}$$

运用叠加定理，得 $i_x = i'_x + i''_x + i'''_x = \dfrac{15}{11}\text{A}$。

例 2 电路如图 4-2 所示，已知① $u_s = 10\text{V}$，$i_s = 2\text{A}$ 时 $u_{ab} = 5\text{V}$；② $u_s = 10\text{V}$，$i_s = 1\text{A}$ 时 $u_{ab} = 3\text{V}$；求 $u_s = 1\text{V}$，$i_s = 0\text{A}$ 时的 u_{ab}。

解 本题属于求解没有具体电路结构和参数的题型，是非常典型的利用叠加定理和齐次定理联合求解的题目。这要求读者对叠加定理和齐次定理有较深入的认识，并能灵活应用。

已知① $u_s = 10\text{V}$，$i_s = 2\text{A}$，$u_{ab} = 5\text{V}$，② $u_s = 10\text{V}$，$i_s = 1\text{A}$，$u_{ab} = 3\text{V}$。问题中的激励为 $u_s = 1\text{V}$，$i_s = 0$，则需要将已知激励与问题中的激励联系起来，找到它们之间的关系。

利用齐次定理将②的激励都乘以 -1，则得到③ $u_s = -10\text{V}$，$i_s = -1\text{A}$，$u_{ab} = -3\text{V}$。

将③与①进行叠加得到④ $u_s = 0$，$i_s = 1\text{A}$，$u_{ab} = 2\text{V}$。

利用齐次定理将④的输入都乘以 -1，则得到⑤ $u_s = 0$，$i_s = -1\text{A}$，$u_{ab} = -2\text{V}$。

将②与⑤进行叠加得到⑥ $u_s = 10\text{V}$，$i_s = 0$，$u_{ab} = 1\text{V}$。

最后利用齐次定理将⑥的激励都乘以 0.1，得到 $u_s = 1\text{V}$，$i_s = 0$，$u_{ab} = 0.1\text{V}$。

例 3 电路如图 4-3 所示，已知：$u_s = 6\text{V}$，$i_s = 3\text{A}$，用叠加定理求 i_x。

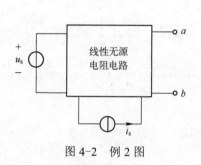

图 4-2 例 2 图

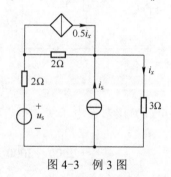

图 4-3 例 3 图

解 本题是含有受控源运用叠加定理解题的题目，此电路图含有一个受控电流源，两个独立电源，运用叠加定理时受控源不能作为独立源单独作用，必须存在于每一个独立电源单独作用的电路图中。

6V 电压源单独作用时，分电路图为图 4-4（a），3A 电流源单独作用时，分电路图为图 4-4（b）。

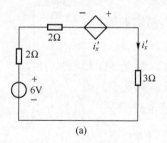   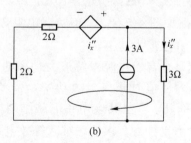

图 4-4 例 3 电源单独作用图

对（a）图，列写 KVL 方程有，$6 + i'_x = (2+2+3)i'_x$，得 $i'_x = 1\text{A}$。

对（b）图，对图示的回路列写 KVL 方程有，$(2+2)(3-i''_x) + i''_x - 3i''_x = 0$，得 $i''_x = 2\text{A}$。

运用叠加定理,得 $i_x = i_x' + i_x'' = 3\text{A}$。

例 4 在图 4-5(a)电路中,测得 $u_2 = 12.5\text{V}$,若将 A、B 两点短路,如图(b)所示,短路线电流为 $i = 10\text{mA}$,试求网络 N 的戴维南等效电路。

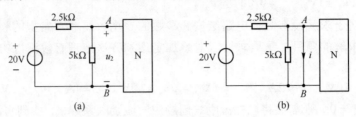

图 4-5 例 4 图

解 此题是应用戴维南定理代替未知电路的例子,假设网络 N 可以用一个戴维南等效电路进行等效,则图 4-5(a)为图 4-6(a)所示,图 4-5(b)为图 4-6(b)所示。

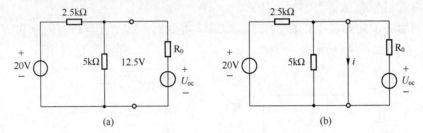

图 4-6 例 4 的戴维南等效图

对图 4-6(a)用节点电压法,得方程

$$\left(\frac{1}{2500} + \frac{1}{5000} + \frac{1}{R_0}\right)12.5 = \frac{20}{2500} + \frac{U_{oc}}{R_0}$$

即:$5000U_{oc} + 2.5R_0 = 62500$

对图 4.6(b)列写 KCL 方程,得

$$\frac{20}{2500} + \frac{U_{oc}}{R_0} = 10 \times 10^{-3}$$

即:$1000U_{oc} = 2R_0$

最后解得:$R_0 = 5\text{k}\Omega$,$U_{oc} = 10\text{V}$。

例 5 电路如图 4-7 所示,问负载电阻 R_L 为何值时获得最大功率?并求最大功率。

解 本题是含有受控源求解最大功率的题目,需要求负载电阻 R_L 为何值时获得最大功率,需要将负载电阻 R_L 从电路中断开,求出其余电路的戴维南等效电路。又因为电路中含有受控源,求解戴维南等效电路中等效电阻采用开路短路法。开路、短路的电路图如图 4-8(a)、(b)所示。

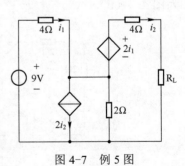

图 4-7 例 5 图

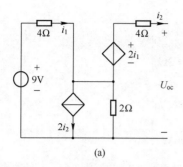 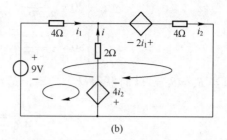

图 4-8 例 5 开路短路图

对图 4-8（a），$i_2=0$，$2i_2$ 受控电流源输出电流为零，相当于开路，所以 $i_1=\dfrac{9}{4+2}=1.5\text{A}$，$U_{oc}=2i_1+2\times1.5=6\text{V}$

对图 4-8（b），列写 KCL、KVL 方程

$$\begin{cases} i_1+i=i_2 \\ 9-4i_1+2i+4i_2=0 \\ 9-4i_1+2i_1-4i_2=0 \end{cases}$$

解得：$i_{sc}=i_2=1\text{A}$，$R_0=\dfrac{U_{oc}}{i_{sc}}=\dfrac{6}{1}=6(\Omega)$。

当 $R_L=R_0=6\Omega$ 时，R_L 上有最大功率，$P_{Lmax}=\dfrac{6\times6}{4\times6}=1.5\text{W}$。

例 6 如图 4-9（a）所示线性电路中，已知当 $R_5=8\Omega$ 时，$I_5=20\text{A}$，$I_0=-11\text{A}$；当 $R_5=2\Omega$ 时，$I_5=50\text{A}$，$I_0=-5\text{A}$。

试求：（1）R_5 为何值时消耗的功率最大，该功率为多少？（2）R_5 为何值时，R_0 消耗的功率最小，是多少？

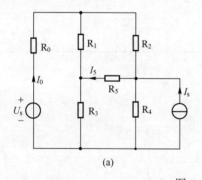 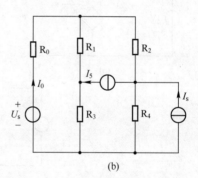

图 4-9 例 6 图

解 首先可以根据已知条件获得 R_5 外剩余电路的戴维南等效电路，求出 R_5 消耗的最大功率；然后利用替代定理用电流源置换变化的 R_5。此时 I_0 就是由原电路中的独立电源与替代 R_5 的电流源共同作用产生的，对于正电阻，它总是消耗功率的，消耗的功率最小只能是零。所以求 R_5 为何值时，R_0 消耗的功率最小，就是求 R_5 为何值时，电流 I_0 为零。

（1）求出 R_5 外剩余部分电路的戴维南等效电路，根据已知条件，得

$$\begin{cases} 20 = \dfrac{U_{oc}}{8+R_i} \\ 50 = \dfrac{U_{oc}}{2+R_i} \end{cases} \Rightarrow \begin{cases} U_{oc} = 200\text{V} \\ R_i = 2\Omega \end{cases}$$

所以当 $R_5 = R_i = 2\Omega$ 时获得最大功率，最大功率为

$$P_{max} = \dfrac{U_{oc}^2}{4R_i} = 5000\text{W}$$

（2）R_0 值固定，求 R_0 消耗的最小功率，即求流过 R_0 的电流 I_0 为零时 R_5 为何值，由于电阻 R_5 变化，不能直接应用叠加定理，可应用置换定理用电流源置换电阻 R_5，如图 4-9（b）所示，则此时 I_0 由 U_s、I_s 和 I_5 共同作用产生，其中 U_s 和 I_s 的作用固定用 I 表示，即 $I_0 = I + KI_5$，由已知条件得

$$\begin{cases} -11 = I + K \times 20 \\ -5 = I + K \times 50 \end{cases} \Rightarrow \begin{cases} I = -15\text{A} \\ K = 0.2 \end{cases}$$

若要使 $I_0 = 0$，则需

$$0 = -15 + 0.2 \times I_5 \Rightarrow I_5 = 75\text{A}$$

此时：

$$75 = \dfrac{U_{oc}}{R_5 + R_i} \Rightarrow R_5 = \dfrac{2}{3}\Omega$$

所以，当 $R_5 = \dfrac{2}{3}\Omega$ 时，R_0 消耗的功率最小为 0W。

例 7 求图 4-10（a）所示电路的诺顿等效电路。

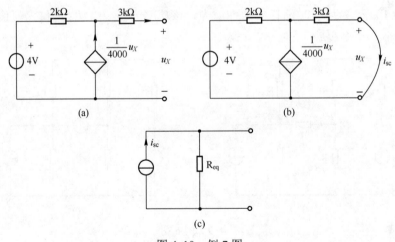

图 4-10 例 7 图

解 由图 4-10（b）求短路电流。由于 $u_X = 0$，受控电流源输出电流为零，相当于开路，所以

$$i_{sc} = \dfrac{4}{2000 + 3000} = 0.8\text{mA}$$

利用开路短路法求等效电阻。由图 4-10（a）可知开路电压为

$$u_{oc} = u_X = 4 + 2000 \times \frac{1}{4000} u_X$$

$$u_{oc} = 8\text{V}$$

所以

$$R_{eq} = \frac{u_{oc}}{i_{sc}} = \frac{8}{0.8 \times 10^{-3}} = 10\text{k}\Omega$$

诺顿等效电路如图 4-10（c）所示。

例 8 如图 4-11 所示电路中，$R_2 = R_3$。当 $I_s = 0$ 时，$I_1 = 2\text{A}$，$I_2 = I_3 = 4\text{A}$。求 $I_s = 10\text{A}$ 时的 I_1，I_2 和 I_3。

解 当 $I_s = 10\text{A}$ 电流源单独作用时，原电路可化为图 4-12 所示。R_1 被短路，有

$$I_1' = 0\text{A}, \quad I_2' = -5\text{A}, \quad I_3' = 5\text{A}$$

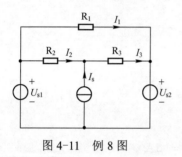
图 4-11 例 8 图

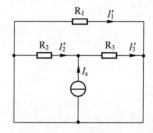
图 4-12 例 8 图解

在原图中，即所有电压源和电流源共同作用时，有

$$I_1 = 2\text{A}, \quad I_2 = -1\text{A}, \quad I_3 = 9\text{A}$$

例 9 电路如图 4-13 所示，当 2A 电流源未接入时，3A 电流源向网络提供的功率为 54W，$u_2 = 12\text{V}$；当 3A 电流源未接入时，2A 电流源向网络提供的功率为 28W，$u_3 = 8\text{V}$。求两电源同时接入时各电流源的功率。

图 4-13 例 9 图

解 由题意，当 2A 电流源未接入时，3A 电流源向网络提供功率为 54W，$u_2 = 12\text{V}$，则 $u_3' = \frac{54}{3} = 18\text{V}$，$u_2' = 12\text{V}$

由题意，当 3A 电流源未接入时，2A 电流源向网络提供的功率为 28W，$u_3 = 8\text{V}$，则 $u_3'' = 8\text{V}$，$u_2'' = \frac{28}{2} = 14\text{V}$。

两电源同时接入时

$$u_3 = u_3' + u_3'' = 18 + 8 = 26\text{V}$$
$$u_2 = u_2' + u_2'' = 12 + 14 = 26\text{V}$$

2A 电流源发出功率为

$$P = u_2 \times 2 = 26 \times 2 = 52\text{W}$$

3A 电流源发出功率为

$$P = u_3 \times 3 = 26 \times 3 = 78\text{W}$$

例 10 电路如图 4-14 所示，已知 $R_1=2\Omega$，$R_2=20\Omega$，若 $i_7=1$A，求：(1) 电阻 R_2 上的电压；(2) 电阻 R_1 上的电流；(3) 电源电压 u；(4) 当 $u=100$V 时，电流 i_7 的值。

解 标记各支路电流，电压及其参考方向，如图 4-15 所示。由题意 $R_1=2\Omega$，$i_7=1$A，则

$$u_7 = i_7 R_1 = 2\text{V}$$

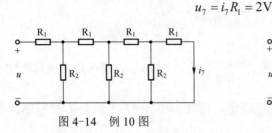

图 4-14 例 10 图

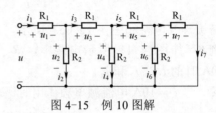

图 4-15 例 10 图解

由 KVL 可得

$$u_6 = u_7 = 2\text{V}$$

则

$$i_6 = \frac{u_6}{R_2} = \frac{2}{20} = 0.1\text{A}$$

由 KCL 可得

$$i_5 = i_6 + i_7 = 1.1\text{A}$$

则

$$u_5 = i_5 R_1 = 2.2\text{V}$$

由 KVL 可得

$$u_4 = u_5 + u_6 = 2.2 + 2 = 4.2\text{V}$$

则

$$i_4 = \frac{u_4}{R_2} = \frac{4.2}{20} = 0.21\text{A}$$

由 KCL 可得

$$i_3 = i_4 + i_5 = 0.21 + 1.1 = 1.31\text{A}$$

则

$$u_3 = i_3 R_1 = 2.62\text{V}$$

由 KVL 可得

$$u_2 = u_3 + u_4 = 2.62 + 4.2 = 6.82\text{V}$$

则

$$i_2 = \frac{u_2}{R_2} = \frac{6.82}{20} = 0.341\text{A}$$

由 KCL 可得

$$i_1 = i_2 + i_3 = 0.341 + 1.31 = 1.651\text{A}$$

则

$$u_1 = i_1 R_1 = 3.302\text{V}$$

由 KVL 可得

$$u = u_1 + u_2 = 3.302 + 6.82 = 10.122\text{V}$$

（1）电阻 R_2 上的电压分别为

$$u_2 = 6.82\text{V}, \quad u_4 = 4.2\text{V}, \quad u_6 = 2\text{V}$$

（2）电阻 R_1 上的电压分别为

$$u_1 = 3.302\text{V}, \quad u_3 = 2.62\text{V}, \quad u_5 = 2.2\text{V}, \quad u_7 = 2\text{V}$$

（3）电源电压 u 为

$$u = 10.122\text{V}$$

（4）当 $u = 100\text{V}$ 时，由齐次性得

$$i_7 = \frac{100}{10.122} \times 1 = 9.88\text{A}$$

例 11 电路如图 4-16 所示，用叠加定理求 u_X。

解 （1）当电压源单独作用时，原电路可化为图 4-17（a）所示。

$$4 + 5u_X' = u_X' + \frac{3}{2}u_X'$$

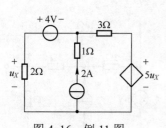

图 4-16　例 11 图

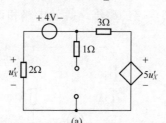

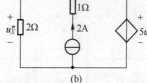

图 4-17　例 11 图解

解得

$$u_X' = -1.6\text{V}$$

（2）当电流源单独作用时，原电路可化为图 4-17（b）所示。用观察法直接列出节点方程为

$$u_X''\left(\frac{1}{2} + \frac{1}{3}\right) = \frac{5u_X''}{3} + 2$$

解得

$$u_X'' = -2.4\text{V}$$

（3）在原图中，即电压源和电流源共同作用时，有

$$u_X = u_X' + u_X'' = -1.6 - 2.4 = -4\text{V}$$

例12 如图4-18所示为线性时不变电阻电路,已知当 $i_s = 2\cos 10t(\text{A})$,$R_L = 2\Omega$ 时,电流 $i_L = 4\cos 10t + 2(\text{A})$;当 $i_s = 4\text{A}$,$R_L = 4\Omega$ 时,电流 $i_L = 8\text{A}$。问当 $i_s = 5\text{A}$,$R_L = 10\Omega$ 时,电流 i_L 为多少?

解 将负载用电压源置换,其电压为 $u_2 = R_L i_L$。

根据叠加定理,负载电流可看成三部分电流组成:$i_L = a i_s + b u_2 + c$,其中 c 仅是由 N 网络中的电流作用而产生的响应,则根据已知条件,有

$$\begin{cases} 2a\cos 10t + 2b(4\cos 10t + 2) + c = 4\cos 10t + 2 \\ 4a + 32b + c = 8 \end{cases}$$

比较系数得出方程

$$\begin{cases} 2a + 8b = 4 \\ 4b + c = 2 \\ 4a + 32b + c = 8 \end{cases}$$

解得

$$a = \frac{8}{3}, b = -\frac{1}{6}, a = \frac{8}{3}$$

故当 $i_s = 5\text{A}$,$R_L = 10\Omega$ 时,电流 i_L 为

$$i_L = \frac{8}{3} \times 5 - \frac{1}{6} \times 10 i_L + \frac{8}{3}$$

$$i_L = 6\text{A}$$

例13 求图4-19所示各电路的戴维南等效电路和诺顿等效电路。

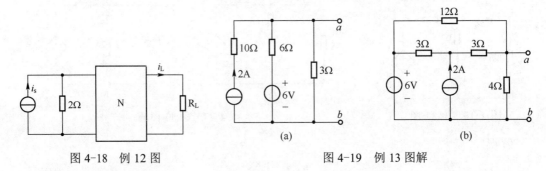

图4-18 例12图   图4-19 例13图解

解 设 ab 端开路电压为 u_{oc},短路电流为 i_{sc},方向均为 a 指向 b。内部电阻为 R_{ab}。以下均给出戴维南等效电路,诺顿等效电路可由戴维南等效电路自行画出。

(1)采用节点电压法求解 u_{oc}。用观察法直接列出节点方程为

$$u_{oc}\left(\frac{1}{6} + \frac{1}{3}\right) = 2 + 1$$

解得

$$u_{oc} = 6\text{V}$$

令网络内部独立电流源断路,独立电压源短路,利用电阻串、并联法求得内部电阻为

$$R_{ab} = 6 // 3 = 2\Omega$$

故原电路的戴维南等效电路为图 4-20（a-1）所示，原电路的诺顿等效电路如图 4-20（a-2）所示。

（2）用节点电压法求开路电压。设参考点如图 4-20（b-1）所示，列出节点方程为

$$\begin{cases} \left(\dfrac{1}{3}+\dfrac{1}{3}\right)u_1 - \dfrac{1}{3}\times 6 - \dfrac{1}{3}u_2 = 2 \\ \left(\dfrac{1}{3}+\dfrac{1}{4}+\dfrac{1}{12}\right)u_2 - \dfrac{1}{12}\times 6 - \dfrac{1}{3}u_1 = 0 \end{cases}$$

解得

$$u_{oc} = u_2 = 5\text{V}$$

令网络内部独立电流源断路，独立电压源短路，利用电阻串、并联法求得戴维南等效电阻为

$$R_{ab} = 4//12//(3+3) = 2\Omega$$

故原电路的戴维南等效电路为图 4-20（b-2）所示，原电路的诺顿等效电路如图 4-20（b-3）所示。

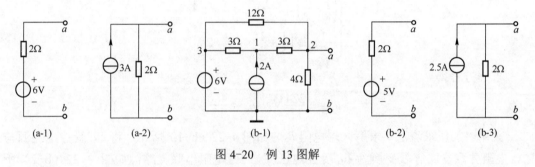

图 4-20　例 13 图解

例 14　求图 4-21 所示各电路的戴维南等效电路和诺顿等效电路。

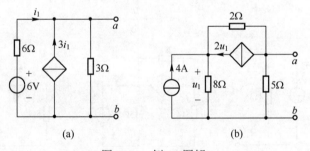

图 4-21　例 14 图解

解　设 ab 端开路电压为 u_{oc}，短路电流为 i_{sc}，方向均为 a 指向 b。设入端电阻为 R_i。以下均给出戴维南等效电路，诺顿等效电路可由戴维南等效电路自行画出。

（1）图 4-21（a）中，ab 端开路时，3Ω 上的电压即为开路电压

$$u_{oc} = 3\times(i_1+3i_1) = 12i_1$$

又由 KVL 得

$$u_{oc} = 6 - 6i_1$$

联立解得

$$u_{oc} = 12i_1 = 4\text{V}$$

ab 短路时

$$i_1 = \frac{6}{6} = 1\text{A}$$

由 KCL 可得

$$i_{sc} = i_1 + 3i_1 = 4\text{A}$$

$$R_i = \frac{u_{oc}}{i_{sc}} = 1\Omega$$

故图 4-21（a）所示电路的戴维南等效电路如图 4-22（a-1）所示，诺顿等效电路如图 4-22（a-2）所示。

（2）图 4-21（b）中，ab 端开路时，采用节点电压方程求解开路电压。设点 b 端点位参考电压，则节点电压方程为

$$\begin{cases} \left(\dfrac{1}{8} + \dfrac{1}{2}\right)u_1 - \dfrac{1}{2}u_{ab} = 2u_1 + 4 \\ -\dfrac{1}{2}u_1 + \left(\dfrac{1}{5} + \dfrac{1}{2}\right)u_{ab} = -2u_1 \end{cases}$$

求解方程得

$$u_1 = -\frac{224}{17}\text{V}, \quad u_{oc} = \frac{480}{17}\text{V}$$

采用"加压求流法"求解入端电阻 R_i。如图 4-22（b-1）所示。将 $2u_1$ 受控电流源与 2Ω 电阻并联支路等效变换为 $4u_1$ 受控电压源与 2Ω 电阻串联支路，如图 4-22（b-2）所示。节点 KCL 方程为

$$i = \frac{u}{5} + \frac{u_1}{8}$$

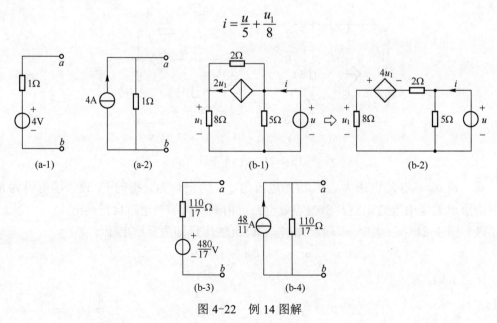

图 4-22 例 14 图解

补充方程

$$\frac{u_1}{8} = \frac{u + 3u_1}{2}$$

联立求得入端电阻 R_i 为

$$R_i = \frac{u}{i} = \frac{110}{17}\Omega$$

故图 4-21（b）所示电路的戴维南等效电路如图 4-22（b-3）所示，诺顿等效电路如图 4-22（b-4）所示。

例 15 求图 4-23 所示电路中电阻 R 为 3Ω 及 7Ω 时电流 i 分别为多少？

解 采用戴维南定理求解。画出图 4-24（a）断开 R，求 ab 以外等效电路：用节点电压法求开路电压。设参考点如图 4-24（a）所示，列出节点方程为

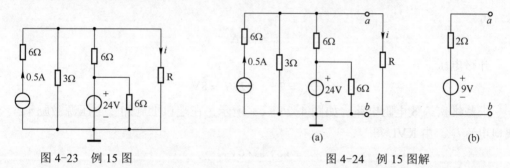

图 4-23 例 15 图　　　　图 4-24 例 15 图解

$$u_{oc}\left(\frac{1}{3} + \frac{1}{6}\right) = 0.5 + \frac{24}{6}$$

解得

$$u_{oc} = 9V$$

令网络内部独立电流源断路，独立电压源短路，利用电阻串、并联法求得戴维南等效电阻为

$$R_{ab} = 6//3 = 2\Omega$$

故原电路的戴维南等效电路如图 4-24（b）所示。

当 R 为 3Ω 时，电流 i 为

$$i = \frac{R_{oc}}{R_{ab} + R} = \frac{9}{2+3} = 1.8A$$

当 R 为 7Ω 时，电流 i 为

$$i = \frac{R_{oc}}{R_{ab} + R} = \frac{9}{2+7} = 1A$$

例 16 试用戴维南定理求图 4-25 所示电路的电流 i。

解 将图 4-25 中受控电流源进行电源等效变换，得到图 4-26（a）。
先求开路电压 U_{oc}，列 KVL 方程

$$8 - 4 \times i_1 = 0$$

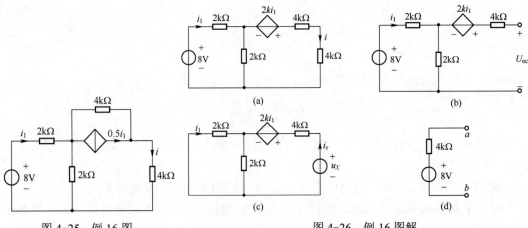

图 4-25 例 16 图　　　　图 4-26 例 16 图解

得
$$i_1 = 2\text{mA}$$

开路电压
$$U_{oc} = 2 \times i_1 + 2 \times i_1 = 8\text{V}$$

求戴维南等效电阻电路。如图 4-26（c）所示，在端口上施加一电压源激励 u_X，求端口电流 i_X。由 KVL 得
$$u_X = 2 \times i_1 + 4 \times i_X - 2 \times i_1$$

整理后，得
$$\frac{u_X}{i_X} = 4\text{k}\Omega$$

则戴维南等效电阻
$$R_i = 4\text{k}\Omega$$

则 ab 端戴维南等效电路如图 4-26（d）所示。

则图 4-25 中电流 i 为
$$i = \frac{8}{4000 + 4000} = 1\text{mA}$$

例 17　电路如图 4-27 所示，问负载电阻 R_L 为何值时获得最大功率？并求最大功率。

解　（1）先断开负载电阻 R_L，求得单口网络戴维南等效电路参数。

先用图 4-28（a）求 u_{oc}。列出节点 c 的 KCL 的方程为
$$(0.25u + 2) \times 2 = u$$

图 4-27　例 17 图

解得
$$u = 8\text{V}$$
$$u_{oc} = 0.25u \times 2 + u = 12\text{V}$$

用图 4-28（b）求短路电流 i_{sc}。

节点 a 的 KCL 方程为

$$0.25u = i_1 + i_{sc}$$

列出右网孔 KVL 方程

$$2i_1 + (2+i_1) \times 2 = 0$$
$$u = 2 \times (2+i_1)$$

联立上述 3 个方程，解得

$$i_1 = -1\text{A}$$
$$i_{sc} = 1.5\text{A}$$
$$u = 2\text{V}$$

求得 R_0。

$$R_0 = \frac{u_{oc}}{i_{sc}} = \frac{12}{1.5} = 8\Omega$$

戴维南等效电路如图 4-28（c）所示，依据最大功率传输定理，负载电阻 $R_L = 8\Omega$ 值时获得最大功率，且最大功率为

$$P_{max} = \frac{u_{oc}^2}{4R_0} = \frac{12 \times 12}{4 \times 8} = 4.5\text{W}$$

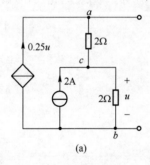 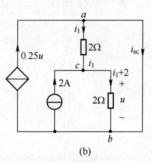 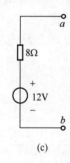

(a)　　　　　　　(b)　　　　　　　(c)

图 4-28　例 17 图解

例 18　电路如图 4-29 所示，求：

（1）$R = 5\Omega$ 时的 I 及 P_R。

（2）若 R 可调，R 为何值时获最大功率，最大功率为多少？

解　断开负载 R，形成二端口网络如图 4-30（a）所示。先求解此二端口网络的等效戴维南电路。具体步骤如下：

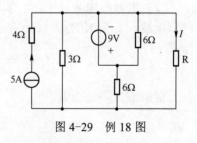

图 4-29　例 18 图

（1）去掉多余元件：将 9V 电压源与 6Ω 电阻的并联等效为 9V 电压源，将 5A 电流源与 4Ω 电阻的串联等效为 5A 电流源，得到图 4-30（b）所示电路。

（2）电源等效变换：将 9V 电压源与 6Ω 电阻的串联等效变换为 1.5A 电流源与 6Ω 电阻的并联，得到图 4-30（c）所示电路。将 1.5A 电流源与 5A 电流源的并联等效为 3.5A

电流源，6Ω 电阻与 3Ω 电阻的并联等效为 2Ω 电阻。将 3.5A 电流源与 2Ω 电阻的并联等效变换为 7V 电压源与 2Ω 电阻的串联，得到图 4-30（d）所示的戴维南等效电路。

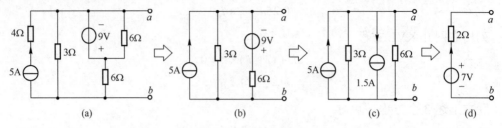

图 4-30 例 18 图解

（1）当 $R = 5Ω$ 时，有

$$I = \frac{7}{2+5} = 1\text{A}$$

$$P_R = I^2 R = 5\text{W}$$

（2）依据最大功率传输定理，负载电阻 $R = 2Ω$ 值时获得最大功率，且最大功率为

$$P_{max} = \frac{u_{oc}^2}{4R} = \frac{7 \times 7}{4 \times 2} = \frac{49}{8}\text{W}$$

例 19 电路如图 4-31 所示，问负载电阻 R_L 为何值时获得最大功率？并求最大功率。

解 断开负载 R，形成二端口网络如图 4-32（a）所示。先求解此二端口网络的等效戴维南电路。

（1）先求开路电压 U_{oc}，列广义 KCL 方程，有

$$1 + 3i_1 = 0$$

得

$$i_1 = -\frac{1}{3}\text{A}$$

根据 KVL，有

$$U_{oc} = -4 \times 3i_1 - 6i_1 + 6 = 12\text{V}$$

（2）求戴维南等效电阻。如图 4-32（b）所示，在端口上施加一电压源激励 u_X，求端口电流 i_X。列 KCL 方程，有

$$i_X = -3i_1$$
$$u_X = 4i_X - 6i_1 = 6i_X$$

则戴维南等效电阻

$$R_i = \frac{u_X}{i_X} = 6Ω$$

则负载电阻 $R_L = 6Ω$ 获得最大功率，且最大功率为

$$P = \frac{U_{oc}^2}{4R_L} = \frac{12 \times 12}{4 \times 6} = 6\text{W}$$

例 20 图 4-33 所示电路中，（1）求 R 获得最大功率时的电阻值；（2）求原电路中，

R 获得最大功率时，各电阻消耗的功率，并计算功率传递效率 η，$\eta = \dfrac{R的功率}{电源产生的功率}$；

（3）求戴维南等效电路中，R 获得最大功率时，等效电阻 R_0 消耗的功率，并计算 η。

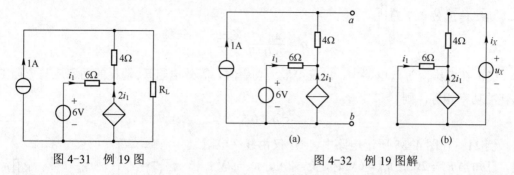

图 4-31　例 19 图　　　　　　　图 4-32　例 19 图解

解　如图 4-34（a）所示，断开电阻 R。求二端网络的等效戴维南电路。可得等效电阻为

$$R_0 = 3 // 4 = \dfrac{12}{7} \Omega$$

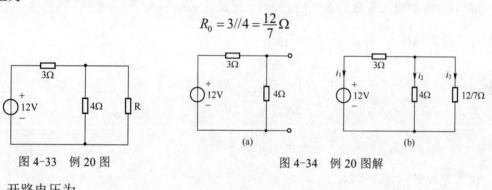

图 4-33　例 20 图　　　　　　　图 4-34　例 20 图解

开路电压为

$$U_{oc} = \dfrac{48}{7} V$$

（1）当电阻 R 获得最大功率时的电阻值为

$$R = R_0 = \dfrac{12}{7} \Omega$$

（2）当电阻 $R = R_0 = \dfrac{12}{7} \Omega$ 时，电路图如图 4-34（b）所示。并标示各支路电流的方向如图所示。

求解出各支路电流为

$$i_1 = -\dfrac{20}{7} A, \ i_2 = \dfrac{6}{7} A, \ i_3 = 2A$$

则给电阻消耗的功率分别为

$$P_{3\Omega} = 3i_1^2 = \dfrac{1200}{49} W$$

$$P_{4\Omega} = 4i_2^2 = 4\dfrac{36}{49} = \dfrac{144}{49} W$$

$$P_{12/7\Omega} = \dfrac{12}{7} i_3^2 = \dfrac{48}{7} W$$

电压源发出的功率为

$$P = 12(-i_1) = \frac{240}{7} \text{W}$$

功率传递效率 η 为

$$\eta = \frac{48/7}{240/7} = 0.2$$

（3）在戴维南等效电路中，R 获得最大功率时，等效电阻 R_0 消耗的功率应与电阻 R 消耗的功率相等，则

$$\eta = 0.5$$

例 21 在图 4-35 所示电路中，N_R 仅由线性电阻组成。已知当 $R_2 = 2\Omega$，$u_{s1} = 6V$ 时，$i_1 = 2A$，$u_2 = 2V$；当 $R_2 = 4\Omega$，$u_{s1} = 10V$ 时，$i_1 = 3A$，求这时的 u_2。

图 4-35 例 21 图

解 设 N_R 的电阻参数为 $\bm{R} = \begin{bmatrix} R_{11} & R_{12} \\ R_{21} & R_{22} \end{bmatrix}$，而 $R_{12} = R_{21}$（因 N_R 为电阻网络），则有

$$\begin{cases} u_{s1} = R_{11}i_1 + R_{12}(-i_2) \\ u_2 = R_{21}i_1 + R_{22}(-i_2) \end{cases}$$

当 $R_2 = 2\Omega$，$u_{s1} = 6V$ 时，$i_1 = 2A$，$u_2 = 2V$，则

$$i_2 = \frac{u_2}{R_2} = \frac{2}{2} = 1\text{A}$$

代入方程有

$$\begin{cases} 6 = R_{11} \times 2 - R_{12} \\ 2 = R_{21} \times 2 - R_{22} \end{cases}$$

又当 $R_2 = 4\Omega$，$u_{s1} = 10V$，$i_1 = 3A$ 时，$u_2 = R_2 i_2 = 4i_2$，即有

$$\begin{cases} 10 = R_{11} \times 3 - R_{12}i_2 \\ 2 = R_{21} \times 3 - R_{22}i_2 \end{cases}$$

又 $R_{12} = R_{21}$，联立上述两个方程组，得

$$R_{12} = R_{21} = 2\Omega$$
$$R_{11} = 3 + 0.5R_{12} = 4\Omega$$
$$R_{22} = 2(R_{12} - 1) = 2\Omega$$
$$i_2 = 1\text{A}$$
$$u_2 = 4i_2 = 4\text{V}$$

例 22 在图 4-36 所示电路中，N_R 仅由线性电阻组成，当 i_{s1}，R_2，R_3 为不同数值时，分别测得的结果如下：

（1）当 $i_{s1} = 1.2A$，$R_2 = 20\Omega$，$R_3 = 5\Omega$ 时，$u_1 = 3V$，$u_2 = 2V$，$i_3 = 0.2A$；

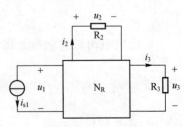

图 4-36 例 22 图

(2) 当 $i_{s1} = 2A$，$R_2 = 10\Omega$，$R_3 = 10\Omega$ 时，$u_1 = 5V$，$u_3 = 2V$；
求第二种条件下的 i_2。

解 根据特勒根定理，有

$$u_1\hat{i}_1 + u_2\hat{i}_2 + u_3\hat{i}_3 = \hat{u}_1 i_1 + \hat{u}_2 i_2 + \hat{u}_3 i_3$$

$$3 \times 2 + 2 \times i_2 + 5 \times 0.2 \times \frac{2}{10} = 5 \times 1.2 + 10 i_2 \times \frac{2}{20} + 2 \times 0.2$$

解得

$$i_2 = 0.2A$$

例 23 在图 4-37 所示电路中，N_R 仅由线性电阻组成，当 11'端接以 10Ω 与 u_{s1} 的串联组合时，测得 $u_2 = 2V$（图（a））。求电路接成图（b）时的电压 u_1。

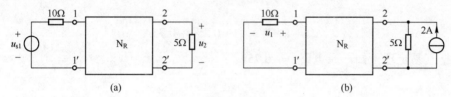

(a)   (b)

图 4-37 例 23 图解

解 由互易定理形式三可知，在图 4-37（a）、（b）中有

$$\frac{u_2}{u_{s1}} = \frac{i_1}{i_{s2}}$$

在图 4-37（a）中，有

$$u_{s1} = 10V \rightarrow u_2 = 2V$$

故在图 4-37（b）中则有

$$i_{s2} = 2A \rightarrow i_1 = \frac{1}{5} \times 2 = 0.4A$$

由欧姆定律可得

$$u_1 = 10 \times 0.4 = 4V$$

例 24 电路如图 4-38 所示，试用互易定理求 8Ω 电阻中的电流 i。

解 该电路满足互易定理的条件，因此有图 4-39 所示的电路，可用电阻串并联方法得

$$i_1 = \frac{10}{8 + 4//(3 + 2//2)} = 1A$$

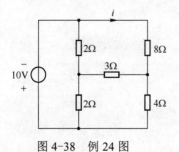

图 4-38 例 24 图

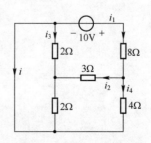

图 4-39 例 24 图解

在8Ω电阻、4Ω电阻和10V电压源组成的回路应用KVL，得

$$i_4 = \frac{10 - 8 \times i_1}{4} = 0.5\text{A}$$

根据KCL，得

$$i_2 = i_1 - i_4 = 0.5\text{A}$$

在8Ω电阻、3Ω电阻、2Ω电阻和10V电压源组成的回路应用KVL，可得

$$i_3 = -\frac{10 - 8 \times i_1 - 3 \times i_2}{2} = -0.25\text{A}$$

根据KCL，得

$$i + i_1 + i_3 = 0$$

则

$$i = -i_1 - i_3 = -1 + 0.25 = -0.75\text{A}$$

根据互易定理可知，原电路 $i = -0.75$A

C 练 习 题

1. 在图 4-40 所示的电路中，$U_{AB} = 5V$，试求 U_s。
2. 在图 4-41 所示电路中，已知 $U_y = 2V$，试用替代定理求电压 U_X。

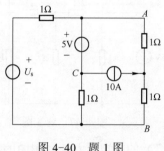

图 4-40 题 1 图

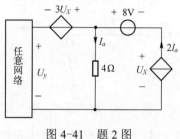

图 4-41 题 2 图

3. 电路如图题 4-42 所示，当 R 取何值时，R 吸收的功率最大？求此最大功率值。
4. 试用叠加定理求题 4-43 图所示电路中的电压 U_X 和电流 I_X。

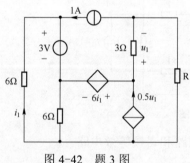

图 4-42 题 3 图

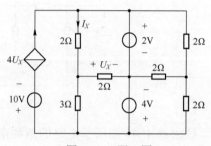

图 4-43 题 4 图

5. 在题 4-44 图中，(1) N 为仅由线性电阻构成的网络。当 $u_1 = 2V$，$u_2 = 3V$ 时，$i_X = 20A$；而当 $u_1 = -2V$，$u_2 = 1V$ 时，$i_X = 0$。求 $u_1 = u_2 = 5V$ 时的电流 i_X。(2) 若将 N 换为含有独立源的网络，当 $u_1 = u_2 = 0V$ 时，$i_X = -10A$，且上述已知条件仍然适用，再求当 $u_1 = u_2 = 5V$ 时的电流 i_X。

6. 对于图 4-45 所示电路，(1) 当 $u_1 = 90V$ 时，求 u_s 和 u_X；(2) 当 $u_1 = 30V$ 时，求 u_s 和 u_X；(3) 当 $u_s = 30V$ 时，求 u_1 和 u_X；(4) 当 $u_X = 20V$ 时，求 u_s 和 u_1。

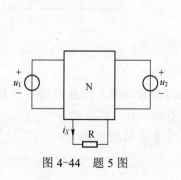

图 4-44 题 5 图

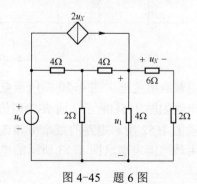

图 4-45 题 6 图

7. 如图 4-46 所示的电路，已知 $U_C = 10\text{V}$，$U_s = 2\text{V}$，$R_c = 2\text{k}\Omega$，$R_{bc} = 5\text{k}\Omega$，$R_s = 1\text{k}\Omega$，$\beta = \dfrac{1}{2}$。问：R 等于多少时，R 消耗的功率最大？其最大功率为何值？

8. 在题 4-47 图所示电路中，已知 R_X 支路的电流为 0.5A，试求 R_X。

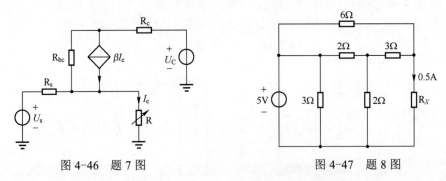

图 4-46 题 7 图 　　　　　　图 4-47 题 8 图

9. 如图 4-48 所示的电路，试求左边电流源 3A 的端电压 U_{AB}（图中的电阻单位为欧姆）。

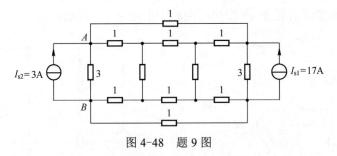

图 4-48 题 9 图

10. 试求题 4-49 图所示电路的戴维南等效电路和诺顿等效电路。

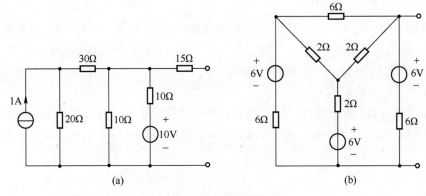

图 4-49 题 10 图

11. 用戴维南定理求题 4-50 图所示电路中的电流 I。

12. 电路如图 4-51 所示，问 R 为何值时可获得最大功率？此最大功率为多少？

13. 求图 4-52 所示电路的戴维南和诺顿等效电路。并说明理由。

14. 用戴维南定理求图 4-53 所示的电路中流过电阻 R_5 的电流 I_5。

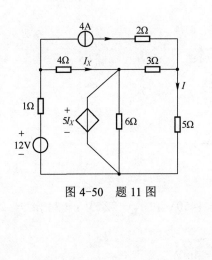

图 4-50 题 11 图

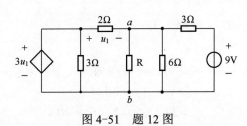

图 4-51 题 12 图

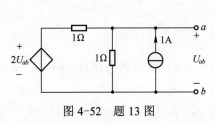

图 4-52 题 13 图

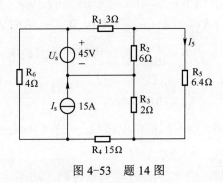

图 4-53 题 14 图

练习题答案

1. $U_s = 12.5\text{V}$

2. $U_X = 3\text{V}$

3. 当 $R = 3\Omega$ 时，可获得最大功率，$P_{\max} = 3\text{W}$

4. $U_X = 1.75\text{V}$，$I_X = 0.125\text{A}$

5. （1）$i_X = 37.5\text{A}$；（2）$i_X = 40\text{A}$

6. （1）$u_s = -1350\text{V}$ 和 $u_X = 67.5\text{V}$；（2）$u_s = -450\text{V}$ 和 $u_X = 22.5\text{V}$；（3）$u_s = -2\text{V}$ 和 $u_1 = -1.5\text{V}$；（4）$u_s = -400\text{V}$ 和 $u_1 = 26.67\text{V}$。

7. 当 $R = \dfrac{9}{16}\text{k}\Omega$ 时，可获得最大功率，$P_{\max} = 4\text{mW}$

8. $R_X = 4.6\Omega$

9. $U_{AB} = 10.96\text{V}$

10. （a）戴维南电路 $U_{oc} = \dfrac{70}{11}\text{V}$，$R_0 = \dfrac{215}{11}\Omega$；（b）戴维南电路 $U_{oc} = 6\text{V}$，$R_0 = 2\Omega$

11. $I = 2\text{A}$

12. 当 $R = 4\Omega$ 时，可获得最大功率，$P_{\max} = 9\text{W}$

13. 电路等效为一个 1A 的电流源。

14. $I_5 = 3.3\text{A}$

第5章 动态电路的时域分析

A 内容提要

一、换路定则

一般来说，在换路瞬间，电容和电感上的能量不能发生跃变，所以电容电压和电感电流不会发生跃变，即

$$u_C(0_+) = u_C(0_-)$$

$$i_L(0_+) = i_L(0_-)$$

二、电容电压和电感电流的跃变

在以下两种情况之下：
（1）冲激电流流过电容及冲激电压加于电感之上。
（2）换路后电路中有由纯电容（或电容和电压源）构成的回路以及有由纯电感（或电感和电流源）构成的割集。

换路定则不再适用，电容电压和电感电流有可能发生跃变，称为强迫跃变。

三、一阶电路的零输入响应和零状态响应

一阶电路的零输入响应和零状态响应如表5-1所示。

表5-1 一阶电路的零输入响应和零状态响应

电路	零输入响应	零状态响应
（I_s, R, C 并联电路）	$u_C(t) = u_C(0_+)e^{-t/\tau}$ $\tau = RC$	$u_C(t) = RI_s(1-e^{-t/\tau})$ $\tau = RC$
（U_s, R, C 串联电路）	$u_C(t) = u_C(0_+)e^{-t/\tau}$ $\tau = RC$	$u_C(t) = U_s(1-e^{-t/\tau})$ $\tau = RC$
（I_s, R, L 并联电路）	$i_L(t) = i_L(0_+)e^{-t/\tau}$ $\tau = \dfrac{L}{R}$	$i_L(t) = I_s(1-e^{-t/\tau})$ $\tau = \dfrac{L}{R}$

(续)

电路	零输入响应	零状态响应
(电路图：U_s电源、电阻R、电感L串联，电流i_L)	$i_L(t) = i_L(0_+)e^{-t/\tau}$ $\tau = \dfrac{L}{R}$	$i_L(t) = \dfrac{U_s}{R}(1-e^{-t/\tau})$ $\tau = \dfrac{L}{R}$

四、一阶动态电路的求解方法

（一）经典法

列出描述网络的微分方程。对于一个 n 阶单输入-单输出线性时不变系统，这是一个 n 阶线性常系数微分方程，如

$$y^{(n)}(t) + a_{n-1}y^{(n-1)}(t) + \cdots + a_0 y(t) = bf(t)$$

式中：$y(t)$ 为网络响应；$f(t)$ 为网络激励。

此微分方程的解分为两部分：通解和特解。

通解——齐次微分方程的解，一般用 $y_C(t)$ 表示；

特解——微分方程的任意一个解，用 $y_P(t)$ 表示。

$$y(t) = y_C(t) + y_P(t)$$

（二）三要素法

无论是零输入响应、零状态响应还是全响应，当初始值 $f(0_+)$、特解 $f_s(t)$ 和时间常数 τ（称为一阶电路的三要素）确定后，电路的响应也就确定了。电路的响应均可以按下面的公式求出

$$f(t) = f_s(t) + [f(0_+) - f_s(0_+)]e^{-t/\tau}$$

当电路的三要素确定后，根据上式可直接写出电路的响应，这种方法称为三要素法。在直流激励下，特解 $f_s(t)$ 为常数，$f_s(t) = f_s(0_+) = f(\infty)$，可得

$$f(t) = f(\infty) + [f(0_+) - f(\infty)]e^{-t/\tau}$$

在正弦激励下，特解 $f_s(t)$ 为正弦函数，$f_s(0_+)$ 取 $f_s(t)$ 在 $t = 0_+$ 时的值。式中 $f(0_+)$、τ 的含义和前面所述相同。需要注意的是三要素法只适用于一阶电路，电路中的激励可以是直流、正弦函数、阶跃函数等。

下面以直流电路为例，详细讲解使用三要素法求解一阶动态电路的过程，如表 5-2 所示。

表 5-2 一阶电路的三要素求解方法

电路图名称	画图规则	求解量
0_- 电路图	电路处于换路前稳定状态，电路中电容 C 视为开路，电感 L 用短路线代替	$u_C(0_-)$ 或者 $i_L(0_-)$

（续）

电路图名称	画图规则	求解量
0_+ 电路图	电路处于换路后的瞬间， $u_C(0_+) = u_C(0_-)$ $i_L(0_+) = i_L(0_-)$ 电路中电容 C 用电压源 $u_C(0_+)$ 代替，L 用电流源 $i_L(0_+)$ 代替	电路中除了 $u_C(0_+)$、$i_L(0_+)$ 以外其他的电流、电压 0_+ 值，即 $f(0_+)$
∞ 电路图	电路处于换路后稳定状态，电路中电容 C 视为开路，电感 L 用短路线代替	电路中所有的电流、电压 ∞ 值，即 $f(\infty)$
求 τ 电路图	将 ∞ 电路图中所有独立源置零后，从 C 或者 L 两端看进去的位置求等效电阻 R	$\tau = RC$ $\tau = L/R$

B 例 题

例1 电路如图 5-1 所示。已知在开关 S 闭合前电路已稳定，且 $U_{s1}=36\text{V}$，$R_0=12\Omega$，$R_1=R_2=6\Omega$，$U_{s2}=18\text{V}$。求开关闭合后各支路电流及各储能元件上电压的初始值。

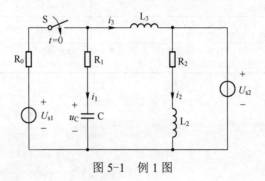

图 5-1 例 1 图

解 （1）先按原电路求出开关闭合前瞬间（$t=0_-$）电容电压和电感电流的值 $u_C(0_-)$ 和 $i_L(0_-)$。

注：因为开关闭合前电路已处于稳态，所以对于直流而言，电容相当于开路，电感相当于短路。如图 5-2（a）所示。

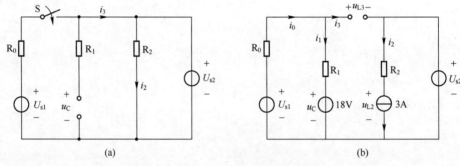

图 5-2 $t=0_-$ 与 $t=0_+$ 等效电路图

由图（a）可以求得

$$i_2(0_-)=\frac{U_{s2}}{R_2}=3\text{A}$$

$$i_3(0_-)=0\text{A}$$

$$u_C(0_-)=18\text{V}$$

（2）画 $t=0_+$ 时刻等效电路。

根据换路定律，有

$$i_2(0_+)=i_2(0_-)=3\text{A}$$

$$i_3(0_+)=i_3(0_-)=0\text{A}$$

$$u_C(0_+)=u_C(0_-)=18\text{V}$$

由此可以得到 $t=0_+$ 时刻等效电路如图 5-2（b）所示。

由此电路可以求得

$$i_0(0_+) = i_1(0_+) = \frac{U_s - 18}{R_0 + R_1} = \frac{36 - 18}{12 + 6} = 1\text{A}$$

$$i_2(0_+) = 3\text{A}, \quad i_3(0_+) = 0\text{A}$$

$$u_C(0_+) = 18\text{V}, \quad u_{L2}(0_+) = 18 - 3 \times 6 = 0\text{V}, \quad u_{L3}(0_+) = (6 \times 1 + 18) - 18 = 6\text{V}$$

例 2 电路如图 5-3（a）所示，已知 $u_{C1}(0_-) = 0$，$u_{C2}(0_-) = 0$，求 $u_{C1}(0_+)$ 和 $u_{C2}(0_+)$。

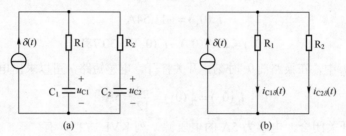

图 5-3 例 2 图

解 解题思路：在 $t=0$ 时，因为电容电压为有限值，所以对于冲激函数而言，电容相当于短路，为此可以构造出一个 $t=0$ 时的冲激等效电路，如图 5-3（b）所示。

根据此电路，可以求出 $t=0$ 时流过电容的冲激电流

$$i_{C1\delta}(t) = \frac{R_2}{R_1 + R_2}\delta(t)$$

$$i_{C2\delta}(t) = \frac{R_1}{R_1 + R_2}\delta(t)$$

再根据电容的伏安特性，有

$$u_{C1}(0_+) = u_{C1}(0_-) + \frac{1}{C_1}\int_{0_-}^{0_+} i_{C1\delta}(t)\mathrm{d}t = \frac{R_2}{C_1(R_1 + R_2)}$$

$$u_{C2}(0_+) = u_{C2}(0_-) + \frac{1}{C_2}\int_{0_-}^{0_+} i_{C2\delta}(t)\mathrm{d}t = \frac{R_1}{C_2(R_1 + R_2)}$$

例 3 图 5-4 所示电路中，开关在 $t=0$ 时闭合，闭合前电路已达稳态。试求各电路在 $t=0_+$ 时刻所标的电压和电流。

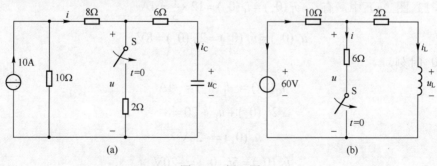

图 5-4 例 3 图

解 （1）图（a）中，在换路前 0_- 时刻，开关打开，电容开路，可以求出电容的初始电压

$$u_C(0_+) = u_C(0_-) = 10 \times 10 = 100\text{V}$$

换路后 0_+ 时刻，开关闭合，电容为 100V 的电压源，列 KVL 方程，有

$$\begin{cases} -6i_C + 2(i - i_C) = u_C = 100 \\ -8i + 10(10 - i) = 2(i - i_C) \end{cases}$$

$$i(0_+) = 3.85\text{A}$$

$$i_C(0_+) = -11.54\text{A}$$

$$u(0_+) = 2 \times [i(0_+) - i_C(0_+)] = 30.78\text{V}$$

（2）图（b）中，在换路前 0_- 时刻，开关打开，电感短路，可以求出电感的初始电流

$$i_L(0_+) = i_L(0_-) = \frac{60}{12} = 5\text{A}$$

0_+ 时刻，开关闭合，电感为 5A 的电压源，列 KVL 方程，有

$$10(5 + i) + 6i = 60$$

$$i = \frac{5}{8}\text{A}$$

$$u(0_+) = 6i = 3.75\text{V}$$

$$u_L(0_+) = -2i_L(0_+) + 6i = -6.25\text{V}$$

例 4 如图 5-5 所示电路中，开关在 $t = 0$ 时动作，动作前电路已达稳态。试求各电路在 $t = 0_+$ 时刻所标的电压和电流。

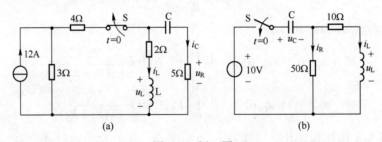

图 5-5 例 4 图

解 （1）图（a）中，有 $i_L(0_+) = i_L(0_-) = 12 \times \frac{1}{3} = 4\text{A}$

$$u_C(0_+) = u_C(0_-) = 2i_L(0_-) = 8\text{V}$$

$t = 0_+$ 时刻，

$$i_C(0_+) = -i_L(0_+) = -4\text{A}$$

$$2i_L(0_+) + u_L + 20 = 8$$

$$u_L(0_+) = -20\text{V}$$

$$u_R(0_+) = 5i_C(0_+) = -20\text{V}$$

（2）图（b）中，有
$$i_L(0_+) = i_L(0_-) = 0\text{A}$$
$$u_C(0_+) = u_C(0_-) = 0\text{V}$$

$t = 0_+$ 时刻，
$$i_R(0_+) = \frac{10}{50} = 0.2\text{A}$$
$$u_L(0_+) = 50 i_R(0_+) = 10\text{V}$$

例 5 如图 5-6 所示电路，$t=0$ 时开关闭合，闭合前电路已达稳态。求 $t \geq 0$ 时的 $u_C(t)$ 和 $i_C(t)$。

解
$$u_C(0_+) = u_C(0_-) = 10\text{V}$$
$$u_C(\infty) = 0$$
$$i_C(0_+) = -\frac{u_C(0_+)}{5} = -2\text{A}$$
$$i_C(\infty) = 0$$
$$\tau = 5 \times 4 \times 10^{-6} = 2 \times 10^{-5}\text{s}$$
$$u_C(t) = 10\text{e}^{-5 \times 10^4 t}$$
$$i_L(t) = -2\text{e}^{-5 \times 10^4 t}$$

例 6 图 5-7 所示电路中，已知 $t<0$ 时 S 在"1"位置，电路已在稳定状态，现于 $t=0$ 时刻将 S 扳到"2"位置。

（1）试用三要素法求 $t \geq 0$ 时的响应 $u_C(t)$；
（2）求 $u_C(t)$ 经过零值的时刻 t_0。

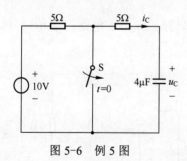

图 5-6 例 5 图　　　图 5-7 例 6 图

解
$$u_C(0_+) = u_C(0_-) = 10\text{V}$$
$$u_C(\infty) = 10 - 10 \times 2 = -10\text{V}$$
$$\tau = 10 \times 0.5 = 5\text{s}$$
$$u_C(t) = -10 + 20\text{e}^{-0.2t}$$

当 $t = 3.47\text{s}$ 时，$u_C = 0$。

例 7 电路如图 5-8 所示，在开关 S 闭合前已处于稳态，求开关闭合后的电压 u_C。

解
$$u_C(0_+) = u_C(0_-) = 54\text{V}$$

$$u_C(\infty) = \left(9 \times \frac{6}{6+3}\right) \times 3 = 18\text{V}$$

$$\tau = RC = 2 \times 10^3 \times 2 \times 10^{-6} = 4 \times 10^3 \text{s}$$

$$u_C(t) = 18 + 3.6\text{e}^{-250t}\text{V}$$

例 8 电路如图 5-9 所示，已知 $u_C(0_-) = 0$，求 $t \geq 0$ 时的 u_C。

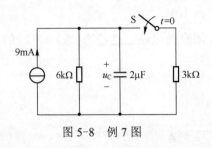
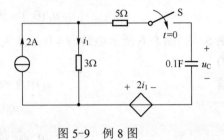

图 5-8 例 7 图　　　　图 5-9 例 8 图

解
$$u_C(0_+) = u_C(0_-) = 0\text{V}$$
$$u_C(\infty) = 3 \times 2 + 2 \times 2 = 10\text{V}$$

此题含有受控源，求解时间常数 τ 里面的等效电阻 R_{eq} 时，从电容端看进去，独立源置零，得到图 5-10，再根据外加电源法求解此电路对应的等效电阻 R_{eq}。

$$5i_1 + 3i_1 + 2i_1 = u$$
$$R_{eq} = \frac{u}{i_1} = 10\Omega$$
$$\tau = R_{eq} \cdot C = 10 \times 0.1 = 1\text{s}$$
$$u_C(t) = 10 - 10\text{e}^{-t}$$

例 9 图 5-11 所示电路中，各电源均在 $t = 0$ 时开始作用于电路，求 $i(t)$。已知电容电压初始值为零。

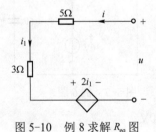
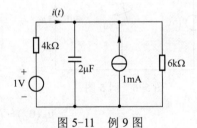

图 5-10 例 8 求解 R_{eq} 图　　　　图 5-11 例 9 图

解　各电源均在 $t = 0$ 时开始作用于电路表明 $t < 0$ 前电源不作用（置零），$u_C(0_+) = u_C(0_-) = 0\text{V}$；

在 $t = 0_+$ 等效电路上，$i(0_+) = 0.25\text{mA}$；

在 $t = \infty$ 等效电路上，$i(\infty) = \dfrac{1-6}{4+6} = -0.5\text{mA}$；

$\tau = RC = 2.4 \times 2 \times 10^{-6} = 4.8 \times 10^{-3}\text{s}$；

因此，$i(t) = -0.5 + 0.75\text{e}^{-\frac{5}{24} \times 10^3 t}\text{A}$

例 10 电路如图 5-12 所示，在 $t<0$ 时开关 S 位于 "1"，电路已处于稳定。$t=0$ 时开关闭合到 "2"，求 i_L 和 u。

解 $i_L(0_+) = i_L(0_-) = 3\text{A}$，

在 $t = 0_+$ 等效电路上，由节点电压法有 $\left(\dfrac{1}{6} + \dfrac{1}{6}\right)u(0_+) = 12/6 - 3$，$u(0_+) = -3\text{V}$；

在 $t = \infty$ 等效电路上（电感相当于短路，图略），$i_L(\infty) = \dfrac{6//6}{3+6//6}\dfrac{12}{6} = 1\text{A}$，$u(\infty) = 3\text{V}$；

等效电阻 $R = 6\Omega$，$\tau = \dfrac{L}{R} = 0.5\text{s}$；

因此，$i_L(t) = 1 + 2\text{e}^{-2t}\text{A}$，$u(t) = 3 - 6\text{e}^{-2t}\text{V}$

例 11 电路如图 5-13 所示，在 $t<0$ 时开关是闭合的，电路已处于稳定，当 $t=0$ 时开关 S 断开。求 $t \geqslant 0$ 时的 i_L 和 u_L。

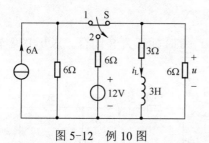

图 5-12　例 10 图

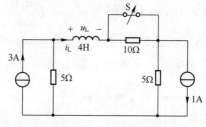

图 5-13　例 11 图

解 $i_L(0_+) = i_L(0_-) = \dfrac{15+5}{5+5} = 2\text{A}$，$i_L(\infty) = \dfrac{15+5}{10+5+5} = 1\text{A}$；

等效电阻 $R = 20\Omega$，$\tau = \dfrac{L}{R} = 0.2\text{s}$；

因此，$i_L(t) = 1 + \text{e}^{-5t}\text{A}$，$u_L(t) = L\dfrac{\text{d}i_L(t)}{\text{d}t} = -20\text{e}^{-5t}\text{V}$

例 12 电路如图 5-14 所示，$t=0$ 时开关合上，闭合前电路已稳定，且 $u_C(0_-) = 0$ 求 $t \geqslant 0$ 时的 u_C。

解 $u_C(0_+) = u_C(0_-) = 0\text{V}$；

在 $t = \infty$ 等效电路上（电容相当于开路，图略），$i_1(\infty) = 6/6 = 1\text{A}$，$u_C(\infty) = 3 \times i_1(\infty) + 6i_1(\infty) = 9\text{V}$；

求解等效电阻时，独立源置零，因此 $i_1 = 0$，$R = 3\Omega$，$\tau = RC = 1\text{s}$；

因此：$u_C(t) = 9(1 - \text{e}^{-t})\text{V}$

例 13 电路如图 5-15 所示，$t = 0$ 时开关 S 打开。求零状态响应 u_C 和 u_0。

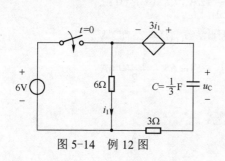

图 5-14　例 12 图

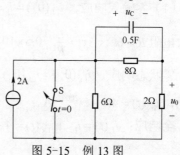

图 5-15　例 13 图

解 $u_C(0_+) = u_C(0_-) = 0V$；$u_0(0_+) = 2 \times 6 \times \dfrac{2}{2+6} = 3V$；

在 $t = \infty$ 等效电路上（电容相当于开路，图略），$u_C(\infty) = 2 \times 6 \times \dfrac{8}{6+8+2} = 6V$，$u_0(\infty) = 2 \times 6 \times \dfrac{2}{6+8+2} = 1.5V$。

求解等效电阻时，独立源置零，因此 $R = 4\Omega$，$\tau = RC = 2s$；

因此，$u_C(t) = 6(1-e^{-0.5t})V$；$u_0(t) = 1.5(1+e^{-0.5t})V$

例 14 电路如图 5-16 所示，$t=0$ 时开关 S 闭合。求零状态响应 u_L 和 i_L。

解 $i_L(0_+) = i_L(0_-) = 0A$，$i_L(\infty) = 3A$；

等效电阻 $R = \dfrac{6}{5}\Omega$，$\tau = \dfrac{L}{R} = 0.25s$；

因此，$i_L(t) = 3 - 3e^{-4t}A$，$u_L(t) = L\dfrac{di_L(t)}{dt} = 3.6e^{-4t}V$

例 15 如图 5-17 所示电路，$u_C(0) = 3V$，$t=0$ 时刻开关 S 闭合。求 u_C 的零输入响应、零状态响应、全响应、暂态响应和稳态响应。

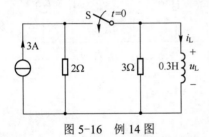

图 5-16 例 14 图　　　　图 5-17 例 15 图

解 （1）零输入响应指换路后激励源为零（20V 电压源置零），$u_{Cf}(0_+) = u_{Cf}(0_-) = 3V$，$u_{Cf}(\infty) = 0$；

等效电阻 $R = 7.5 + 2.5 = 10\Omega$，$\tau = RC = 5s$；因此，$u_{Cf}(t) = 3e^{-0.2t}V$。

（2）零状态响应指换路前电容储能为零，$u_{Cx}(0_+) = u_{Cx}(0_-) = 0$，$u_{Cx}(\infty) = 15V$；

因此，$u_{Cx}(t) = 15(1-e^{-0.2t})V$。

（3）全响应：$u_C(t) = u_{Cf} + u_{Cx}(t) = 15 - 12e^{-0.2t}V$；其中稳态分量为 15V，暂态分量为 $-12e^{-0.2t}V$。

例 16 如图 5-18 所示电路，$t=0$ 时刻开关 S_1，S_2 同时动作。求 $t \geq 0$ 时 i_L 的零输入响应、零状态响应和全响应。

解 （1）零输入响应，$i_{Lf}(0_+) = i_{Lf}(0_-) = \dfrac{6}{3} = 2A$，$i_{Lf}(\infty) = 0$；

等效电阻 $R = 6\Omega$，$\tau = \dfrac{L}{R} = 0.5 \times 10^{-3}s$；因此，$i_{Lf}(t) = 2e^{-2000t}V$。

（2）零状态响应，$i_{Lx}(0_+) = i_{Lx}(0_-) = 0$，$i_{Lx}(\infty) = 6 \times \dfrac{4}{4+2} = 4A$；

因此，$i_{Lx}(t) = 4(1-e^{-2000t})A$。

（3）全响应：$i_L(t) = i_{Lf} + i_{Lx}(t) = 4 - 2e^{-2000t}A$。

例 17 如图 5-19 所示电路，电容的初始储能为零，当 $t=0$ 时开关 S 闭合，求 $t>0$ 时的 i_1。

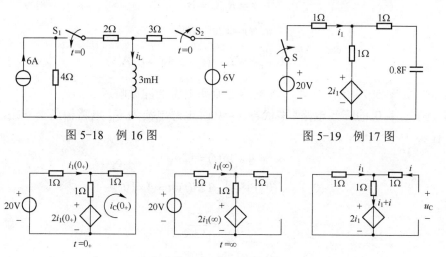

图 5-18 例 16 图   图 5-19 例 17 图

图 5-20 例 17 图解

解 （1）求初始值，利用网孔电流法，$\begin{cases} 2i_1(0_+) - 1i_C(0_+) = 20 - 2i_1(0_+) \\ -i_1(0_+) + 2i_C(0_+) = 2i_1(0_+) \end{cases}$，$i_1(0_+) = 8\text{A}$。

（2）求稳态值，可得 $i_1(\infty) = \dfrac{20}{4} = 5\text{A}$。

（3）求时间常数，$1 \times i_1 + 1 \times (i_1 + i) + 2i_1 = 0$，有 $i_1 = -0.25i$，而 $u_C = 1 \times i - 1 \times i_1 = 1.25i$，于是等效电阻 $R = \dfrac{u_C}{i} = 1.25\Omega$，$\tau = RC = 1\text{s}$。

（4）由三要素法有 $i_1(t) = i_1(\infty) + [i_1(0_+) - i_1(\infty)]\text{e}^{-\frac{t}{\tau}} = 5 + 3\text{e}^{-t}\text{A}$。

例 18 电路如图 5-21 所示，$t<0$ 时开关 S 位于"1"，电路已处于稳定，$t=0$ 时开关由"1"闭合到"2"，求 $t \geq 0$ 时的 i_L 和 u。

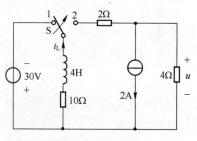

图 5-21 例 18 图

解 （1）求初始值，$i_L(0_+) = 3\text{A}$（注意电流参考方向），$u(0_+) = 4\text{V}$。

（2）求稳态值，可得 $i_L(\infty) = 2 \times \dfrac{4}{16} = 0.5\text{A}$，$u(\infty) = -4 \times 1.5 = -6\text{V}$。

（3）求时间常数，等效电阻 $R = 16\Omega$，$\tau = \dfrac{L}{R} = 0.25\text{s}$。

（4）由三要素法有 $i_L(t) = 0.5 + 2.5\text{e}^{-4t}\text{A}$，$u(t) = -6 + 10\text{e}^{-4t}\text{V}$。

例 19 如图 5-22 所示电路，求电容电压和电流的冲激响应。

解 画出 $t=0_+$ 的等效电路（零状态，$t=0$ 时电容电压为零，电容相当于短路，图略），此时，有

$$i_C = \dfrac{3}{2+3} 4\delta(t) = 2.4\delta(t)$$

$$u_C(0_+) = u_C(0_-) + \frac{1}{C}\int_{0_-}^{0_+} 2.4\delta(t)\mathrm{d}t = 12\mathrm{V}$$

$$\tau = R_{eq}C = 1\mathrm{s}$$

$$u_C(t) = 12\mathrm{e}^{-t}\varepsilon(t)\mathrm{V}$$

$$i_C(t) = C\frac{\mathrm{d}u_C}{\mathrm{d}t} = 2.4\delta(t) - 2.4\mathrm{e}^{-t}\varepsilon(t)\mathrm{A}$$

例 20 如图 5-23 所示电路，求电感电流和电压的冲激响应。

解 画出 $t=0_+$ 的等效电路（零状态，$t=0$ 时电感电流为零，电感相当于开路，图略），此时，有

$$u_L = 4 \times 3\delta(t) = 12\delta(t)$$

$$i_L(0_+) = i_L(0_-) + \frac{1}{L}\int_{0_-}^{0_+} 12\delta(t)\mathrm{d}t = 4 \times 10^3 \mathrm{A}$$

$$\tau = \frac{L}{R_{eq}} = \frac{10^{-3}}{3}\mathrm{s}$$

$$i_L(t) = 4 \times 10^3 \mathrm{e}^{-3000t}\varepsilon(t)\mathrm{V}$$

$$u_L(t) = L\frac{\mathrm{d}i_L}{\mathrm{d}t} = 12\delta(t) - 3.6 \times 10^4 \mathrm{e}^{-3000t}\varepsilon(t)\mathrm{A}$$

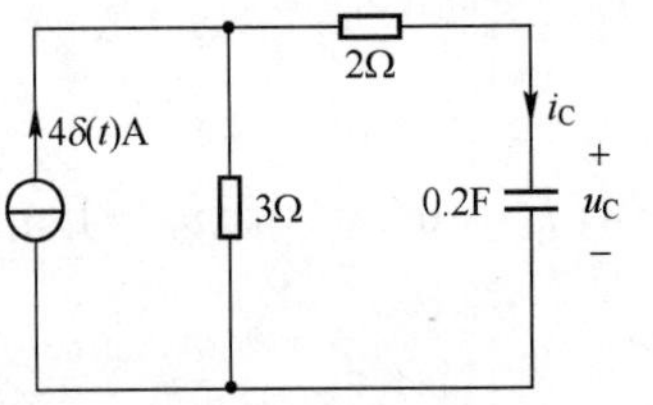

图 5-22　例 19 图 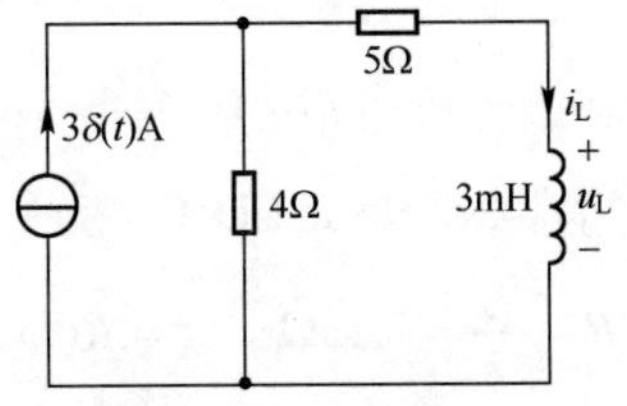　　　　图 5-23　例 20 图

例 21 用卷积积分法，求图 5-24（a）所示电路对于图 5-24（b）～（e）所示几种脉冲 u_1 的响应 u_2。

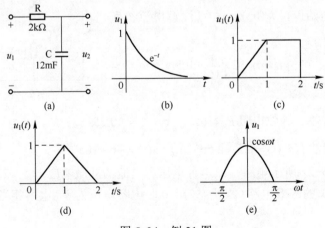

图 5-24　例 21 图

解 先求冲激响应，$u_1 = \delta(t)$，$i_C = \dfrac{\delta(t)}{2000}$

$$u_{2h}(0_+) = u_2(0_-) + \frac{1}{C}\int_{0_-}^{0_+} i_C dt = \frac{1}{24}\text{V}; \quad u_{2h}(\infty) = 0; \quad \tau = RC = 24\text{s};$$

$$u_{2h}(t) = \frac{1}{24}e^{-\frac{1}{24}t}\varepsilon(t)\text{V}$$

（b）$u_1 = e^{-t}\varepsilon(t)$，则

$$u_2(t) = u_1 * u_{2h} = \int_0^t u_1(\zeta)u_{2h}(t-\zeta)d\zeta = \int_0^t e^{-\zeta}\frac{1}{24}e^{-\frac{1}{24}(t-\zeta)}d\zeta = \frac{1}{24}(e^{-\frac{1}{24}t} - e^{-t})\text{V}$$

（c）$u_1 = t\varepsilon(t) + \varepsilon(t-1) - \varepsilon(t-2)$

$$u_2(t) = u_1 * u_{2h} = \int_0^t [\zeta\varepsilon(\zeta) + \varepsilon(\zeta-1) - \varepsilon(\zeta-2)]\frac{1}{24}e^{-\frac{1}{24}(t-\zeta)}\varepsilon(t-\zeta)d\zeta$$

$$= \frac{1}{24}\left[\int_0^t \zeta\varepsilon(\zeta)e^{-\frac{1}{24}(t-\zeta)}\varepsilon(t-\zeta)d\zeta + \int_0^t \varepsilon(\zeta-1)e^{-\frac{1}{24}(t-\zeta)}\varepsilon(t-\zeta)d\zeta - \int_0^t \varepsilon(\zeta-2)e^{-\frac{1}{24}(t-\zeta)}\varepsilon(t-\zeta)d\zeta\right]$$

$$= \frac{1}{24}\left[\varepsilon(t)\int_0^t \zeta e^{-\frac{1}{24}(t-\zeta)}d\zeta + \varepsilon(t-1)\int_1^t e^{-\frac{1}{24}(t-\zeta)}d\zeta - \varepsilon(t-2)\int_2^t e^{-\frac{1}{24}(t-\zeta)}d\zeta\right]$$

$$u_2 = [24e^{-\frac{1}{24}t} + t - 24]\varepsilon(t) + [-24e^{-\frac{1}{24}(t-1)} - t - 25]\varepsilon(t-1) - [22e^{-\frac{1}{24}(t-2)} + t - 24]\varepsilon(t-2)\text{V}$$

（d）$u_2 = [24e^{-\frac{1}{24}t} + t - 24]\varepsilon(t) + [48e^{-\frac{1}{24}(t-1)} + 2t - 50]\varepsilon(t-1) + [24e^{-\frac{1}{24}(t-2)} + t - 26]\varepsilon(t-2)\text{V}$

（e）$u_2 = \dfrac{a}{a^2+b^2}\left\{\left[(b\sin\omega t + a\cos\omega t) - e^{-a\left(t+\frac{\pi}{2}\right)}\left[b\sin\left(-\frac{\pi}{2}\omega\right) + a\cos\left(-\frac{\pi}{2}\omega\right)\right]\right]\varepsilon\left(t+\frac{\pi}{2}\right)\right.$

$$\left. + \left[(b\sin\omega t + a\cos\omega t) - e^{-a\left(t-\frac{\pi}{2}\right)}\left(b\sin\frac{\pi}{2}\omega + a\cos\frac{\pi}{2}\omega\right)\right]\varepsilon\left(t-\frac{\pi}{2}\right)\right\}(\text{V}), \quad 其中 a = \frac{1}{24}, b = \omega$$

例 22 电路如图 5-25 所示，$t=0$ 时刻开关 S 由 a 闭合到 b。换路前电路已经达到稳态，$u_C(0_-) = 0$。求列出 $t \geq 0$ 时的响应 $u_C(t)$ 和 $i(t)$。

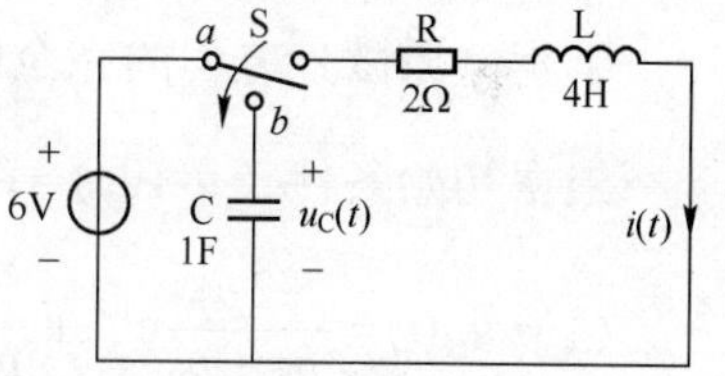

解 由 $t=0_-$ 的等效电路（图略）可得，$i(0_+) = i(0_-) = 3\text{A}$；$u_C(0_+) = u_C(0_-) = 0$。列出换路后的回路方程，有

图 5-25 例 22 图

$$LC\frac{d^2 u_C(t)}{dt^2} + RC\frac{du_C(t)}{dt} + u_C(t) = 0$$

代入数据，其特征方程为 $4p^2 + 2p + 1 = 0$，有一对共轭复根

$$p_1 = -\frac{1}{4} + j\frac{\sqrt{3}}{4}; \quad p_2 = -\frac{1}{4} - j\frac{\sqrt{3}}{4}$$

微分方程的解为 $u_C(t) = A_1 e^{p_1 t} + A_2 e^{p_2 t}$，由初始条件

$$u_C(0_+) = A_1 + A_2 = 0$$

$$i(0_+) = -C\frac{du_C}{dt}\bigg|_{t=0_+} = C(A_1 p_1 e^{-p_1 t} + A_2 p_2 e^{-p_2 t})\bigg|_{t=0_+} = C(A_1 p_1 + A_2 p_2) = 3\text{A}$$

可得 $A_1 = j2\sqrt{3}$；$A_2 = -j2\sqrt{3}$；

代入整理可得 $u_C(t) = -4\sqrt{3}e^{-\frac{t}{4}}\sin\left(\frac{\sqrt{3}}{4}t\right)\varepsilon(t)$

$$i(t) = -C\frac{du_C}{dt} = e^{-\frac{t}{4}}\left[-\sqrt{3}\sin\left(\frac{\sqrt{3}}{4}t\right) + 3\cos\left(\frac{\sqrt{3}}{4}t\right)\right] = 2\sqrt{3}e^{-\frac{t}{4}}\sin\left(\frac{\sqrt{3}}{4}t + 120°\right)\varepsilon(t)\text{A}$$

例 23 如图 5-26 所示 RLC 串联电路。$C = 0.1\text{F}$，$L = 10\text{H}$，$u_C(0) = 0\text{V}$，$i_L(0) = 0\text{A}$。试求 R 为以下 4 种情况时，电路的零状态响应 $u_C(t)$。

（1）$R = 100\Omega$；（2）$R = 10\Omega$；（3）$R = 20\Omega$；（4）$R = 0\Omega$。

解 以 $u_C(t)$ 为变量列写微分方程为 $LC\dfrac{d^2u_C}{dt^2} + RC\dfrac{du_C}{dt} + u_C = U_s$，$u_C(0_+) = 0$，

$i(0_+) = 0$，即 $\dfrac{du_C}{dt}\Big|_{t=0_+} = 0$。上述方程的特解为 $u_{Cp} = U_s$。

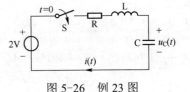

图 5-26 例 23 图

$2\sqrt{\dfrac{L}{C}} = 20\Omega$，对应于 4 个不同的电阻值：

（1）$R = 100\Omega > 2\sqrt{\dfrac{L}{C}} = 20\Omega$，过阻尼（非振荡放电）

齐次微分方程的通解为 $u_{Ch}(t) = A_1 e^{p_1 t} + A_2 e^{p_2 t}$

（2）$R = 10\Omega < 2\sqrt{\dfrac{L}{C}} = 20\Omega$，欠阻尼（振荡放电）

齐次微分方程的通解为 $u_{Ch}(t) = Ae^{-\delta t}\sin(\omega t + \beta)$

（3）$R = 20\Omega = 2\sqrt{\dfrac{L}{C}} = 20\Omega$，临界阻尼（非振荡放电）

齐次微分方程的通解为 $u_{Ch}(t) = A_1 e^{pt} + A_2 t e^{pt} = (A_1 + A_2 t)e^{pt}$

（4）$R = 0\Omega$，无阻尼（等幅振荡）

齐次微分方程的通解为 $u_{Ch}(t) = A_1\sin(\omega_0 + \beta)$

于是，原微分方程的完全解为 $u_C(t) = u_{Cp}(t) + u_{Ch}(t)$

根据初始条件（$u_C(0_+) = 0$、$\dfrac{du_C}{dt}\Big|_{t=0_+} = 0$）可以求解出结果（过程略）：

（1）$u_C(t) = \dfrac{-2p_2}{p_2 - p_1}e^{p_1 t} + \dfrac{2p_1}{p_2 - p_1}e^{p_2 t} + 2\text{V}$，$p_1 = -5 + 2\sqrt{6}$，$p_2 = -5 - 2\sqrt{6}$；

（2）$u_C(t) = e^{-\frac{t}{2}}\left[-2\cos\left(\dfrac{\sqrt{3}}{2}t\right) - \dfrac{2\sqrt{3}}{3}\sin\dfrac{\sqrt{3}}{4}t - 2\right]\varepsilon(t)\text{V}$；

（3）$u_C(t) = (-2 - 10t)e^{-5t}\varepsilon(t)\text{V}$；

（4）$u_C(t) = (-2\cos t + 2)\varepsilon(t)\text{V}$。

C 练 习 题

1. 电路如图 5-27 所示，开关 S 闭合前电路处于稳态，试求 S 闭合后的 $i_C(t)$ 和 $u_L(t)$。

2. 如图 5-28 所示电路，$R_1=2\Omega$，$R_2=4\Omega$，当 $t<0$ 时，开关 S 断开，电路已处于稳态；当 $t=0$ 时，开关 S 闭合。求初始值 $u_{R_2}(0_+)$，$i_{R_1}(0_+)$，$i_C(0_+)$ 和 $u_L(0_+)$。

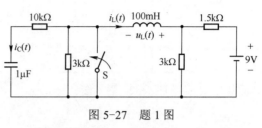

图 5-27 题 1 图

3. 图 5-29 电路中的开关闭合已经很久，$t=0$ 时断开开关，试求 $u_C(0_+)$ 和 $i_L(0_+)$。

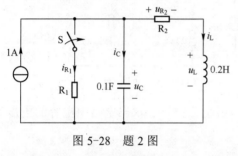

图 5-28 题 2 图

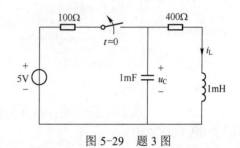

图 5-29 题 3 图

4. 在工作了很长时间的图 5-30 所示电路中，开关 S_1 和 S_2 同时开、闭，以切断电源并接入放电电阻 R_f。试选择 R_f 的阻值，以期同时满足下列要求：

（1）放电电阻端电压的初始值不超过 500V；（2）放电过程在 1s 内基本结束。

5. 图 5-31 所示电路在换路前已工作了很长时间，试求零输入响应 $i(t)$。

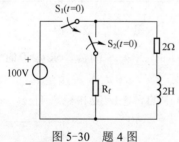

图 5-30 题 4 图

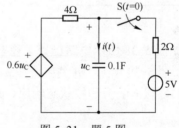

图 5-31 题 5 图

6. 在图 5-32 所示电路中，已知 $R_1=10\Omega$，$R_2=10\Omega$，$L=1H$，$R_3=10\Omega$，$R_4=10\Omega$，$U_s=15V$。设换路前电路已工作了很长时间，试求零输入响应 $i_L(t)$。

7. 将图 5-33 所示电路中电容端口左方的部分电路化成戴维南模型，然后求解电容电压的零状态响应 $u_C(t)$。

8. 试求图 5-34 所示电路的零状态响应 $i(t)$。

9. 图 5-35 所示电路在换路前已建立起稳定状态，试求开关闭合后的全响应 $u_C(t)$，并画出它的曲线。

10. 如图 5-36 所示，开关断开已经很久了，$t=0$ 时闭合开关，试求 $t \geqslant 0$ 时的电感

电流 $i_L(t)$ 和电阻电压 $u(t)$，并判断该响应是零状态响应还是零输入响应。

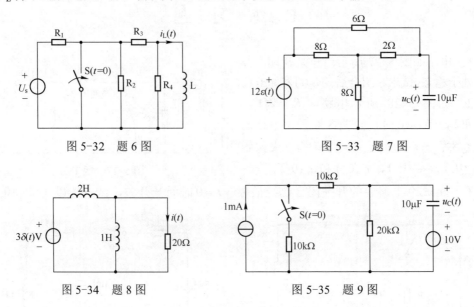

图 5-32 题 6 图　　　　图 5-33 题 7 图

图 5-34 题 8 图　　　　图 5-35 题 9 图

11．图 5-37 所示电路将进行两次换路。试用三要素法求出电路中电容的电压响应 $u_C(t)$ 和电流响应 $i_C(t)$。

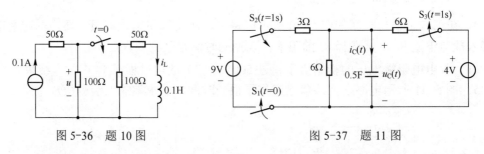

图 5-36 题 10 图　　　　图 5-37 题 11 图

12．如图 5-38 所示电路已处于稳态，在 $t=0$ 时，开关 S 闭合，求 $t \geqslant 0$ 时的 $i(t)$。

13．如图 5-39 所示，开关闭合在 a 端已经很久了，$t=0$ 时开关接至 b 端。求 $t \geqslant 0$ 时电压 $u(t)$ 的零输入响应和零状态响应，并判断 $u(t)$ 中的暂态响应和稳态响应，求全响应。

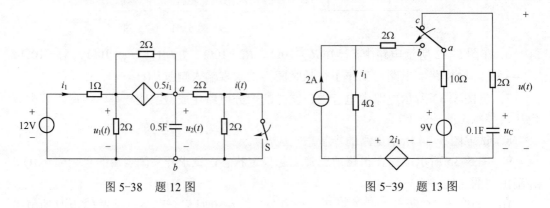

图 5-38 题 12 图　　　　图 5-39 题 13 图

练习题答案

1. $i_C(t) = -0.45\mathrm{e}^{-100t}\mathrm{mA}$，$u_L(t) = 4.5^{-10^4 t}\mathrm{V}$
2. $u_{R_2}(0_+) = 4\mathrm{V}$，$i_{R_1}(0_+) = 2\mathrm{A}$，$i_C(0_+) = -2\mathrm{A}$ 和 $u_L(0_+) = 0\mathrm{V}$
3. $u_C(0_+) = 4\mathrm{V}$，$i_L(0_+) = 10\mathrm{mA}$
4. $8\Omega \leqslant R_\mathrm{f} \leqslant 10\Omega$
5. $-0.417\mathrm{e}^{-t}\mathrm{A}$
6. $0.5\mathrm{e}^{-5t}\mathrm{A}$
7. $9\left(1-\mathrm{e}^{-\frac{t}{3\times 10^{-5}}}\right)\varepsilon(t)\mathrm{V}$
8. $1.5\mathrm{e}^{-30t}\varepsilon(t)\mathrm{A}$
9. $-5+15\mathrm{e}^{-10t}\mathrm{V}$
10. $i_L(t) = 0.05(1-\mathrm{e}^{-1000t})\mathrm{A}$，$u(t) = 2.5(1+\mathrm{e}^{-1000t})\mathrm{V}$
11. $u_C(t) = \begin{cases} 6(1-\mathrm{e}^{-t}) & (0 \leqslant t \leqslant 1) \\ 2+1.793\mathrm{e}^{-\frac{t-1}{1.5}} & (t \geqslant 1) \end{cases}$

    $i_C(t) = \begin{cases} 3\mathrm{e}^{-t} & (0 \leqslant t \leqslant 1) \\ -0.598\mathrm{e}^{-\frac{t-1}{1.5}} & (t \geqslant 1) \end{cases}$
12. $i(t) = 3+\mathrm{e}^{-2t}\mathrm{A}$
13. $u(t) = 12-2.4\mathrm{e}^{-t}\mathrm{V}$

第6章 正弦稳态交流电路分析基础

A 内 容 提 要

一、相量法

（一）时域和频域

将正弦时间函数所在的域称为时域，将正弦时间函数通过变换所得到的相量所在的域称为频域。

相量法正是通过时域与频域之间的相互变换来求解正弦稳态交流电路的一种简便计算方法。

（二）变换规律

时域和频域间的变换就其实质而言是一种数学变换，变换规律如表 6-1 所示。

表 6-1 变换规律表

	时域	频域
定义	$i = \sqrt{2}I\cos(\omega t + \varphi_i)$	$\dot{I} = I\angle\varphi_i$
加减	$i_1 \pm i_2$	$\dot{I}_1 \pm \dot{I}_2$
数乘	ki	$k\dot{I}$（k 为常数）
代数和	$\sum i$	$\sum \dot{I}$
求导	$\dfrac{\mathrm{d}i}{\mathrm{d}t}$	$j\omega\dot{I}$

二、时域和频域中的两类约束方程

（一）拓扑约束方程 KCL、KVL

	时域	频域
KCL	$\sum i = 0$	$\sum \dot{I} = 0$
KVL	$\sum u = 0$	$\sum \dot{U} = 0$

（二）元件约束方程 VCR

由时域 R、L、C 的 VCR 方程 $u = Ri$，$u = L\dfrac{\mathrm{d}i}{\mathrm{d}t}$ 及 $i = C\dfrac{\mathrm{d}u}{\mathrm{d}t}$，根据变换规律，导出频域中的 VCR 方程如表 6-2 所列。

表 6-2　频域中的 VCR 方程列表

	电阻	电感	电容
VCR	$\dot{U} = R\dot{I}$ $\dot{I} = G\dot{U}$ 电阻 $R(\Omega)$ 电导 $G(S)$	$\dot{U} = jX_L\dot{I}$ $\dot{I} = jB_L\dot{U}$ 感抗 $X_L = \omega L(\Omega)$ 感纳 $B_L = -\dfrac{1}{\omega L}(S)$	$\dot{U} = jX_C\dot{I}$ $\dot{I} = jB_C\dot{U}$ 容抗 $X_C = -\dfrac{1}{\omega C}(\Omega)$ 容纳 $B_C = \omega C(S)$
相量图			

三、阻抗、导纳及功率

（一）用阻抗 Z 描述的公式系统

RLC 串联电路通常用阻抗 Z 描述，电路如图 6-1 所示。

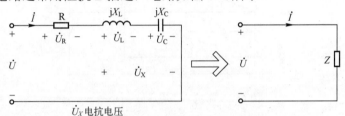

$\dot{U}_X$ 电抗电压

图 6-1　R、L、C 串联正弦电流电路

1. 复数形式的公式

令 $\dot{I} = I\angle 0°$（参考相量）

此时有 $\dot{I} = I$

$$Z = R + jX = R + j(X_L + X_C) = R + j\left(\omega L - \dfrac{1}{\omega C}\right)$$

$$\dot{U} = \dot{I}Z = IZ$$

$$\dot{U} = \dot{U}_R + \dot{U}_X = U_R + jU_X = U_R + j(U_L - U_C)$$

$$\tilde{S} = \dot{U}\dot{I}^* = I^2 Z$$

$$\tilde{S} = P + jQ = P + j(Q_L + Q_C)$$

式中，$\tilde{S}$、P、Q 分别表示 R、L、C 串联支路吸收的复功率、有功功率及无功功率，Q_L、Q_C 分别表示电感 L 吸收的无功功率及电容 C 吸收的无功功率。

2. 实数形式公式

阻抗、电压、复功率的模、实部、虚部如表 6-3 所示。

表 6-3　Z、$\dot{U}$、$\tilde{S}$ 的模、实部与虚部

	模	实部	虚部
阻抗 Z	$\|Z\| = \sqrt{R^2 + X^2}$	R	电抗 $X = X_L + X_C = \omega L - \dfrac{1}{\omega C}$
电压 $\dot{U}$	$U = \|Z\|I$	$U_R = RI$	$U_L = X_L I$ $U_C = -X_C I$ $U_X = U_L - U_C = XI$

（续）

	模	实部	虚部
复功率 $\tilde{S}$	$S=UI=\|Z\|I^2$	$P=U_RI=RI^2$	$Q_L=U_LI=X_LI^2$ $Q_C=-U_CI=X_CI^2$ $Q=Q_L+Q_C=U_XI=XI^2$

3．阻抗 △、电压 △ 与功率 △

RLC 串联电路的阻抗 △、电压 △ 与功率 △ 具有相似 △ 关系，如图 6-2 所示。

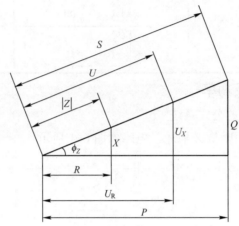

图 6-2　阻抗 △、电压 △ 与功率 △

根据图 6-2，可以得到以下关系式：

$S:U:|Z|=P:U_R:R=Q:U_X:X=I^2:I:1$

$R=|Z|\cos\phi_Z$；$X=|Z|\sin\phi_Z$；$Z=|Z|\angle\phi_Z$

$U_R=U\cos\phi_Z$；$U_X=U\sin\phi_Z$

$P=S\cos\phi_Z=UI\cos\phi_Z$；$Q=S\sin\phi_Z=UI\sin\phi_Z$

称 ϕ_Z 为阻抗角，称 $\cos\phi_Z$ 为功率因数。

根据上面三个 △ 的竖直边的符号将电路进行分类：

感性电路　　　$\phi_Z>0$；$X>0$；$U_X>0$；$Q>0$

容性电路　　　$\phi_Z<0$；$X<0$；$U_X<0$；$Q<0$

串联谐振电路　$\phi_Z=0$；$X=0$；$U_X=0$；$Q=0$

（二）用导纳 *Y* 描述的公式系统

GLC 并联电路通常用导纳 *Y* 描述，电路如图 6-3 所示。

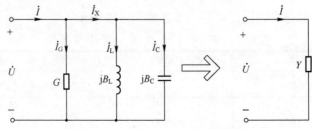

图 6-3　*R*、*L*、*C* 并联正弦电流电路

1. 复数形式的公式

令 $\dot{U} = U\angle 0°$（参考相量）

此时有 $\dot{U} = U$

$$Y = G + jB = G + j(B_C + B_L) = G + j\left(\omega C - \frac{1}{\omega L}\right)$$

$$\dot{I} = Y\dot{U} = YU$$

$$\dot{I} = \dot{I}_G + \dot{I}_X = I_G + jI_X = I_G + j(I_C - I_L)$$

$$\tilde{S} = P + jQ = P + j(Q_C + Q_L) = U(I_G - jI_X) = UI_G + j(-UI_C + UI_L)$$

2. 实数形式的公式

导纳、电流、复功率的模、实部、虚部如表 6-4 所列。

表 6-4 Y、$\dot{I}$、$\tilde{S}$ 的模、实部与虚部

	模	实部	虚部
导纳 Y	$\lvert Y \rvert = \sqrt{G^2 + B^2}$	G	电纳 $B = B_C + B_L = \omega C - \dfrac{1}{\omega L}$
电流 $\dot{I}$	$I = \lvert Y \rvert U$	$I_G = GU$	$I_C = B_C U$ $I_L = -B_L U$ $I_X = I_C - I_L = BU$
复功率 $\tilde{S}$	$S = IU = \lvert Y \rvert U^2$	$P = I_G U = GU^2$	$Q_C = -I_C U = -B_C U^2$ $Q_L = I_L U = -B_L U^2$ $Q = Q_C + Q_L = -I_X U = -BU^2$

注：模与实部恒非负，虚部为代数量。

3. 导纳 △、电流 △ 与功率 △

GLC 并联电路的导纳 △、电流 △ 与功率 △ 具有相似 △ 关系，如图 6-4 所示。

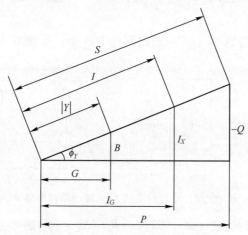

图 6-4 导纳 △、电流 △、与功率 △

根据图 6-4，可以得到以下关系式：

$S : I : \lvert Y \rvert = P : I_G : G = -Q : I_X : B = U^2 : U : 1$

$G = \lvert Y \rvert \cos\phi_Y$； $B = \lvert Y \rvert \sin\phi_Y$； $Y = \lvert Y \rvert \angle \phi_Y$

$I_G = I\cos\phi_Y$； $I_X = I\sin\phi_Y$

$P = S\cos\phi_Y = UI\cos\phi_Y$； $Q = -S\sin\phi_Y = -UI\sin\phi_Y$

称 ϕ_Y 为导纳角，$\phi_Y = -\phi_Z$。

根据上面 3 个 Δ 的竖直边的符号将电路进行分类：

容性电路　　　$\phi_Y > 0$； $B > 0$； $I_X > 0$； $Q < 0$
感性电路　　　$\phi_Y < 0$； $B < 0$； $I_X < 0$； $Q > 0$
并联谐振电路　$\phi_Y = 0$； $B = 0$； $I_X = 0$； $Q = 0$

（三）阻抗与导纳的等效互化

阻抗与导纳可以根据需要进行等效互化，互化的电路图及公式如图 6-5 所示。

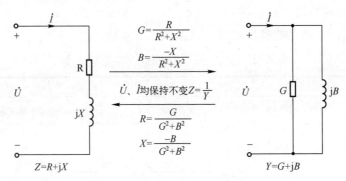

图 6-5　阻抗 Z 与导纳 Y 的等效互化

（四）功率守恒定理

对于任何复杂的正弦电流电路，电路中各部分（或各支路，或各元件）吸收的复（有功、无功）功率的代数和恒为零。即

$$\sum \tilde{S} = 0 \qquad \sum P = 0 \qquad \sum Q = 0$$

（五）最大功率传输

一个含源一端口网络 A 向无源一端口网络 P 供电，如图 6-6 所示。

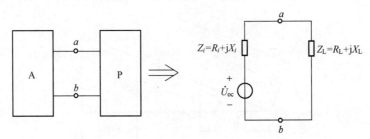

图 6-6　含源一端口网络 A 向无源一端口网络 P 供电

在共轭匹配意义下，当 $Z_L = Z_i^*$，即 $R_L = R_i$，$X_L = -X_i$ 时，无源一端口网络 P（其等效阻抗 Z_L）吸收的有功功率最大，有

$$P_{\max} = \frac{U_{oc}^2}{4R_i}$$

（六）正弦交流电路分析方法

进行正弦交流电路分析的思路为：先将电路的时域模型转化为相量模型，再仿照线

性电阻电路的分析来进行。

用相量代数分析法的步骤如下：

（1）将电路中所有的电压和电流都用其相量形式表示。

（2）将电路中的所有元件（R、L、C、M）都用其阻抗形式表示。

（3）根据电路的特点和所求的量，列写电路相量方程，并求解。我们在分析直流电阻电路时所得到的所有定律、定理和分析方法都适用于正弦交流电路（如 KCL、KVL、叠加定律、替代定理、戴维南定理、回路电流法、节点电压法等）。

（4）将求解结果电压和电流相量转换为对应时域形式。

四、相量图分析法

求解正弦电流电路的方法除了前面介绍的相量代数法之外，更常用的是相量图进行求解。前者利用计算公式求解，通常求解方程多、计算量大、容易出错，后者利用相量图进行求解，具有直观性。最大的特点是通过相量图的几何关系，得到数值和角度的结果，计算量小。

分析的方法是利用相量之间的相位关系画出相量图，利用相量图上各变量之间的几何关系求解未知电流、电压相量，最后再将相量转变为相应的正弦量。

相量图法的步骤：

（1）选择一个合适的参考相量，设置其初相位为零。一般地，对串联支路可选电流为参考相量，并联支路选电压为参考相量。

（2）根据其他相量与参考相量之间的相位关系，逐个画出这些相量。可采用平行四边形法或多边形法画出，相量多于两个时，建议采用多边形法画相量图。

（3）根据相量图中的几何关系求解。

将电压相量和电流相量画在复平面上所得到的图称为相量图。在相量图中任一相量可以在复平面上自由地平行移动。

B 例 题

例1 已知图 6-7 所示电路，其中支路 1 的导纳 $Y_1 = 0.12 + j0.05\mathrm{S}$，支路 2 导纳 $Y_2 = 0.06 - j0.08\mathrm{S}$。若已知流过支路 2 的电流瞬时值表达式为 $i_2 = 10\sqrt{2}\cos(314t+30°)\mathrm{A}$，试求出流过支路 1 的电流 i_1 的瞬时值表达式。

解 画出与原图对应的用相量表示的图，如图 6-8 所示。

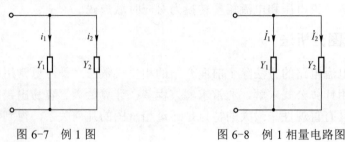

图 6-7 例 1 图　　　　图 6-8 例 1 相量电路图

由已知的 i_2 的瞬时值表达式，写出对应的相量。

$$\dot{I}_2 = 10\angle 30°\mathrm{A}$$

根据两并联支路的电压相等，列出

$$\frac{\dot{I}_1}{Y_1} = \frac{\dot{I}_2}{Y_2}$$

得

$$\dot{I}_1 = \frac{Y_1}{Y_2}\dot{I}_2 = \frac{0.12+j0.05}{0.06-j0.08}\dot{I}_2 = \frac{0.13\angle 22.62°}{0.1\angle -53.13°}\times 10\angle 30° = 13\angle 105.75°\mathrm{A}$$

则 i_1 的瞬时值表达式为

$$i_1(t) = 13\sqrt{2}\cos(314t + 105.75°)\mathrm{A}$$

例2 在图 6-9 所示电路中，已知 $u_C = \sqrt{2}U_C\cos(\omega t+\phi_{u_C})\mathrm{V}$，若 R，C 已知，试写出电流 i 和电压 u 的瞬时值表达式。

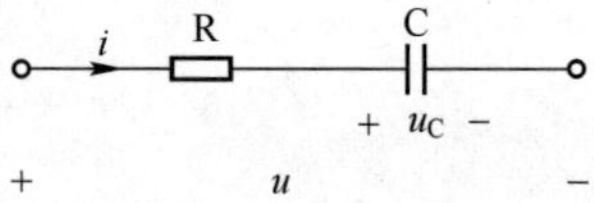

图 6-9 例 2 图

解 除用相量法求解之外，本题也可直接在时域中求解。

由 $I = \omega C U_C$，$\varphi_i = \varphi_{u_C} + 90°$，直接写出：

$$i = \sqrt{2}I\cos(\omega t + \phi_i) = \sqrt{2}\omega C U_C \cos(\omega t + \phi_{u_C} + 90°)\mathrm{A}$$

阻抗 $Z = |Z|\angle\phi = \sqrt{R^2 + \dfrac{1}{\omega^2 C^2}}\angle -\arctan\dfrac{1}{\omega RC}$

图为 $U = |Z|I$，及 $\varphi_u = \phi_i + \phi$ 知

$$u = \sqrt{2}|Z|I\cos(\omega t + \phi_i + \phi)$$
$$= \sqrt{2}\omega C\sqrt{R^2 + \frac{1}{\omega^2 C^2}} \cdot U_C \cos\left(\omega t + \phi_{u_C} + 90° - \arctan\frac{1}{\omega RC}\right) \text{V}$$

例 3 试列出图 6-10 所示正弦电流电路的节点电压方程和回路电流方程。

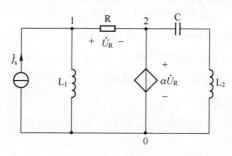

图 6-10 例 3 图

解 （1）列出节点电压方程时，对于出现的电压源和受控电压源需要增设电流，此题需要对受控电压源假设一个电流 $\dot{I}_X$，如图 6-11（a）所示，具体的节点电压方程如下：

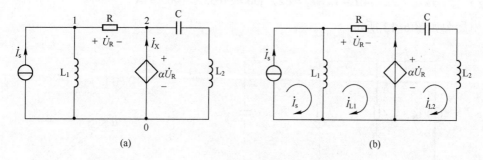

图 6-11 例 3 节点法和回路法电路图

$$\left(\frac{1}{R} - \text{j}\frac{1}{\omega L_1}\right)\dot{U}_{n1} - \frac{1}{R}\dot{U}_{n2} = \dot{I}_s$$

$$-\frac{1}{R}\dot{U}_{n1} + \left(\frac{1}{R} - \text{j}\frac{1}{\omega L_2 - \frac{1}{\omega C}}\right)\dot{U}_{n2} = \dot{I}_X$$

$$\dot{U}_{n1} - \dot{U}_{n2} = \dot{U}_R$$

$$\dot{U}_{n2} = \alpha\dot{U}_R$$

其中第一、二行是节点 1，2 的 KCL 方程，第三行是对 VCVS 补列的方程，而第四行是由于增设辅助电流变量 $\dot{I}_X$ 而补列的方程。

（2）在列回路电流方程时，可将电流源电流 $\dot{I}_s$ 视为一独立回路电流，不需将电流源 $\dot{I}_s$ 两端电压作为辅助未知变量设出。

列出回路电流方程如下：（参见图 6-11（b））

$$-\text{j}\omega L_1\dot{I}_s + (R + \text{j}\omega L_1)\dot{I}_{L_1} + \alpha\dot{U}_R = 0$$

$$-\alpha \dot{U}_R + j\left(\omega L_2 - \frac{1}{\omega C}\right)\dot{I}_{L_2} = 0$$

$$\dot{U}_R = R\dot{I}_{L_1}$$

其中第一、二行是回路 L_1，L_2 的 KVL 方程，第三行是为 VCVS 补列方程。

例 4 在图 6-12 所示正弦电流电路中，已知 $\dot{U}_s = 100\angle 0°\text{V}$，阻抗 $Z = 5\angle 53.13°\Omega$，导纳 $Y = 0.5 - j0.5\text{S}$，电源角频率 $\omega = 100\text{rad/s}$，试求：

（1）电流 $\dot{I}_1$，$\dot{I}_2$，$\dot{I}$ 并定性画出包含 $\dot{U}_s$，$\dot{I}_1$，$\dot{I}_2$，$\dot{I}$ 相量图；

（2）整个电路吸收有功功率 P 和无功功率 Q 以及功率因数 $\cos\varphi$；

（3）电流 i 的瞬时值表达式 $i(t)$；

（4）若要将整个电路的功率因数提高到 0.8（感性）应当并联的电容 C 之值。

解 （1）电流。

$$\dot{I}_1 = \frac{\dot{U}_s}{Z} = \frac{100\angle 0°}{5\angle 53.13°} = 20\angle -53.13° = 12 - j16\text{A}$$

$$\dot{I}_2 = Y\dot{U}_s = (0.5 - j0.5) \times 100 = 50 - j50 = 70.71\angle -45°\text{A}$$

$$\dot{I} = \dot{I}_1 + \dot{I}_2 = 62 - j66 = 90.55\angle -46.79°\text{A}$$

相量图如图 6-13 所示。

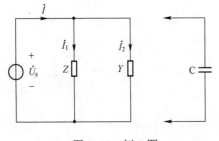

图 6-12 例 4 图

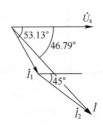

图 6-13 例 4 相量图

（2）复功率。

$$\tilde{S} = 100 \times 90.55\angle 46.79° = 6200 + j6600\text{VA}$$

整个电路吸收的有功功率 P 和无功功率 Q 为：$P = 6200\text{W}$，$Q = 6600\text{var}$

功率因数为 $\cos\varphi = \cos 46.79° = 0.68$

（3）电流 i 的瞬时值表达式。

根据第一问求解出来的 $\dot{I}$，可以直接写出瞬时值表达式：

$$i(t) = 90.55\sqrt{2}\cos(100t - 46.79°) = 128.06\cos(100t - 46.79°)\text{A}$$

（4）并联电容 C 之后，功率因数提高 $\cos\varphi' = 0.8(\tan\varphi' = 0.75)$，并联电容 C 之后，整个电路吸收的无功功率 $P\tan\varphi'$ 应当等于原 Z、Y 吸收的无功功率 Q 与电容 C 吸收的无功率 $-\omega C U_s^2$ 之和，即

$$P\tan\varphi' = Q - \omega C U_s^2$$

$$C = \frac{Q - P\tan\varphi'}{\omega U_s^2} = \frac{6600 - 6200 \times 0.75}{100 \times 100^2} = 1950 \times 10^{-6} \text{F} = 1950 \mu\text{F}$$

例5 在图 6-14 所示正弦电流电路中，已知 $R_1 = 2\Omega$，$X_L = 2\Omega$，$G_2 = 1\text{S}$，$B_C = 1\text{S}$，电流表读数为 5A。试求各电阻吸收的有功功率及电感、电容吸收的无功功率。

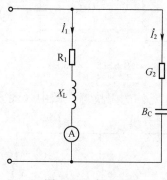

图 6-14 例 5 图

解 令 $\dot{I}_1 = 5\angle 0°\text{A}$（参考相量），则

$$\dot{I}_2 = \frac{(R_1 + jX_L)\dot{I}_1}{\dfrac{1}{G_2} - j\dfrac{1}{B_C}} = \frac{(2 + j2) \times 5\angle 0°}{1 - j} = \frac{5(2 + j2)(1 + j)}{(1 - j)(1 + j)} = \frac{10(1 + j)^2}{2} = j10 = 10\angle 90°\text{A}$$

所求电阻 R_1 吸收有功功率 $P_1 = I_1^2 R_1 = 5^2 \times 2 = 50\text{W}$

电导 G_2 吸收有功功率 $P_2 = \dfrac{I_2^2}{G_2} = \dfrac{10^2}{1} = 100\text{W}$

电感吸收无功功率 $Q_L = I_1^2 X_L = 5^2 \times 2 = 50\,\text{var}$

电容吸收无功功率 $Q_C = -\dfrac{I_2^2}{B_C} = -\dfrac{10^2}{1} = -100\,\text{var}$

或由 R_1，X_L 串联支路吸收复功率：

$$\tilde{S}_1 = I_1^2(R_1 + jX_L) = 5^2 \times (2 + j2) = 50 + j50\,\text{VA}$$

$$P_1 = 50\text{W}, \quad Q_L = 50\,\text{var}$$

或由 G_2，B_C 串联支路吸收复功率：

$$\tilde{S}_2 = I_2^2\left(\dfrac{1}{G_2} - j\dfrac{1}{B_C}\right) = 10^2 \times (1 - j) = 100 - j100\,\text{V}\cdot\text{A}$$

得 $P_2 = 100\text{W} \quad Q_C = -100\,\text{var}$

例6 在图 6-15 所示正弦电流电路中，已知 $R = 1\Omega$，$L_1 = L_2 = L_3 = 0.01\text{H}$，$C = 0.005\text{F}$ 如果图中电压表 V_1 读数为 20V，电源角频率 $\omega = 100\,\text{rad/s}$，试求

（1）电压表 V_2，V_3 的读数；

（2）u，i，i_1，i_2 的表达式（以 u_1 为参考正弦量）。

解 $\omega L_1 = \omega L_2 = \omega L_3 = 100 \times 0.01 = 1\Omega$

$$\frac{1}{\omega C} = \frac{1}{100 \times 0.005} = 2\Omega$$

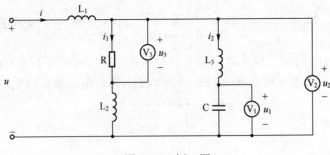

图 6-15 例 6 图

画出相量计算电路,并将各元件的阻抗标在图中(图 6-16)。

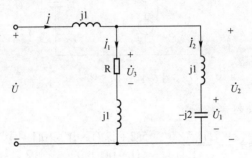

图 6-16 例 6 相量电路图

设 $\dot{U}_1 = 20\angle 0°\text{V}$(参考相量)

$$\dot{I}_2 = \frac{\dot{U}_1}{-\text{j}2} = \frac{20}{-\text{j}2} = \text{j}10 = 10\angle 90°\text{A}$$

$$\dot{U}_2 = \dot{I}_2(\text{j}1 - \text{j}2) = \text{j}10 \times (-\text{j}) = 10\angle 0°\text{V}$$

$$\dot{I}_1 = \frac{\dot{U}_2}{1+\text{j}} = \frac{10}{1+\text{j}} = 5(1-\text{j}) = 5\sqrt{2}\angle -45°\text{A}$$

$$\dot{U}_3 = 1 \times \dot{I}_1 = 5\sqrt{2}\angle -45°\text{V}$$

$$\dot{I} = \dot{I}_1 + \dot{I}_2 = 5(1-\text{j}) + \text{j}10 = 5 + \text{j}5 = 5\sqrt{2}\angle 45°\text{A}$$

$$\dot{U} = \text{j}1 \times \dot{I} + \dot{U}_2 = \text{j}(5+\text{j}5) + 10 = 5 + \text{j}5 = 5\sqrt{2}\angle 45°\text{V}$$

则所求

(1)电压表 V_2 的读数 $U_2 = 10\text{V}$

电压表 V_3 的读数 $U_3 = 5\sqrt{2} = 7.07\text{V}$

(2) $u = 10\cos(100t + 45°)\text{V}$

$i = 10\cos(100t + 45°)\text{A}$

$i_1 = 10\cos(100t - 45°)\text{A}$

$i_2 = 10\sqrt{2}\cos(100t + 90°)\text{A}$

第一问也可不通过相量运算得到,其解法如下:

$$I_2 = \omega C U_1 = 100 \times 0.005 \times 20 = 10\text{A}$$

$$U_2 = \left|\omega L_3 - \frac{1}{\omega C}\right| \cdot I_2 = |1-2| \times 10 = 10\text{V}$$

R，L_2 串联支路的阻抗角

$$\phi_2 = \arctan\frac{\omega L_2}{R} = \arctan = 45°$$

U_2 与 U_3 构成电压 Δ 如图 6-17 所示。

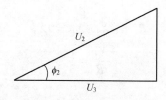

图 6-17　例 6 相量图

由电压 Δ 知：

$$U_3 = U_2\cos\phi_2 = 10\cos 45° = 5\sqrt{2} = 7.07\text{V}$$

例 7　在图 6-18 所示正弦电流电路中，已知 $\dot{I}_1$ 和 $\dot{I}_2$ 的相位差为 90°，且 $\dfrac{I_1}{I_2}=3$，试求 $\dfrac{X_L}{X_C}$ 及 $\dfrac{X_L}{R}$ 之值。

解　假设 $\dot{U}$ 的相位为零，根据电感和电容的性质，可以定性画出相量图 6-19。

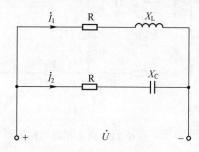

图 6-18　例 7 图

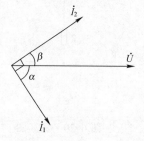

图 6-19　例 7 相量图

由题设　$\alpha - \beta = 90°$

则 $\tan(\alpha-\beta) = \dfrac{\tan\alpha - \tan\beta}{1+\tan\alpha\cdot\tan\beta} \to \infty$

∴ $\tan\alpha \cdot \tan\beta = \dfrac{X_L}{R} \cdot \dfrac{X_C}{R} = -1$

$$R^2 = -X_L \cdot X_C \tag{1}$$

另由 $\dfrac{I_1}{I_2} = \dfrac{\sqrt{R^2+X_C^2}}{\sqrt{R^2+X_L^2}} = 3$

$$\frac{R^2+X_C^2}{R^2+X_L^2} = 9 \tag{2}$$

将（1）代入（2），得

$$\frac{-X_L \cdot X_C + X_C^2}{-X_L \cdot X_C + X_L^2} = \frac{-X_C}{X_L} = 9$$

得出：

$$\frac{X_L}{X_C} = -\frac{1}{9} \tag{3}$$

由（3），$X_C = -9X_L$ 代入（1）

$$R^2 = -X_L \cdot X_C = 9X_L^2$$

得：

$$\frac{X_L}{R} = \frac{1}{3} \tag{4}$$

（3）、（4）为所求之值。

例 8 在图 6-20 所示正弦电流电路中，已知 $R = 1\Omega$，$X_C = -2\Omega$，$u = 10\sqrt{2}\cos 314t \text{V}$，$i = 5\cos\left(314t + \frac{3}{4}\pi\right)\text{A}$，试求阻抗 Z。

解 1 用戴维南定理

$$\dot{U} = 10\angle 0° \text{V}$$

在图 6-21 中：

$$\dot{U}_{oc} = \dot{U}_1 - \dot{U}_2$$

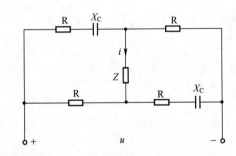
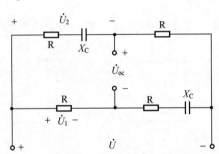

图 6-20 例 8 图　　　　图 6-21 例 8 相量电路图

即

$$\dot{U}_{oc} = \dot{U}\left(\frac{R}{2R + jX_C} - \frac{R + jX_C}{2R + jX_C}\right) = \frac{-jX_C \dot{U}}{2R + jX_C}$$

$$= \frac{j2}{2 - j2}\dot{U} = \frac{j20}{2 - j2} = \frac{j10}{1 - j} \text{V} \tag{1}$$

由图 6-22 求出 Z_i：

$$Z_i = 2 \times \frac{R(R + jX_C)}{2R + jX_C} = \frac{2(1 - j2)}{2 - j2} = \frac{1 - j2}{1 - j} \Omega \tag{2}$$

戴维南等效电路如图 6-23 所示。

$$\dot{I} = \frac{5}{\sqrt{2}} \angle \frac{3}{4}\pi = -\frac{5}{2} + j\frac{5}{2} \text{A} \tag{3}$$

$$Z = \frac{\dot{U}_{oc}}{\dot{I}} - Z_i \qquad (4)$$

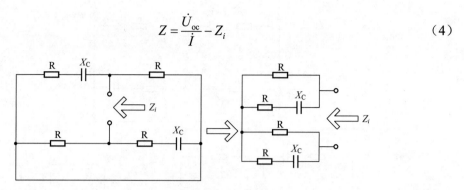

图 6-22 例 8 求解等效阻抗电路图

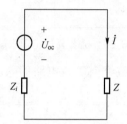

图 6-23 例 8 戴维南等效电路图

将(1)、(2)、(3)代入(4),得

$$Z = \frac{j10}{1-j} \times \frac{1}{-\frac{5}{2}+j\frac{5}{2}} - \frac{1-j2}{1-j} = \frac{-j4-(1-j2)(1-j)}{(1-j)^2}$$

$$= \frac{1}{1-j} = \frac{1+j}{2} = \frac{\sqrt{2}}{2}\angle 45°\,\Omega$$

解 2 用替代、叠加定理。

将流过 Z 的电流用电流源替代,将外施电压用电压源替代,画出利用相量计算的图 6-24,再利用叠加定理求电流源两端电压 $\dot{U}_Z$(图 6-25)。

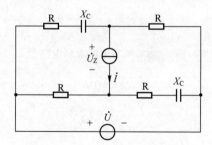

图 6-24 例 8 替代定理电路图

$\dot{U}_Z^{(1)}$ 即前面解法 1 中的 $\dot{U}_{oc}$:

$$\dot{U}_Z^{(1)} = \frac{j10}{1-j} = -5+j5\,V$$

109

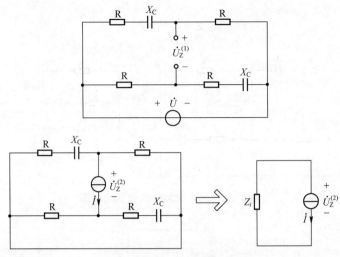

图 6-25 例 8 叠加定理求解图

求 $\dot{U}_Z^{(2)}$ 时可利用解法 1 中的戴维南等效电路的入端阻抗 Z_i：

$$\dot{U}_Z^{(2)} = -Z_i \cdot \dot{I} = -\frac{1-\mathrm{j}2}{1-\mathrm{j}} \times \left(-\frac{5}{2} + \mathrm{j}\frac{5}{2}\right) = \frac{5}{2} - \mathrm{j}5 \mathrm{V}$$

$$\dot{U}_Z = \dot{U}_Z^{(1)} + \dot{U}_Z^{(2)} = (-5 + \mathrm{j}5) + \left(\frac{5}{2} - \mathrm{j}5\right) = -\frac{5}{2} \mathrm{V}$$

$$Z = \frac{\dot{U}_Z}{\dot{I}} = \frac{-\dfrac{5}{2}}{-\dfrac{5}{2} + \mathrm{j}\dfrac{5}{2}} = \frac{1}{1-\mathrm{j}} = \frac{1+\mathrm{j}}{2} = \frac{\sqrt{2}}{2} \angle 45° \Omega$$

解 3 利用电路对称性，假设电桥对臂中电流相等（图 6-26）。

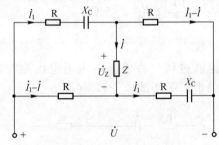

图 6-26 例 8 电桥求解电路图

$$\dot{U} = 10 \mathrm{V}$$

$$\dot{I} = -\frac{5}{2} + \mathrm{j}\frac{5}{2} \mathrm{A}$$

由 $(R + \mathrm{j}X_C)\dot{I}_1 + R(\dot{I}_1 - \dot{I}) = \dot{U}$

得 $(2R + \mathrm{j}X_C)\dot{I}_1 = \dot{U} + R\dot{I}$

即

$$\dot{I}_1 = \frac{\dot{U} + R\dot{I}}{2R + \mathrm{j}X_C} = \frac{10 - \dfrac{5}{2} + \mathrm{j}\dfrac{5}{2}}{2 - \mathrm{j}2} = \frac{\dfrac{15}{2} + \mathrm{j}\dfrac{5}{2}}{2 - \mathrm{j}2} = \frac{15 + \mathrm{j}5}{4 - \mathrm{j}4} \mathrm{A}$$

求得

$$\dot{U}_Z = -\dot{I}_1(R + jX_C) + R(\dot{I}_1 - \dot{I}) = -jX_C\dot{I}_1 - R\dot{I}$$

$$= j2 \times \frac{15 + j5}{4 - j4} - \left(-\frac{5}{2} + j\frac{5}{2}\right) = -\frac{5}{2}V$$

$$Z = \frac{\dot{U}_Z}{\dot{I}} = \frac{-\frac{5}{2}}{-\frac{5}{2} + j\frac{5}{2}} = \frac{1}{1-j} = \frac{1+j}{2} = \frac{\sqrt{2}}{2}\angle 45°\Omega$$

例 9 在图 6-27 所示正弦电流电路中，已知 $u_s = 300\cos 100t\text{V}$，$R_1 = R_4 = 6\Omega$，$L_1 = 0.02\text{H}$，$L_2 = 0.05\text{H}$，$C_3 = C_4 = 5000\mu\text{F}$。

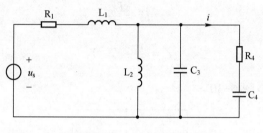

图 6-27 例 9 图

（1）试用诺顿定理求图中电流 i 的瞬时值表达式；
（2）若要使得无论负载 R_4，C_4 怎样改变，电流 i 的瞬时值表达式均保持不变，R_1，L_1 应取何值？
（3）若要使得电流 i 与电压源电压 u_s 同相位，L_2 应取何值？

解 画出与原图对应的相量计算电路图 6-28。

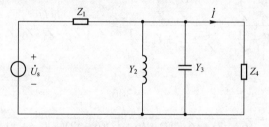

图 6-28 例 9 相量电路图

图中

$$\dot{U}_s = \frac{300}{\sqrt{2}} = \angle 0°\text{V}$$

$$Z_1 = R_1 + j\omega L_1 = 6 + j100 \times 0.02 = 6 + j2\Omega$$

$$Y_2 = -j\frac{1}{\omega L_2} = -j0.2\text{S}$$

$$Y_3 = j\omega C_3 = j0.5\text{S}$$

$$Z_4 = R_4 - j\frac{1}{\omega C_4} = 6 - j2\Omega$$

（1）利用诺顿定理求 $\dot{I}_{sc}$、Y_i，见图 6-29。

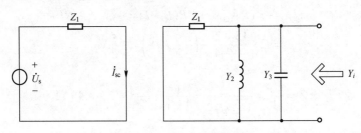

图 6-29 例 9 诺顿求解图

$$\dot{I}_{sc} = \frac{\dot{U}_s}{Z_1}$$

$$Y_i = \frac{1}{Z_1} + Y_2 + Y_3$$

画出诺顿等效电路图 6-30。

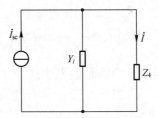

图 6-30 例 9 诺顿等效电路图

$$\dot{I} = \frac{\dot{I}_{sc} \cdot \frac{1}{Z_4}}{Y_i + \frac{1}{Z_4}} = \frac{\frac{\dot{U}_s}{Z_1} \cdot \frac{1}{Z_4}}{\frac{1}{Z_1} + Y_2 + Y_3 + \frac{1}{Z_4}} = \frac{\dot{U}_s}{Z_1 + Z_4 + Z_1 \cdot Z_4(Y_2 + Y_3)}$$

代入数据

$$\dot{I} = \frac{\frac{300}{\sqrt{2}}}{(6+j2)+(6-j2)+(6+j2)(6-j2)(-j0.2+j0.5)}$$

$$= \frac{\frac{300}{\sqrt{2}}}{12 + 40 \times j0.3} = \frac{\frac{300}{\sqrt{2}}}{12 + j12} = \frac{17.68}{\sqrt{2}} \angle -45° \text{A}$$

所求 $i = 17.68\cos(100t - 45°)$ A

（2）欲使 i 的瞬时值表达式不变，即使得 $\dot{I}$ 不变，应有

$Y_i = \frac{1}{Z_1} + Y_2 + Y_3 = 0$，而 $\dot{I} \equiv \dot{I}_{sc}$

由

$$Y_i = \frac{1}{Z_1} + Y_2 + Y_3 = \frac{1}{R_1 + j\omega L_1} - j0.2 + j0.5 = \frac{R_1}{R_1^2 + \omega^2 L_1^2} - j\frac{\omega L_1}{R_1^2 + \omega^2 L_1^2} + j0.3 = 0$$

得 $R_1 = 0$

$$\frac{1}{\omega L_1} = 0.3, \quad L_1 = \frac{1}{0.3\omega} = \frac{1}{30} = 0.33\text{H}$$

（3）由前面导出

$$\dot{I} = \frac{\dot{U}_s}{12 + 40(Y_2 + Y_3)} (Z_1 + Z_4 = 12, Z_1 \cdot Z_4 = 40)$$

欲使 i 与 u_s 同相位，即应使 $\dot{I}$ 与 $\dot{U}_s$ 同相位，应有

$$Y_2 + Y_3 = -\text{j}\frac{1}{\omega L_2} + \text{j}\omega C_3 = 0$$

$$L_2 = \frac{1}{\omega^2 C_3} = \frac{1}{10^4 \times 5000 \times 10^{-6}} = \frac{1}{50} = 0.02\text{H}$$

例10 已知图 6-31 所示电路，接于正弦交流电源，电源频率 $f = 50\text{Hz}$，图中功率表读数为720W，功率因数表读数为 $\cos\phi = 0.8$（感性），安培表读数为13A，且已知 $R = 5\Omega$。

（1）求 $\dot{U}$，$\dot{U}_1$，$\dot{I}$，$\dot{I}_1$，$\dot{I}_2$（参考相量自选）；
（2）求 L，C 之值；
（3）定性画出包含图中各电压、电流的相量图。

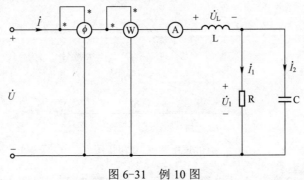

图 6-31 例 10 图

解 图中 R，L，C 三个元件之中，仅有 R 吸收有功功率。

由 $P = \dfrac{U_1^2}{R}$ $U_1 = \sqrt{P \cdot R} = \sqrt{720 \times 5} = 60\text{V}$

令 $\dot{U}_1 = 60\angle 0°\text{V}$ （参考相量）

$$\dot{I}_1 = \frac{\dot{U}_1}{R} = \frac{60\angle 0°}{5} = 12\angle 0°\text{A}$$

$\dot{I}_1$ 与 $\dot{I}_2$ 相互垂直，

$$I_2 = \sqrt{I^2 - I_1^2} = \sqrt{13^2 - 12^2} = 5\text{A}$$

$\therefore \dot{I}_2 = \text{j}5\text{A}$ （$\dot{I}_2$ 超前 $\dot{U}_1$ 90°）

$\because I_2 = \omega C U_1$

$\therefore C = \dfrac{I_2}{\omega U_1} = \dfrac{I_2}{2\pi f U_1} = \dfrac{5}{100\pi \times 60} = 265.3 \times 10^{-6}\text{F} = 265.3\mu\text{F}$

$$\dot{I} = \dot{I}_1 + \dot{I}_2 = 12 + j5 = 13\angle 22.62°\text{A}$$

整个电路吸收无功功率

$$Q = P\tan\phi = 720\tan(\arccos 0.8) = 540\,\text{var}$$

电容吸收无功功率

$$Q_C = -U_1 I_2 = -60 \times 5 = -300\,\text{var}$$

根据无功功率守恒，电感吸收无功功率：

$$Q_L = Q - Q_C = 540 - (-300)\,\text{var} = 840\,\text{var}$$

由 $Q_L = \omega L I^2$

$$L = \frac{Q_L}{\omega I^2} = \frac{840}{100\pi \times 13^2} = 0.0158\text{H} = 15.8\text{mH}$$

由于 $P = UI\cos\phi$ 以及 $\dot{U}$ 超前 $\dot{I}\phi$ 角，有

$$\dot{U} = \frac{P}{I\cos\phi}\angle(22.62° + \phi) = \frac{720}{13\times 0.8}\angle(22.62° + 36.87°)$$

得 $\dot{U} = 69.23\angle 59.49°\text{V}$

定性画出相量图如图 6-32 所示。

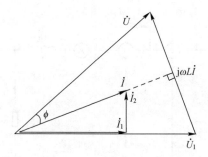

图 6-32 例 10 相量图

例 11 在图 6-33 所示正弦电流电路中，已知安培表 A_1，A_2，A_3 的读数分别为 5A、5A、3A，整个电路吸收的无功功率 $Q = 96\,\text{var}$，试求：

（1）安培表 A_4，A_5 和电压表 V 的读数；

（2）R，X_L，X_C 之值。

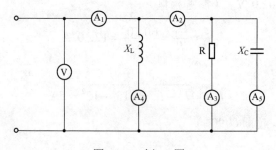

图 6-33 例 11 图

解 画出相量计算电路，并令 $\dot{U}$ 为参考相量，画出电压、电流的相量图（图 6-34）：

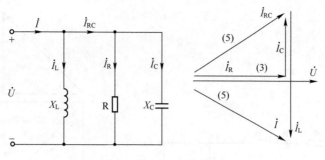

图 6-34 例 11 相量图

（1）利用相量图，

安培表 A_5 的读数为

$$A_5 = I_C = \sqrt{I_{RC}^2 - I_R^2} = \sqrt{5^2 - 3^2} = 4A$$

安培表 A_4 的读数为

$$A_4 = I_L = I_C + \sqrt{I^2 - I_R^2} = 4 + \sqrt{5^2 - 3^2} = 8A$$

$$\therefore Q = UI_L - UI_C = U(I_L - I_C)$$

电压表 V 读数为

$$V = \frac{Q}{I_L - I_C} = \frac{96}{8-4} = 24V$$

（2）

$$R = \frac{U}{I_R} = \frac{24}{3} = 8\Omega$$

$$X_L = \frac{U}{I_L} = \frac{24}{8} = 3\Omega$$

$$X_C = -\frac{U}{I_C} = -\frac{24}{4} = -6\Omega$$

例 12 在图 6-35 所示正弦电流电路中，已知 $R_1 = X_L$，$R_2 = -X_C$，$\dot{U}_{AD}$ 与 $\dot{U}_{AB}$ 相同，试求：

（1）$\dfrac{\dot{U}_{AC}}{\dot{U}_{CD}}$；（2）$\dfrac{\dot{U}_{BC}}{\dot{U}_{AD}}$；（3）$\dfrac{R_2}{R_1}$。

解 用位形图求解。

为了说明作图步骤，将作图的顺序编号也加标在位形图的对应矢线之上（图 6-36）。

① 令 $\dot{U}_{CD} = U_{CD} \angle 0°$ 作为参考相量，将线段 CD 画在水平方向上，相应的 $\overline{CD}$ 应指向纸面右方。

② $\dot{I}_1$ 是流过电阻 R_2 的电流，因此 $\dot{I}_1$ 与 $\dot{U}_{CD}$ 同相。

③ $\dot{I}_2$ 是流过电容的电流，$\dot{I}_2$ 超前电压 $\dot{U}_{CD}$ 90°，$\dot{I}_2$ 相量垂直于线段 CD，且指向上方。

$$\therefore I_1 = \frac{U_{CD}}{R_2} \quad I_2 = \frac{U_{CD}}{-X_C} \quad \text{而 } R_2 = -X_C$$

$$\therefore I_1 = I_2$$

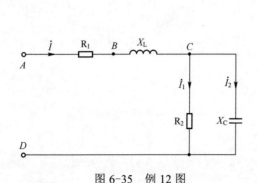
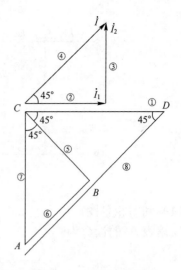

图 6-35 例 12 图　　　　　图 6-36 例 12 位形图

④ $\dot{I}_1 + \dot{I}_2 = \dot{I}$，$\dot{I}$ 是 $\dot{I}_1$ 与 $\dot{I}_2$ 构成的矢线链的封闭边，$\dot{I}_1$，$\dot{I}_2$ 与 $\dot{I}$ 构成一等腰直角三角形，$\dot{I}$ 与 $\dot{I}_1$ 的夹角为 45°。

⑤ $\dot{I}$ 是流过电感的电流，$\dot{U}_{BC}$ 是电感两端电压。$\dot{U}_{BC}$ 应超前 $\dot{I}$ 90°。因此，BC 与 $\dot{I}$ 垂直，且 B 在 $\dot{I}$ 矢线的右下方，$\angle BCD = 45°$。

⑥ 观察电阻 R_1，$\dot{U}_{AB}$ 与 $\dot{I}$ 同相，因此 $AB \perp BC$，且 A 点在 BC 线段左下方。

∵ $U_{AB} = R_1 I$，$U_{BC} = X_L I$，而 $R_1 = X_L$

∴ $AB = BC$，△ABC 是等腰直角三角形，$\angle ACB = 45°$

⑦ $\dot{U}_{AC} = \dot{U}_{AB} + \dot{U}_{BC}$，$\overrightarrow{AC}$ 表示电压 $\dot{U}_{AC}$。画出 AC 线段，将 △ABC 封闭。

⑧ 题设 $\dot{U}_{AD}$ 与 $\dot{U}_{AB}$ 同相，且 $\dot{U}_{AC} + \dot{U}_{CD} = \dot{U}_{AD}$，知 D 点是 AB 的延长线与 CD 的交点。

∵ $\angle ACD = \angle ACB + \angle BCD = 45° + 45° = 90°$

△ACD 也是一个等腰直角三角形。

由位形图易知 $\dfrac{\dot{U}_{AC}}{\dot{U}_{CD}} = \text{j}$

即 $U_{AC} = U_{CD}$，且 $\dot{U}_{AC}$ 超前 $\dot{U}_{CD}$ 90°。

$$\dfrac{\dot{U}_{BC}}{\dot{U}_{AD}} = \text{j}0.5$$

此外 $\dfrac{R_2}{R_1} = \dfrac{U_{CD}}{I_1} \times \dfrac{I}{U_{AB}} = \dfrac{U_{CD}}{U_{AB}} \cdot \dfrac{I}{I_1} = \sqrt{2} \cdot \sqrt{2} = 2$

注意，位形图是一种特殊形式的电压相量图，在位形图中，电压相量对应矢量一般无需加标表示方向的箭头。但作为辅助矢量出现在位形图中的电流相量，其对应矢量应当加标箭头。

同一道题目，由于解题者选的参考相量不同，画出的位形图就不同。例如本题，也可选 $\dot{U}_{AD}$ 作为参考相量，则位形图为图 6-37 的样子。

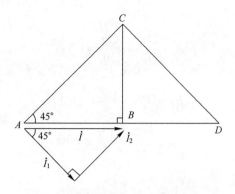

图 6-37 例 12 位形图

例 13 在图 6-38 所示的正弦电流电路中，已知 $I_1=I_2$，$I_3=I_4$，$U_{AB}=U_{BD}=U_{CD}$，$I=10\text{A}$，$U_{BC}=100\text{V}$，求元件参数 R_1，R_2，X_{L1} 及 X_C。

解 画出位形图，如图 6-39 所示。

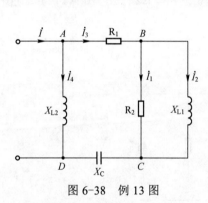

图 6-38 例 13 图

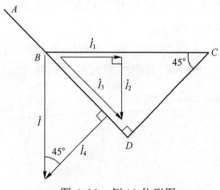

图 6-39 例 13 位形图

关于位形图的画法可简单说明一下。

$\dot{I}_1$ 与 $\dot{U}_{BC}$ 同相，$\dot{I}_2$ 滞后 $\dot{U}_{BC}$ 90°，又 $I_1=I_2$，$\dot{I}_1+\dot{I}_2=\dot{I}_3$，因此 $\dot{I}_1$，$\dot{I}_2$，$\dot{I}_3$ 构成一个直角三角形。

$\dot{U}_{CD}$ 滞后 $\dot{I}_3$ 90°，又 $U_{CD}=U_{BD}$，因此 △BCD 也是一个等腰直角三角形，从而断定 $\dot{I}_3$ 与 $\dot{U}_{BD}$ 同相。

D 点位置已定，而 $\dot{U}_{AB}$ 也与 $\dot{I}_3$ 同相，因此 A 点在 DB 的延长线上，且题设 $U_{AB}=U_{BD}$。因为 $\dot{I}_4$ 滞后 $\dot{U}_{AB}$ 90°，及 $I_3=I_4$，$\dot{I}_3+\dot{I}_4=\dot{I}$，

故 $\dot{I}_3$，$\dot{I}_4$，$\dot{I}$ 也构成一个等腰直角三角形。

由位形图：

$$U_{AB}=U_{BD}=U_{CD}=\frac{U_{BC}}{\sqrt{2}}=\frac{100}{\sqrt{2}}\text{V}$$

$$I_3=I_4=\frac{I}{\sqrt{2}}=\frac{10}{\sqrt{2}}\text{A}$$

$$I_1=I_2=\frac{I_3}{\sqrt{2}}=5\text{A}$$

则
$$R_1 = \frac{U_{AB}}{I_3} = \frac{\frac{100}{\sqrt{2}}}{\frac{10}{\sqrt{2}}} = 10\Omega$$

$$R_2 = \frac{U_{BC}}{I_1} = \frac{100}{5} = 20\Omega$$

$$X_{L1} = \frac{U_{BC}}{I_2} = \frac{100}{5} = 20\Omega$$

$$X_{L2} = \frac{U_{AD}}{I_4} = \frac{U_{AB} + U_{BD}}{I_4} = \frac{\frac{200}{\sqrt{2}}}{\frac{10}{\sqrt{2}}} = 20\Omega$$

$$X_C = -\frac{U_{CD}}{I_3} = -\frac{\frac{100}{\sqrt{2}}}{\frac{10}{\sqrt{2}}} = -10\Omega$$

例 14 在图 6-40 中，已知 $u_s(t) = 10\sqrt{2}\cos 100t\,\text{V}$，$R_1 = 1\Omega$，$R_2 = 0.5\Omega$，$L = 0.01\text{H}$，$C = 0.01\text{F}$，试求：

（1）负载 Z_L 获得最大有功功率时的 Z_L 值；
（2）负载 Z_L 获得的最大有功功率 $P_{\max}$ 之值。

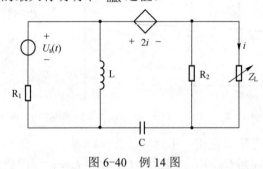

图 6-40　例 14 图

解
$$\dot{U}_s = 10\angle 0°\text{V}$$
$$X_L = \omega L = 100 \times 0.01 = 1\Omega$$
$$X_C = -\frac{1}{\omega C} = -\frac{1}{100 \times 0.01} = -1\Omega$$

将 Z_L 视为外电路，运用戴维南定理，根据电路特点拟用开路—短路法求戴维南等效电路的等效阻抗 Z_i。注意将 Z_L 开路时，$i = 0$；而将 Z_L 短路时，i 就是短路电流 i_{sc}。

根据图 6-41，求 Z_L 支路的开路电压 $\dot{U}_{oc}$。

$$\dot{U}_{oc} = \frac{R_2}{R_2 + jX_C}\dot{U}_{AB} = \frac{R_2}{R_2 + jX_C} \times \frac{\frac{\dot{U}_s}{R_1}}{\frac{1}{R_1} + \frac{1}{jX_L} + \frac{1}{R_2 + jX_C}}$$

$$= \frac{0.5}{0.5 - j} \times \frac{10}{1 - j + \frac{1}{0.5 - j}} = 1 + j3\,\text{V}$$

由图 6-42 求 Z_L 支路的短路电流 $\dot{I}_{sc}$。

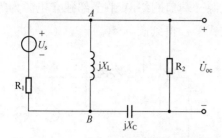

图 6-41　例 14 求解开路电压图

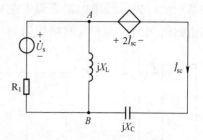

图 6-42　例 14 求解短路电流图

$$\dot{U}_{AB} = 2\dot{I}_{sc} + jX_C \cdot \dot{I}_{sc} = \frac{\dfrac{\dot{U}_s}{R_1} - \dot{I}_{sc}}{\dfrac{1}{R_1} + \dfrac{1}{jX_L}}$$

即 $2\dot{I}_{sc} - j\dot{I}_{sc} = \dfrac{10 - \dot{I}_{sc}}{1-j}$

解出 $\dot{I}_{sc} = \dfrac{10}{2-j3}$ A

则 $Z_i = \dfrac{\dot{U}_{oc}}{\dot{I}_{sc}} = \dfrac{1+j3}{\dfrac{10}{2-j3}} = 1.1 + j0.3\,\Omega$

得戴维南等效电路如图 6-43 所示。

当 Z_L 获得最大有功功率时，有

$$Z_L = 1.1 - j0.3 = 1.14\angle -15.26°\,\Omega$$

Z_L 获得的最大有功功率为

$$P_{\max} = \frac{U_{oc}^2}{4R_i} = \frac{1^2 + 3^2}{4 \times 1.1} = 2.27\,\text{W}$$

例 15　图 6-44 所示为一正弦电流电路，其中 A 为含源一端口网络。已知 $\dot{I}_s = 1\angle 0°$ A，$X_L = 1\,\Omega$，$X_C = -1\,\Omega$，功率表读数为 2W，电压表读数为 2.236V。且已知，若令 A 中全部独立电源为零，则功率表读数变为 1W，电压表读数变为 1.414V。试求含源一端口网络 A 的诺顿等效电路。

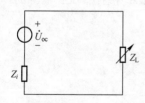

图 6-43　例 14 戴维南等效电路图

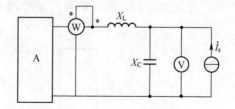

图 6-44　例 15 图

解　画出题图对应的相量计算图，如图 6-45 所示。

对图 6-45 运用叠加定理：

第一步：先单独考虑电流源 $\dot{I}_s$ 的作用，令含源一端口网络 A 中全部独立电源为零，并将由此得到的无源一端网络用等效导纳 Y_i 等效代替，得到图 6-46。

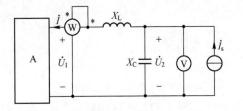

图 6-45 例 15 相量计算图

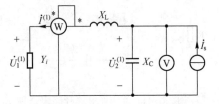

图 6-46 例 15 $\dot{I}_s$ 单独作用图

由图 6-46，注意已知 $X_L = 1\Omega$，$X_C = -1\Omega$，$\dot{I}_s = 1\angle 0°\text{A}$，

$$\dot{I}^{(1)} = \frac{jX_C \dot{I}_s}{jX_C + jX_L + \frac{1}{Y_i}} = \frac{-j\dot{I}_s}{-j + j + \frac{1}{Y_i}} = -jY_i$$

$$\dot{U}_1^{(1)} = \frac{\dot{I}^{(1)}}{Y_i} = \frac{-jY_i}{Y_i} = -j$$

相应图 6-46，题设功率表的读数为 1W，电压表的读数为 1.414V。

由功率表的读数 $W = U_1^{(1)2} |Y_i|$

得 $|Y_i| = \dfrac{W}{U_1^{(1)2}} = \dfrac{1}{1^2} = 1\text{S}$

令 $Y_i = \angle \phi_Y$

则 $\dot{U}_2^{(1)} = jX_C(-\dot{I}^{(1)} + \dot{I}_s) = -j(jY_i + 1) = Y_i - j = \angle\phi_Y - j = \cos\phi_Y + j(\sin\phi_Y - 1)$

由电压表读数

$$V = U_2^{(1)} = \sqrt{\cos^2\phi_Y + (\sin\phi_Y - 1)^2} = \sqrt{2 - 2\sin\phi_Y} = 1.414\text{V}$$

得 $\sin\phi_Y = 0$ $\phi_Y = 0$

于是 $Y_i = \angle\phi_Y = \angle 0° = 1\text{S}$

$$\dot{I}^{(1)} = -jY_i = -j\text{A}$$
$$\dot{U}_2^{(1)} = Y_i - j = 1 - j\text{V}$$

第二步：将电流源 $\dot{I}_s$ 开路，单独考虑含源一端口网络 A 中全部独立电源的作用，得图 6-47。

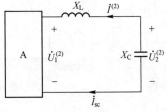

图 6-47 例 15 网络 A 中电源单独作用图

注意到：
$$\dot{U}_1^{(2)} = -\dot{I}^{(2)}(jX_L + jX_C) = -\dot{I}^{(2)}(j-j) = 0V$$

这相当于含源一端口网络 A 端口处短路。如果设含源一端口网络 A 端口处的短路电流为 $\dot{I}_{sc}$，则有

$$\dot{I}_{sc} = I_{sc}\angle\varphi_i = -\dot{I}^{(2)}$$
$$\dot{U}_2^{(2)} = jX_C\dot{I}_{sc} = -j\dot{I}_{sc} = I_{sc}\angle(\varphi_i - 90°)$$

根据叠加定理，得

$$\dot{U}_1 = \dot{U}_1^{(1)} + \dot{U}_1^{(2)} = -j + 0 = -jV$$
$$\dot{I} = \dot{I}^{(1)} + \dot{I}^{(2)} = -j - I_{sc}\angle\varphi_i$$
$$= -I_{sc}\cos\varphi_i - j(1 + I_{sc}\sin\varphi_i)$$
$$\dot{U}_2 = \dot{U}_2^{(1)} + \dot{U}_2^{(2)} = 1 - j + I_{sc}\angle(\varphi_i - 90°)$$
$$= 1 + I_{sc}\sin\varphi_i - j(1 + I_{sc}\cos\varphi_i)$$

相应图 6-45，题设功率表读数为 2W，电压表读数为 2.236V，由图 6-45 中功率表读数

$$W = \text{Re}\{(-j)[-I_{sc}\cos\varphi_i + j(1 + I_{sc}\sin\varphi_i)]\}$$
$$= 1 + I_{sc}\sin\varphi_i = 2$$

得
$$I_{sc}\sin\varphi_i = 1$$
$$\dot{U}_2 = 2 - j(1 + I_{sc}\cos\varphi_i)$$

由图 6-45 中电压表
$$V = U_2 = \sqrt{2^2 + (1 + I_{sc}\cos\varphi_i)^2} = 2.236$$
$$1 + I_{sc}\cos\varphi_i = \sqrt{2.236^2 - 2^2} = 1$$

得
$$I_{sc}\cos\varphi_i = 0$$
$$\dot{I}_{sc} = I_{sc}\angle\varphi_i = I_{sc}\cos\varphi_i + jI_{sc}\sin\varphi_i = j = \angle 90°\text{A}$$

画出所求含源一端口网络 A 的诺顿等效电路图 6-48。

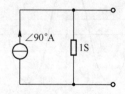

图 6-48　例 15 诺顿等效电路图

例 16　电压或电流的瞬时表达式如下：
（1）$u(t) = 30\cos(314t + 60°)\text{V}$
（2）$i(t) = 10\cos(3140t - 120°)\text{A}$
（3）$u(t) = 15\cos(628t + 90°)\text{V}$

试分别画出其波形，指出其振幅、频率和初相角。

解 （1） $u(t) = 30\cos(314t + 60°)\text{V}$

振幅 $U_\text{m} = 30\text{V}$

频率 $f = \dfrac{314}{2\pi} = 50\text{Hz}$

初相位 $\varphi_u = 60°$

波形为题解图 6-49（a）所示。

（2） $i(t) = 10\cos(3140t - 120°)\text{A}$

振幅 $I_\text{m} = 10\text{A}$

频率 $f = \dfrac{3140}{2\pi} = 500\text{Hz}$

初相位 $\varphi_i = -120°$

波形为题解图 6-49（b）所示。

（3） $u(t) = 15\cos(628t + 90°)\text{V}$

振幅 $U_\text{m} = 15\text{V}$

频率 $f = 628 = 100\text{Hz}$

初相位 $\varphi_u = 90°$

波形为题解图 6-49（c）所示。

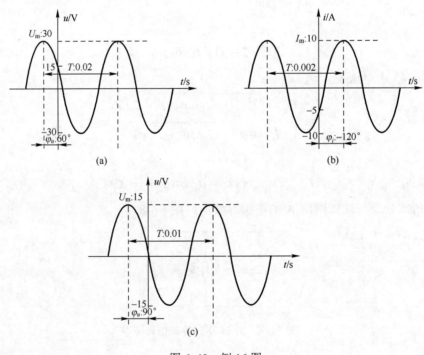

图 6-49　例 16 图

例 17　正弦电流的振幅 $I_\text{m} = 8\text{mA}$，角频率 $\omega = 10^3\text{rad}/\text{s}$，初相角 $\varphi = 45°$。写出其瞬时表达式，求电流的有效值。

解　$I_\text{m} = 8\text{mA}$，$\omega = 10^3\text{rad}/\text{s}$，$\varphi = 45°$

$$i(t) = 8\cos(1000t + 45°)\text{mA}$$
$$I = \frac{I_m}{\sqrt{2}} = 4\sqrt{2}\text{mA}$$

例 18 试计算图 6-50 所示周期电压及电流的有效值。

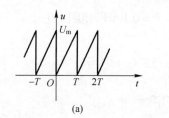
(a)

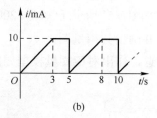
(b)

图 6-50 例 18 图

解 根据有效值的定义，有

(a) $U = \sqrt{\dfrac{1}{T}\int_0^T u^2 \mathrm{d}t} = \sqrt{\dfrac{1}{T}\int_0^T \left(\dfrac{U_m}{T}t\right)^2 \mathrm{d}t} = \dfrac{\sqrt{3}}{3}U_m$

(b) $I = \sqrt{\dfrac{1}{T}\int_0^T i^2 \mathrm{d}t} = \sqrt{\dfrac{1}{5}\left(\int_0^3 \left(\dfrac{10}{3}t\right)^2 \mathrm{d}t + \int_3^5 10^2 \mathrm{d}t\right)} = 10\dfrac{\sqrt{15}}{5} = 2\sqrt{15} = 7.75\text{mA}$

例 19 求下列正弦量的相量。

（1）$u(t) = 150\sqrt{2}\cos(314t - 45°)\text{V}$

（2）$i(t) = 14.14\cos(1000t + 60°)\text{A}$

（3）$i(t) = 5\sqrt{2}\cos(314t + 36.9°) + 10\sqrt{2}\cos(314t - 53.1°)\text{A}$

（4）$u(t) = 300\sqrt{2}\cos(100t + 45°) + 100\sqrt{2}\cos(100t - 45°)\text{V}$

解 （1）$\dot{U} = 150\angle-45°\text{V}$

（2）$\dot{I} = 10\angle 60°\text{A}$

（3）$\dot{I} = 5\angle 36.9° + 10\angle-53.1°$
　　$= (4 + j3) + (6 - j8)$
　　$= (10 - 5j)$
　　$= 11.18\angle-26.6°\text{A}$

（4）$\dot{U} = 300\angle 45° + 100\angle-45°$
　　$= (212 + j212) + (70.7 - j70.7)$
　　$= (282.7 + 141.3j)$
　　$= 316\angle 26.56°\text{V}$

例 20 已知电流相量 $\dot{I}_1 = 6 + j8\text{ A}$，$\dot{I}_2 = -6 + j8\text{ A}$，$\dot{I}_3 = -6 - j8\text{ A}$，$\dot{I}_4 = 6 - j8\text{ A}$。试写出其极坐标形式和对应的瞬时值表达式（设角频率为 ω）。

解 （1）极坐标形式：$\dot{I}_1 = 6 + j8\text{A} = 10\angle 53.1°\text{A}$

瞬时值表达式：$i_1(t) = 10\sqrt{2}\cos(\omega t + 53.1°)\text{A}$

（2）极坐标形式：$\dot{I}_2 = -6 + j8\text{A} = 10\angle 126.9°\text{A}$

瞬时值表达式：$i_2(t) = 10\sqrt{2}\cos(\omega t + 126.9°)\text{A}$

（3）极坐标形式：$\dot{I}_3 = -6 - j8\text{A} = 10\angle -126.9°\text{A}$

瞬时值表达式：$i_3(t) = 10\sqrt{2}\cos(\omega t - 126.9°)\text{A}$

（4）极坐标形式：$\dot{I}_4 = 6 - j8\text{A} = 10\angle -53.1°\text{A}$

瞬时值表达式：$i_4(t) = 10\sqrt{2}\cos(\omega t - 53.1°)\text{A}$

例 21 电路如图 6-51 所示，已知 $R = 200\Omega$，$L = 0.1\text{mH}$，电阻上电压 $u_R = \sqrt{2}\cos 10^6 t(\text{V})$，求电源电压 u_s，并画出其相量图。

解 根据题意，作出对应相量模型如图 6-52（a）所示。

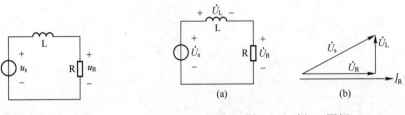

图 6-51 例 21 图　　图 6-52 例 21 图解

$$\omega = 10^6 \text{rad}/\text{s}$$

$$\dot{U}_R = 1\angle 0°\text{V},\ \dot{I} = \frac{\dot{U}_R}{R} = \frac{1}{200}\angle 0°\text{V}$$

$$\dot{U}_s = (R + jX_L)\dot{I} = (200 + j10^6 \times 0.1 \times 10^{-3}) \times \frac{1}{200}\angle 0° = 1 + j0.5\text{V} = 1.12\angle 26.6°\text{V}$$

$$u_s(t) = 1.12\sqrt{2}\cos(10^6 t + 26.6°) = 1.58\cos(10^6 t + 26.6°)\text{V}$$

据此描绘出电流相量如图 6-52（b）所示。

例 22 如图 6-53 所示，已知 $R = 10\text{k}\Omega$，$C = 0.2\mu\text{F}$，$i_C = \sqrt{2}\cos(10^6 t + 30°)\text{mA}$，试求电流源电流 i_s，并画出其相量图。

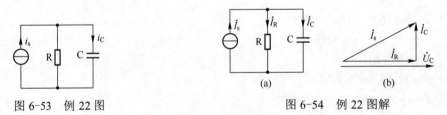

图 6-53 例 22 图　　图 6-54 例 22 图解

解 作出对应的相量模型如图 6-54（a）所示。

$$\omega = 10^6 \text{rad}/\text{s}$$

$$\dot{I}_C = 1\angle 30°\text{mA}$$

根据 KCL 及欧姆定律，有

$$\dot{I}_s = \dot{I}_C + \frac{-jX_C \dot{I}_C}{R}$$

$$= \left(1 - j\frac{1}{10\times 10^3 \times 10^6 \times 0.2 \times 10^{-6}}\right)\dot{I}_C$$

$$= (1 - j0.0005)\times 1\angle 30° = 1\angle 29.9°\text{mA}$$

$$i_s(t) = 1\cos(10^6 t + 29.9°)\text{mA}$$

据此描绘出电流相量图如图 6-54（b）所示。

例 23 图 6-55 所示电路中已知 $i_s = 10\sqrt{2}\cos(2t - 36.9°)$ A，$u = 50\sqrt{2}\cos 2t$ V。试确定 R 和 L 之值。

解 作出对应的相量模型如图 6-56 所示。

图 6-55 例 23 图

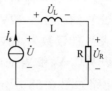

图 6-56 例 23 图解

$$\omega = 2\text{rad/s}$$
$$\dot{I}_s = 10\angle -36.9°\text{A}$$
$$\dot{U} = 50\angle 0°\text{V}$$
$$Z = \frac{\dot{U}}{\dot{I}_s} = 5\angle 36.9°\Omega$$
$$Z = R + j\omega L$$
$$|Z| = \sqrt{R^2 + (\omega L)^2} = 5$$
$$\tan 36.9° = \frac{\omega L}{R} = \frac{3}{4}$$

解得：
$$L = 1.5\text{H}$$
$$R = 4\Omega$$

例 24 已知图 6-57（a）、（b）中电压表 V_1 的读数为 30V，V_2 的读数为 60V；图（c）中电压表 V_1、V_2 和 V_3 的读数分别为 15V、80V 和 100V。

（1）求 3 个电路端电压的有效值 U 各为多少（各表读数表示有效值）；

（2）若外施电压为直流电压（相当于 $\omega = 0$），且等于 12V，再求各表读数。

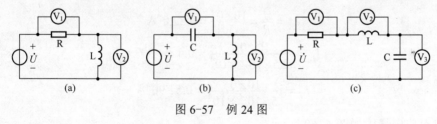

图 6-57 例 24 图

解（1）求解 3 个电路端电压的有效值。

a）由电压三角形，得
$$U = \sqrt{U_R^2 + U_L^2} = \sqrt{30^2 + 60^2} = 67\text{V}$$

b）由电压三角形可得
$$U = \sqrt{(U_C - U_L)^2} = \sqrt{(30-60)^2} = 30\text{V}$$

c）由电压三角形，得
$$U = \sqrt{U_R^2 + (U_C - U_L)^2} = \sqrt{15^2 + (100-80)^2} = 25\text{V}$$

（2）若外施电压为直流电压（相当于 $\omega=0$），且等于12V，再求各表读数。
a）电压表 V_1 的读数为12V，V_2 的读数为0V。
b）电压表 V_1 的读数为12V，V_2 的读数为0V。
c）电压表 V_1、V_2 和 V_3 的读数分别为0V、0V 和12V。

例25 电路如图6-58所示，已知电流表 A_1 的读数为3A、A_2 为4A，求 A 表的读数。若此时电压表读数为100V，求电阻和容抗。

解 根据如图所示的约束关系，有
$$\dot{I} = \dot{I}_R + \dot{I}_C$$
$$I = \sqrt{I_R^2 + I_C^2} = \sqrt{3^2 + 4^2} = 5\text{A}$$
$$R = \frac{U}{I_R} = \frac{100}{3}\Omega$$
$$X_L = \frac{U}{I_C} = \frac{100}{4} = 25\Omega$$

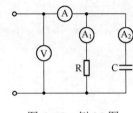

图 6-58 例25图

例26 电路如图6-59所示，已知 $R = 50\Omega$，$L = 2.5\text{mH}$，$C = 5\mu\text{F}$，电源电压 $\dot{U} = 10\angle 0°\text{V}$，角频率 $\omega = 10^4 \text{rad/s}$，求电流 $\dot{I}_R$、$\dot{I}_L$、$\dot{I}_C$ 和 $\dot{I}$，并画出其相量图。

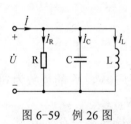

图 6-59 例26图

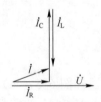

图 6-60 例26图解

解 设 $\dot{U} = 10\angle 0°\text{V}$，则根据两类约束，有
$$\dot{I}_R = \frac{\dot{U}}{R} = \frac{10\angle 0°}{50} = 0.2\angle 0°\text{A}$$
$$\dot{I}_L = \frac{10\angle 0°}{\text{j}2.5\times 10^{-3}\times 10^4} = 0.4\angle -90°\text{A}$$
$$\dot{I}_C = \text{j}\frac{10\angle 0°}{5\times 10^{-6}\times 10^4} = 0.5\angle 90°\text{A}$$

作出对应向量图如图6-60所示。
$$\dot{I} = \dot{I}_R + \dot{I}_L + \dot{I}_C = 0.2 + \text{j}0.5 - \text{j}0.4 = 0.2 + \text{j}0.1 = 0.223\angle 26.6°\text{A}$$

例27 电路如图6-61所示，其端口电压 u 和电流 i 分别有以下3种情况，N 可能是何种元件，并求其参数。

（1）$u = 10\sqrt{2}\sin 5t$ V，$i = \sqrt{2}\cos 5t$ A

（2）$u = 100\cos(10t+45°)$ V，$i = 10\sin(10t+135°)$ A

（3）$u = -10\cos 2t$ V，$i = -2\sin 2t$ A

解 由等效阻抗和导纳的定义，有

（1）
$$\dot{U} = 10\angle -90°\text{V}, \dot{I} = 1\angle 0°\text{A}$$
$$Z = \frac{\dot{U}}{\dot{I}} = 10\angle -90° = -\text{j}10 = -\text{j}\frac{1}{5C}$$
$$\frac{1}{5C} = 10, \quad C = \frac{1}{50}\text{F}$$

即 N 可能为 $C = \frac{1}{50}$ F 的电容元件。

（2）
$$\dot{U} = \frac{100}{\sqrt{2}}\angle 45°\text{V}, \dot{I} = \frac{10}{\sqrt{2}}\angle 45°\text{A}$$
$$Z = \frac{\dot{U}}{\dot{I}} = 10\angle 0° = 10 = R$$
$$R = 10\Omega$$

即 N 可能为 $R = 10\Omega$ 的电阻元件。

（3）$\dot{U} = 10\angle 180°\text{V}, \dot{I} = 2\angle 90°\text{A}$
$$Z = \frac{\dot{U}}{\dot{I}} = 5\angle 90° = \text{j}5 = \text{j}2L$$
$$2L = 5, \quad L = 2.5\text{H}$$

即 N 可能为 $L = 2.5$ H 的电感元件。

例 28 求图 6-62 所示各电路 a、b 间的等效阻抗。

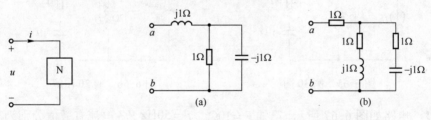

图 6-61 例 27 图   图 6-62 例 28 图

解 （a）$Z = \text{j} + (1 // -\text{j}) = (0.5 + \text{j}0.5)\Omega$

（b）$Z = 1 + (1+\text{j})//(1-\text{j}) = 2\Omega$

例 29 电路如图 6-63 所示，已知 $Y_1 = 0.16 + \text{j}0.12$ S，$Z_2 = 25\Omega$，$Z_3 = 3+\text{j}4\Omega$，电磁式电流表读数为 1A，求电压 $U = ?$

解 作出原图对应的相量模型如图 6-64 所示。

图 6-63 例 29 图   图 6-64 例 29 图解

$$\dot{I}_2 = 1\angle 0°\text{A}$$
$$\dot{U}_2 = Z_2\dot{I}_2 = 25\angle 0°\text{V}$$
$$\dot{I}_3 = \frac{\dot{U}_2}{Z_3} = \frac{25\angle 0°}{5\angle 53.1°} = 5\angle -53.1°\text{A}$$
$$\dot{I} = \dot{I}_2 + \dot{I}_3 = 1 + 3 - \text{j}4 = (4 - \text{j}4)\text{A}$$
$$\dot{U}_1 = \frac{\dot{I}}{Y_1} = \frac{4 - \text{j}4}{0.16 + \text{j}0.12} = \frac{4\sqrt{2}\angle -45°}{0.2\angle 36.9°} = 20\sqrt{2}\angle -81.9° = 4 - \text{j}28\text{V}$$
$$\dot{U} = \dot{U}_1 + \dot{U}_2 = 29 - \text{j}28 = 40.3\angle -44°\text{V}$$

例 30 电路如图 6-65 所示,已知 $\dot{I}_L = 1\angle 0°\text{A}$,求 $\dot{U}_s$。

解 作出原图对应的相量模型如图 6-66 所示。
$$\dot{I}_L = 1\angle 0°\text{A}$$
$$\dot{U}_L = \dot{I}_L\text{j}2 = 2\angle 90°\text{V} = \text{j}2\text{V}$$
$$\dot{I}_2 = \frac{\dot{U}_L}{1 - \text{j}} = \frac{2\angle 90°}{\sqrt{2}\angle -45°} = \sqrt{2}\angle 135° = -1 + \text{j}$$
$$\dot{I} = \dot{I}_L + \dot{I}_2 = 1 - 1 + \text{j} = \text{j}$$
$$\dot{U}_C = \dot{I}(-\text{j}2) = 2\text{V}$$
$$\dot{U}_s = \dot{U}_C + \dot{U}_L = (2 + \text{j}2)\text{V}$$

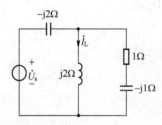

图 6-65 例 30 图

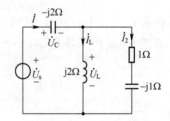

图 6-66 例 30 图解

例 31 电路如图 6-67 所示,已知 $R = 10\Omega$,$f = 50\text{Hz}$,各电流有效值分别为 $I = 4\text{A}$,$I_1 = 3.5\text{A}$,$I_2 = 1\text{A}$,求线圈电阻 R_L 和电感 L。

解 依据题意,绘制电流三角形,如图 6-68 所示。
$$\cos\alpha = \frac{I_2^2 + I_1^2 - I^2}{2I_1I_2} = \frac{1^2 + 3.5^2 - 4^2}{2 \times 3.5 \times 1} = -0.3928$$
$$\alpha = 113.1°$$
$$\beta = 180° - \alpha = 66.86°$$
$$U = RI_1 = 35\text{V}$$

根据题意绘制出电压相量三角形,如图 6-68 所示,有
$$\cos\beta = \frac{U_{R_L}}{U} = 0.393$$
$$U_{R_L} = 13.75\text{V}$$

$$R_L = \frac{U_{R_L}}{I_2} = 13.75\Omega$$

$$U_L = 32.18V$$

$$\omega L = \frac{U_L}{I_2} = 32.18\Omega$$

$$L = \frac{32.18}{2\pi f} = 0.1H$$

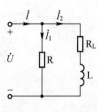

图 6-67　例 31 图

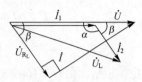

图 6-68　例 31 图解

例 32　电路如图 6-69 所示，已知 $U = 50V$，$I_C = I_R = 5A$，端口电压与电流同相，分别用相量法和作相量图的方法求 I，R，X_L 和 X_C。

解　（1）相量法。

因 $I_C = I_R$，可得 $R = X_C$。

设 $\dot{I}_R = 5\angle 0°A$，则 $\dot{I}_C = 5\angle 90°A$。可得

$$\dot{I} = \dot{I}_R + \dot{I}_C = 5\angle 0° + 5\angle 90° = 5\sqrt{2}\angle 45°A$$

又根据题意，端口电压电流同相位，则

$$\dot{U} = 50\angle 45°V$$

$$|Z| = \frac{U}{I} = 5\sqrt{2}\Omega$$

$$Z = 5\sqrt{2}\angle 0° = jX_L + \frac{R(-jX_C)}{R+(-jX_C)} = \frac{R}{2} + j\left(X_L - \frac{R}{2}\right)$$

$$R = X_C = 10\sqrt{2}\Omega$$

$$X_L = 5\sqrt{2}\Omega$$

（2）作相量图法。

依据题意，绘制该电路各电压电流的相量图，如图 6-70 所示。

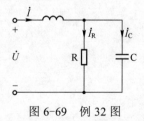

图 6-69　例 32 图

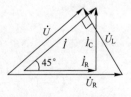

图 6-70　例 32 图解

设 $\dot{I}_R = 5\angle 0°A$ 可得 $\dot{I}_C = 5\angle 90°A$，$\dot{I} = 5\sqrt{2}\angle 45°A$。

又因 $U = 50V$，则 $\dot{U}_R = 50\sqrt{2}\angle 0°V$，$\dot{U}_L = 50\angle 135°V$。

可得：
$$R = X_C = \frac{U_R}{I_R} = 10\sqrt{2}\,\Omega$$
$$X_L = \frac{U_L}{I} = 5\sqrt{2}\,\Omega$$

例33 如图 6-71 所示电路，已知：$U=100\text{V}$，$I=100\text{mA}$，电路吸收功率 $P=6\text{W}$，$X_{L1}=1.25\text{k}\Omega$，$X_C=0.75\text{k}\Omega$。电路呈感性，求 r 和 X_L。

解

$$P = UI\cos\theta_z, \theta_z = \varphi_u - \varphi_i$$
$$\cos\theta_z = \frac{6}{100\times 0.1} = 0.6, \theta_z = 53.1°$$

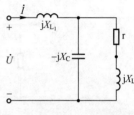

图 6-71 例 33 图

令 $\dot{I}=100\angle 0°\text{mA}$，则 $\dot{U}=100\angle 53.1°\text{V}$

设 $\dot{U}_2$ 为电容 C 两端电压，则
$$\dot{U}_2 = \dot{U} - jX_{L1}\dot{I}$$
$$\dot{U}_2 = 100\angle 53.1° - j1.25\times 100\angle 0°$$
$$\dot{U}_2 = 60 - j45\,\text{V}$$

设电容 C 的电流为 $\dot{I}_1$，方向向下。电感和电阻串联支路的电流为 $\dot{I}_2$，方向向下，则
$$\dot{I}_1 = \frac{\dot{U}_2}{-jX_C} = \frac{60-j45}{-j0.75} = 60+j80\,\text{mA}$$
$$\dot{I}_2 = \dot{I} - \dot{I}_1 = 100 - 60 - j80 = 40 - j80\,\text{mA}$$
$$r + jX_L = \frac{\dot{U}_2}{\dot{I}_2} = \frac{60-j45}{40-j80} = \frac{3}{4} + j\frac{3}{8}\,\text{k}\Omega$$

即
$$r = 750\,\Omega, X_L = \frac{3}{8}\text{k}\Omega = 375\,\Omega$$

例34 如图 6-72 所示电路，已知：$U=10\text{V}$，$\omega=10^4\,\text{rad/s}$，$r=3\text{k}\Omega$。调节电阻器 R，使伏特表指示为最小值，这时 $r_1=900\,\Omega$，$r_2=1600\,\Omega$。求伏特表的读数和电容 C 的值。

解 如图 6-73 所示，标记节点编号，并设定参考节点，则

$$\dot{U}_1 = \frac{\dot{U}(-jX_C)}{r - jX_C}$$

$$\dot{U}_2 = \frac{\dot{U}r_2}{r_1 + r_2}$$

$$\dot{U}_1 - \dot{U}_2 = \frac{\dot{U}(-jX_C)}{r - jX_C} - \frac{\dot{U}r_2}{r_1 + r_2}$$
$$= \dot{U}\left[\left(\frac{r_2}{r_1+r_2} - \frac{X_C^2}{r^2+X_C^2}\right) + \frac{jX_C r}{r^2+X_C^2}\right]$$

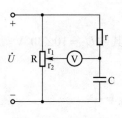
图 6-72 例 34 图

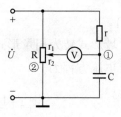
图 6-73 例 34 图解

依据题意,当 $\dfrac{r_2}{r_1+r_2} - \dfrac{X_C^2}{r^2+X_C^2}=0$ 时,电压表数值最小,且此时 $r=3\text{k}\Omega$,$r_1=900\Omega$,$r_2=1600\Omega$,可得

$$X_C = 4\times 10^3 \Omega$$

$$C = \dfrac{1}{X_C \omega} = \dfrac{1}{4\times 10^3 \times 10^4} = 2.5\times 10^{-8}\text{F}$$

此时,有

$$\dot{U}_1 - \dot{U}_2 = \dot{U}\dfrac{\text{j}X_C r}{r^2+X_C^2}$$

则电压表读数为

$$|\dot{U}_1 - \dot{U}_2| = 4.8\text{V}$$

例 35 列出图 6-74 所示电路的回路电流方程。

解 增设受控电流源两端电压为 $\dot{U}$,如图 6-75 所示。回路电流方程为

$$\begin{cases} (R_2 + \text{j}\omega L_1)\dot{I}_1 - R_2 \dot{I}_2 - \dot{U} = 0 \\ -R_2 \dot{I}_1 + (R_1 + R_2 + \text{j}\omega L_2)\dot{I}_2 - \text{j}\omega L_2 \dot{I}_3 = \dot{U}_s \\ -\text{j}\omega L_2 \dot{I}_2 + \left(\text{j}\omega L_2 - \text{j}\dfrac{1}{\omega C}\right)\dot{I}_3 + \dot{U} = 0 \end{cases}$$

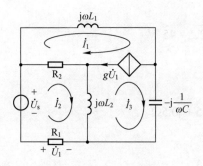
图 6-74 例 35 图

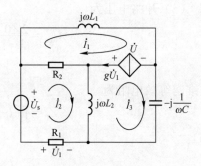
图 6-75 例 35 图解

其中

$$\begin{cases} \dot{U}_1 = -R_1 \dot{I}_2 \\ \dot{I}_1 - \dot{I}_3 = g\dot{U}_1 \end{cases}$$

例 36 列出图 6-76 所示电路的节点电压方程。已知 $u_s = 10\sqrt{2}\cos(t+30°)\text{V}$,

131

$i_s = \sqrt{2}\cos t$(V)。

解 将时域形式转为相量形式,如图 6-77 所示。其中 $\dot{U}_s = 10\angle 30°$V,$\dot{I}_s = 1\angle 0°$A,则电路的节点电压方程为

$$\begin{cases} \left(1+1+\dfrac{1}{j}-\dfrac{1}{j}\right)\dot{U}_A - \left(\dfrac{1}{j}-\dfrac{1}{j}\right)\dot{U}_B = \dfrac{\dot{U}_s}{1} \\ \left(\dfrac{1}{j}-\dfrac{1}{j}-\dfrac{1}{j}\right)\dot{U}_B - \left(\dfrac{1}{j}-\dfrac{1}{j}\right)\dot{U}_A = \dot{I}_s \end{cases}$$

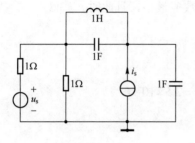 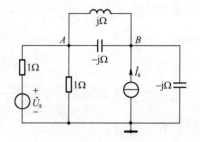

图 6-76 例 36 图   图 6-77 例 36 图解

例 37 求图 6-78 所示一端口的戴维南或诺顿等效电路。

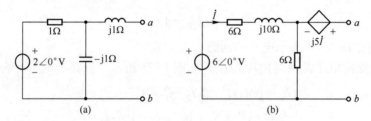

图 6-78 例 37 图

解 (a) 开路电压为

$$\dot{U}_{oc} = \dfrac{2\angle 0°}{1-j}(-j) = \sqrt{2}\angle -45°\text{V}$$

戴维南等效电阻为

$$Z_0 = j+(-j//1) = 0.5+j0.5\Omega$$

(b)

$$\dot{I} = \dfrac{6\angle 0°}{12+j10}\text{A}$$

开路电压为

$$\dot{U}_{oc} = j5\dot{I}+6\dot{I} = (6+j5)\dot{I} = 3\angle 0°\text{V}$$

采用"加压求流"求解戴维南等效电阻,如图 6-79 所示。列出两个回路的 KVL 方程,有

$$\begin{cases} -(6+\text{j}10)\dot{I} = 6(\dot{I}+\dot{I}_X) \\ \dot{U}_X = \text{j}5\dot{I} + 6(\dot{I}+\dot{I}_X) \end{cases}$$

则戴维南等效电阻为：$Z_0 = \dfrac{\dot{U}_X}{\dot{I}_X} = 3\Omega$

例 38 求图 6-80 所示一端口的平均功率、无功功率、视在功率和功率因数。已知 $u = 10\sqrt{2}\cos 314t\text{V}$，$i = 2\sqrt{2}\cos(314t+53.1°)\text{A}$。

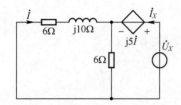

图 6-79　例 37 图解　　　　图 6-80　例 38 图

解 根据平均功率、无功功率、视在功率和功率因数的定义计算。

$$\dot{U} = 10\angle 0°,\ \dot{I} = 2\angle 53.1°,\ \theta = \varphi_u - \varphi_i = -53.1°$$

平均功率：$P = UI\cos\theta = 20\cos(-53.1°) = 12\text{W}$

无功功率：$Q = UI\sin\theta = 20\sin(-53.1°) = -16\text{var}$

视在功率：$S = UI = 20\text{V}\cdot\text{A}$

功率因数：$\lambda = \cos\theta = \cos(-53.1°) = 0.6$

例 39 求图 6-81 所示电路的平均功率、无功功率、视在功率和功率因数。已知 $\dot{U} = 10\angle 0°\text{V}$。

解

$$\dot{I}_1 = \frac{\dot{U}}{R} = \frac{10\angle 0°}{5} = 2\angle 0°\text{A}$$

$$\dot{I}_2 = \frac{\dot{U}}{6+\text{j}8} = \frac{10\angle 0°}{10\angle 53.1°} = 1\angle -53.1°\text{A}$$

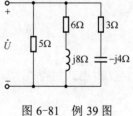

图 6-81　例 39 图

$$\dot{I}_3 = \frac{\dot{U}}{3-\text{j}4} = \frac{10\angle 0°}{5\angle -53.1°} = 2\angle 53.1°\text{A}$$

$$I = \dot{I}_1 + \dot{I}_2 + \dot{I}_3 = 2 + 0.6 - \text{j}0.8 + 1.2 + \text{j}1.6 = 3.8 + \text{j}0.8 = 3.88\angle 11.65°\text{A}$$

平均功率：$P = UI\cos\theta = 10 \times 3.88 \times \cos(-11.6°) = 38\text{W}$

无功功率：$Q = UI\sin\theta = 10 \times 3.88 \times \sin(-11.6°) = -7.8\text{var}$

视在功率：$S = UI = 10 \times 3.88 = 38.8\text{V}\cdot\text{A}$

功率因数：$\lambda = \cos\theta = \cos(-11.6°) = 0.98$

例 40 电路如图 6-82 所示，已知 $P = 880\text{W}$，$Q = 160\text{var}$，$R_1 = 60\Omega$，$C = 1.25\mu\text{F}$，正弦电压 $u = 200\sqrt{2}\cos 1000t\text{V}$，求 R_L 和 L。

解 电路相量模型如图 6-83 所示。依据题意可求得视在功率为

$$S = \sqrt{P^2 + Q^2} = \sqrt{880^2 + 160^2} = 894.4\text{V}\cdot\text{A}$$

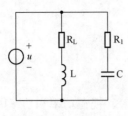

图 6-82 例 40 图

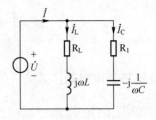

图 6-83 例 40 图解

则功率因数为

$$\lambda = \cos\varphi = \frac{P}{S} = \frac{880}{894.4} = 0.984$$

可得阻抗角为

$$\varphi = 10.26°$$

则电路中电流为

$$\dot{I} = \frac{S}{U}\angle -10.26° = 4.47\angle -10.26° = 4.4 - j0.792 \text{A}$$

求解电阻 R_1 和电容 C 串联支路的电流,有

$$\dot{I}_C = \frac{\dot{U}}{R_1 - j\dfrac{1}{\omega C}} = \frac{200\angle 0°}{60 - j800} = \frac{200\angle 0°}{802.24\angle -85.7°} = 0.25\angle 85.7° = 0.0187 + j0.249 \text{A}$$

依据 KCL,可得电阻 R_L 和电感 L 串联支路的电流为

$$\dot{I}_L = \dot{I} - \dot{I}_C = 4.3813 - j1.041 = 4.5\angle -13.3° \text{A}$$

则

$$R_L + j\omega L = \frac{\dot{U}}{\dot{I}_L} = \frac{200\angle 0°}{4.5\angle -13.3°} = 44.4\angle 13.3° = 43.25 + j10.22$$

由上式可得:

$$R_L = 43.25\Omega$$

$$L = \frac{10.22}{\omega} = \frac{10.22}{1000} = 10.22 \text{mH}$$

例 41 如图 6-84 所示电路,已知:$U = 20\text{V}$,电容支路消耗功率 $P_1 = 24\text{W}$,功率因素 $\cos\theta_{Z1} = 0.6$;电感支路消耗功率 $P_2 = 16\text{W}$,功率因素 $\cos\theta_{Z2} = 0.8$。求电流 I、电压 U_{ab} 和电路的复功率。

解 令 $\dot{U} = 20\angle 0°\text{V}$

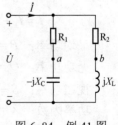

图 6-84 例 41 图

$$P_1 = UI_1\cos\theta_{Z1}$$

$$I_1 = \frac{P_1}{U\cos\theta_{Z1}} = \frac{24}{20\times 0.6} = 2\text{A}$$

$$\theta_{Z1} = -53.1°$$

则

$$\dot{I}_1 = 2\angle -53.1° = 1.2 + j1.6$$
$$P_2 = UI_2\cos\theta_{Z2}$$
$$I_2 = \frac{P_2}{U\cos\theta_{Z2}} = \frac{16}{20\times 0.8} = 1\text{A}$$
$$\theta_{Z2} = 36.9°$$

则
$$\dot{I}_2 = 1\angle 36.9° = 0.8 - j0.6\text{A}$$
$$\dot{I} = \dot{I}_1 + \dot{I}_2 = 1.2 + j1.6 + 0.8 - j0.6 = 2 + j\text{A}$$

又
$$P_1 = R_1 I_1^2$$

则
$$R_1 = \frac{24}{2^2} = 6\Omega$$
$$P_2 = R_2 I_2^2$$
$$R_2 = \frac{16}{1^2} = 16\Omega$$
$$\dot{U}_{ab} = R_2\dot{I}_2 - R_1\dot{I}_1 = 16(0.8 - j0.6) - 6(1.2 + j1.6) = 5.6 - j19.2\text{V}$$
$$U_{ab} = \sqrt{5.6^2 + 19.2^2} = 20\text{V}$$

复功率为
$$\tilde{S} = \dot{U}\dot{I}^* = 20\times(2 - j) = 40 - j20\text{V}\cdot\text{A}$$

例 42 图 6-85 所示电路为常见的荧光灯电路，R、L 为荧光灯的电阻和电感。当接在电压为 220V、频率为 50Hz 的正弦交流电源时，测得荧光灯支路电流为 410mA，功率因数为 0.5。欲将其功率因数提高到 0.9，应并联多大的电容？

解 电路相量模型如图 6-86 所示。设定并联电容之前电路的阻抗角为 φ_1，并联电容之后电路的阻抗角为 φ_2。依据题意，未将电容并联至电路时，电路的功率为
$$P = UI_L\cos\varphi_1 = 220\times 0.41\times 0.5 = 45.1\text{W}$$

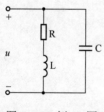

图 6-85 例 42 图

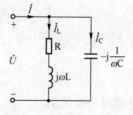

图 6-86 例 42 图解

并联电容后，电容支路上的电流为
$$I_C = \frac{P}{U}(\tan\varphi_1 - \tan\varphi_2) = \frac{45.1}{220}(1.732\pm 0.484) = 255.8\text{mA}\text{或}454.28\text{mA}$$

依据电容的电压和电流的约束关系，有

$$C = \frac{I_C}{2\pi f U} = 3.7\mu F \text{ 或} 6.58\mu F$$

则使原电路的功率因数提高到 $\lambda = 0.9$，需并联 $3.7\mu F$ 或 $6.58\mu F$ 电容。

例 43 图 6-87 所示电路中，并联负载 Z_1，Z_2 的电流分别为 $I_1 = 10A$，$I_2 = 20A$，其功率因数分别为 $\lambda_1 = \cos\varphi_1 = 0.8(\varphi_1 < 0), \lambda_2 = \cos\varphi_2 = 0.6(\varphi_2 > 0)$，端电压 $U = 100V$，$\omega = 1000 rad/s$。

（1）求电流表、功率表的读数和电路的功率因数 λ；

（2）若电源的额定电流为 30 A，那么还能并联多大的电阻？并联该电阻后功率表的读数和电路的功率因数变为多少？

（3）如果使原电路的功率因数提高到 $\lambda = 0.9$，需并联多大的电容？

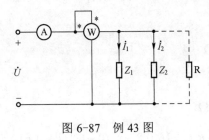

图 6-87 例 43 图

解

（1）令 $\dot{U} = 100\angle 0°$，则根据题意，得

$$\dot{I}_1 = 10\angle 36.9°A, \dot{I}_2 = 20\angle -53.1°A$$

由 KCL，得

$$\dot{I} = \dot{I}_1 + \dot{I}_2 = 20 - j10 = 10\sqrt{5}\angle -26.6°A$$

则电流表读数为 $10\sqrt{5}A$。

可得电路中功率表读数为

$$P = UI\cos\varphi = 100 \times 10\sqrt{5}\cos[0-(-26.6°)] = 2kW$$

电路的功率因数为

$$\lambda = \cos\varphi = \cos 26.6° = 0.89$$

（2）将电阻 R 并联入电路后，并联电阻 R 上的电流为

$$\dot{I}_R = \frac{\dot{U}}{R} = \frac{100\angle 0°}{R}A$$

此时电路端口电流为

$$\dot{I} = \dot{I}_1 + \dot{I}_2 + \dot{I}_R = 20 - j10 + \frac{100}{R} = 20 + \frac{100}{R} - j10 A$$

电源的额定电流为 30 A，则 $I \leqslant 30$，即

$$\sqrt{\left(20 + \frac{100}{R}\right)^2 + 10^2} \leqslant 30$$

可得
$$R \geqslant 12.077\Omega$$
当 $R = 12.077\Omega$ 时,
$$\dot{I} = \dot{I}_1 + \dot{I}_2 + \dot{I}_R = 20 + \frac{100}{R} - j10 = 28.28 - j10 = 30\angle -19.1°\text{A}$$
则并联该电阻后功率表的读数为
$$P = UI\cos\varphi = 100 \times 30\cos[0 - (-19.1°)] = 2834\text{W}$$
电路的功率因数变为
$$\lambda = \cos19.1° = 0.945$$
(3) 设定并联电容之前电路的阻抗角为 φ_1,并联电容之后电路的阻抗角为 φ_2。依据题意,并联电容后,电容上流过的电流为
$$\dot{I}_C = \frac{P}{U}(\tan\varphi_1 - \tan\varphi_2) = \frac{2000}{100}(0.50 - 0.484) = 0.32\text{A}$$
依据电容的电压和电流的约束关系,有
$$C = \frac{I_C}{\omega U} = \frac{0.32}{1000 \times 100} = 3.2\mu\text{F}$$
则使原电路的功率因数提高到 $\lambda = 0.9$,需并联 $3.2\mu\text{F}$ 电容。

例 44 电路如图 6-88 所示。求:
(1) Z_L 获得最大功率时的值。
(2) 最大功率值为多少?
(3) 若 Z_L 为纯电阻,Z_L 获得的最大功率值又为多少?

解 断开负载 Z_L,形成二端口网络如图 6-89 所示。先求解此二端口网络的等效戴维南电路。

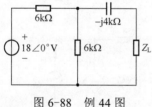

图 6-88 例 44 图

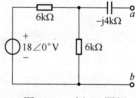

图 6-89 例 44 图解

开路电压为
$$\dot{U}_{oc} = \frac{18\angle 0°}{2} = 9\angle 0°\text{V}$$
戴维南等效电阻为
$$Z_0 = -4000j + (6000//6000) = 3 - j4\text{k}\Omega$$
(1) $Z_L = Z_0^* = 3 + j4\text{k}\Omega$ 获得最大功率时的值。
(2) 最大功率值为
$$P_{L\max} = \frac{(9)^2}{4 \times 3000} = 6.75\text{mW}$$

（3）若 Z_L 为纯电阻，Z_L 获得的最大功率的条件为

$$Z_L = |Z_0| = \sqrt{3^2 + 4^2} = 5\text{k}\Omega$$

$$I_X = \frac{9}{\sqrt{(3+5)^2 + 4^2}} = 1.006\text{mA}$$

$$P_{L\max} = I_X^2 Z_L = 5.0625 \times 10^{-3} \text{W}$$

例 45 如图 6-90 所示电路，已知：$\dot{I}_s = 2\angle 0°\text{A}$，求负载 Z_L 为何值时获得最大功率？最大功率 $P_{L\max}$ 是多少？

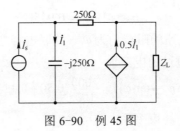

图 6-90 例 45 图

解 断开负载 Z_L，形成二端口网络如图 6-91（a）所示。先求解此二端口网络的等效戴维南电路。

（1）先求开路电压 $\dot{U}_{oc}$，列 KCL 方程，有

$$\dot{I}_s + 0.5\dot{I}_1 = \dot{I}_1$$

则

$$2\dot{I}_s = \dot{I}_1 = 4\angle 0°$$

开路电压为

$$\dot{U}_{oc} = 0.5\dot{I}_1 \times 250 - \text{j}250\dot{I}_1 = 500 - \text{j}1000 = 500\sqrt{5}\angle -63.4°\text{V}$$

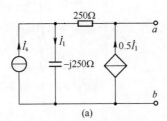
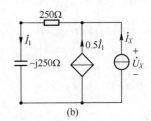

图 6-91 例 45 图解

（2）求戴维南等效电阻。如图 6-91（b）所示，在端口上施加一电压源激励 $\dot{U}_X$，求端口电流 $\dot{I}_X$。依据 KCL、KVL，有

$$\dot{U}_X = (250 - \text{j}250)\dot{I}_1$$
$$0.5\dot{I}_1 + \dot{I}_X = \dot{I}_1$$

则戴维南等效电阻

$$Z_0 = \frac{\dot{U}_X}{\dot{I}_X} = (500 - j500)\Omega$$

则负载 $Z_L = Z_0^* = 500 + j500$ 时获得最大功率，且最大功率为

$$P_{L\max} = \frac{(500\sqrt{5})^2}{4 \times 500} = 625\text{W}$$

例 46 如图 6-92 所示电路，已知：$\dot{U}_s = 6\angle 0°\text{V}$，求负载 Z_L 为何值时获得最大功率？最大功率 $P_{L\max}$ 是多少？

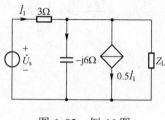

图 6-92　例 46 图

解 断开负载 Z_L，形成二端口网络如图 6-93（a）所示。先求解此二端口网络的等效戴维南电路。

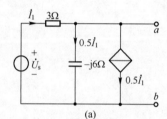 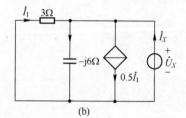

图 6-93　例 46 图解

（1）先求开路电压 $\dot{U}_{oc}$，列 KVL 方程，有

$$6\angle 0° = 3\dot{I}_1 + 0.5\dot{I}_1(-j6)$$

则

$$\dot{I}_1 = \frac{6\angle 0°}{3 - j3} = \sqrt{2}\angle 45°\text{A}$$

开路电压为

$$\dot{U}_{oc} = -j6 \times (0.5\dot{I}_1) = 3\sqrt{2}\angle -45°\text{V}$$

（2）求戴维南等效电阻。如图 6-93（b）所示，在端口上施加一电压源激励 $\dot{U}_X$，求端口电流 $\dot{I}_X$，有

$$\dot{U}_X = -3\dot{I}_1$$

$$\dot{I}_1 + \dot{I}_X = 0.5\dot{I}_1 + \frac{\dot{U}_X}{-6j}$$

则
$$\frac{(1+j)}{6}\dot{U}_X = \dot{I}_1$$

则戴维南等效电阻
$$Z_0 = \frac{\dot{U}_X}{\dot{I}_X} = \frac{6}{1+j} = (3-j3)\Omega$$

则负载 $Z_L = Z_0^* = 3 + j3$ 时获得最大功率，且最大功率为

$$P_{L\max} = \frac{(3\sqrt{2})^2}{4 \times 3} = 1.5\text{W}$$

C 练 习 题

1. 求图 6-94（a），（b）中电压表的读数。（a）图中 $U_1 = 20\text{V}$，（b）图中 $U_1 = 20\text{V}$，$U_2 = 40\text{V}$。

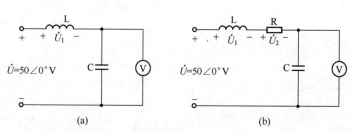

图 6-94 题 1 图

2. 在图 6-95 所示正弦电流电路中，已知 $i_1 = 10\cos(\omega t - 30°)\text{A}$，$i_2 = 10\cos(\omega t + 30°)\text{A}$，试求 i_3 超前 i_1 的角度 φ。

3. 若已知交流电源频率为 f，电源电压为 U，一电阻 R 与电感 L 串联负载吸收的有功功率为 P，功率因数为 $\cos\varphi_1$，若要使功率因数提高 $\cos\varphi$，写出在该 R，L 串联负载端口上应当并联的电容器的值的计算公式。

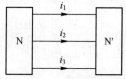

图 6-95 题 2 图

4. 在一正弦电流电路中，已知加于某负载两端的电压有效值为 U，该负载的功率因数为 $\cos\varphi(\varphi < 0)$，该负载发出的无功功率为 Q。试利用这些已知量表示出该负载的等值导纳 Y 以及该负载吸收的有功功率 P。

5. 在图 6-96 所示正弦电流电路中，已知 U，U_R，I_C 及 X_L，试利用这些已知量表示出该电路吸收的有功功率 P 及无功功率 Q。

6. 在正弦交流电路中，已知一感性负载两端之间的电压为 U，吸收的有功功率为 P，功率因数为 $\cos\varphi$，则该感性负载的阻抗 $Z = $？

7. 在图 6-97 中，已知电流 $i = I_m\cos\left(\omega t - \dfrac{\pi}{2}\right)\text{A}$，电路功率因数为 $\cos\varphi$，当 $t = \dfrac{T}{4}$（T 表示正弦电压源的周期）时，电路电压 $u = U_0$，试利用前述各已知量写出电阻 R 的表达式。

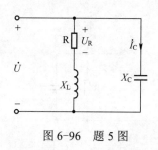

图 6-96 题 5 图

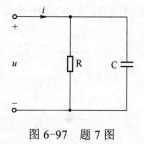

图 6-97 题 7 图

8. 在图 6-98 所示正弦电流电路中，已知电压源电压 $\dot{U}_s$，电流源电流 $\dot{I}_s$，阻抗 Z。

如果图中 $\dot{I} = \frac{1}{2}\dot{I}_s$，试求阻抗 Z_{X1}，Z_{X2} 之值（$\dot{U}_s \neq 0$，$\dot{I}_s \neq 0$）。

9. 图 6-99 所示正弦电流电路，欲使 $Z_{AB} = R$，问 L，C 和 ω 应满足说明关系？

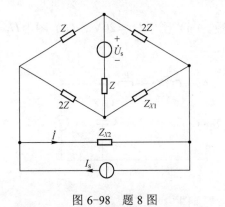

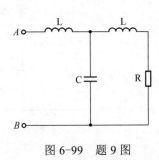

图 6-98　题 8 图　　　　　　　图 6-99　题 9 图

10. 在图 6-100 中，已知 $R_1 = 5\Omega$，$X_C = -5\Omega$，$R = 8\Omega$，问 R_0 为何值时，通过它的电流 $\dot{I}_0$ 与电源电压 $\dot{U}$ 的相位差为 $90°$。

11. 在图 6-101 中，已知 $\dot{U}_{s1} = 3 + j4\text{V}$，$\dot{U}_{s2} = 4\angle 0°\text{V}$，$\omega L = 10\Omega$，$\frac{1}{\omega C} = 4\Omega$，$R_1 = 3\Omega$，$R_2 = 2\Omega$，$R_3 = 6\Omega$，试求安培表 A 的读数。

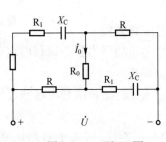

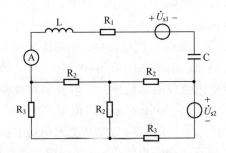

图 6-100　题 10 图　　　　　　　图 6-101　题 11 图

12. 在图 6-102（a）所示正弦电流电路中，已知电源角频率 $\omega = 100\text{rad/s}$，功率表、电压表、电流表三表的读数分别为 64W，8V 和 10A，试求电阻 R 及电容 C 之值。又若在电流源支路中串一电感 L（图（b）），而使该电路的功率因数提高至 $\frac{\sqrt{3}}{2}$（感性）（R，C 之值保持不变），试求此电感 L 之值。

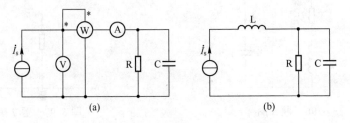

图 6-102　题 12 图

13. 图 6-103 所示一简单选频电路，当角频率等于某一特定值 ω_0 时，U_2 与 U_1 之比为最大，试求 ω_0 与电路元件参数 R，C 之间的关系式。

14. 在图 6-104 所示电路中，已知 $R=10\Omega$，$X_C=-5\Omega$，$\dot{I}_s=5\angle 30°\text{A}$

（1）当 $U_s=0\text{V}$ 时，改变 X_L，使 I_R 为最大，求此时的 X_L 及 I_R；

（2）如 X_L 等于（1）中所求之值，$\dot{U}_s=10\angle\varphi\text{V}$，改变 φ 角使 I_R 为最大，求此时的 φ 及 $\dot{I}_R$。

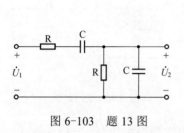

图 6-103　题 13 图

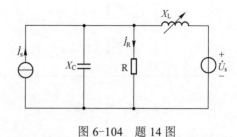

图 6-104　题 14 图

15. 图 6-105 为正弦电流电路，$i_s(t)=2\sqrt{2}\cos t\text{A}$，试求

（1）Z_L 为何值时，负载 Z_L 获最大有功功率？

（2）其最大有功功率 $P_{\max}$ 为多少？

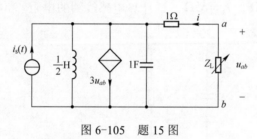

图 6-105　题 15 图

16. 在图 6-106 所示正弦电流电路中，已知 $u_s=110\cos 100t\text{V}$，$L_2=0.2\text{H}$，$C_3=1000\mu\text{F}$。若无论 R_4，C_5 如何变化，图中电流 i 的瞬时值表达式不变，试求图中电阻 R_1、电感 L_1 之值。

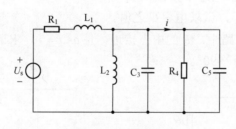

图 6-106　题 16 图

17. 在图 6-107 所示电路中，已知正弦交流电源电压 $U=220\text{V}$，频率 $f=50\text{Hz}$，功率表的电压量程 $U_H=300\text{V}$，电流量程 $I_H=2.5\text{A}$，额定功率因数 $\cos\phi_H=0.2$。试问

（1）当 $R=10\Omega$ 时，X_L 的值在什么范围内，功率表能正常工作？

（2）当 $R=X_L=200\Omega$ 时，在 R，X_L 串联支路端口上并联的电容 C（如图中虚线部

143

分）的取值范围应如何才能使功率表正常工作（指功率表的电压、电流不超过量程）？

18. 在图 6-108 所示正弦电流电路中，已知整个电路功率因数 $\cos\phi = 1$，电压表 V_1 读数 220V，安培表 A_1、A 的读数分别为 15A、12A，试求电压表 V_1 和功率表 W 的读数。

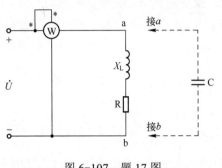

图 6-107 题 17 图

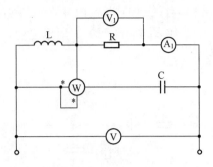

图 6-108 题 18 图

19. 如图 6-109 所示电路，已知 $I_s = 1A$，当 $X_L = 1\Omega$ 时，测得电压 $U_{AB} = 1V$，当 $X_L = 2\Omega$ 时测得电压 U'_{AB} 也是 1V，试求电阻 R 及容抗 X_C 之值。

20. 如图 6-110 所示之接线方法用以测定电感线圈电阻 r 和电感 L。外加电压 $U = 100V$，$f = 50Hz$，当电压表的一端调节到 a 时，电压表的读数达最小值，为 30V，并测得 $r_1 = 5\Omega$，$r_2 = 15\Omega$，$r_3 = 65\Omega$，试计算电感线圈的电阻 r 和电感 L 之值。

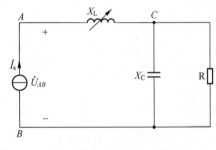

图 6-109 题 19 图

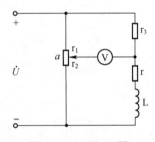

图 6-110 题 20 图

21. 在图 6-111 所示电路中，已知 $R_1 = 500\Omega$，$R_2 = 100\Omega$，$L = 10mH$，电源频率 $f = 50Hz$，如果 $U_{ab} = U_{cd}$，试求电容 C 之值。

22. 图 6-112 所示电路中，R 的中点接地，且 $\omega Cr = 1$，求证 A、B、C、D 对地的电位大小相等，相位彼此相差 90°。

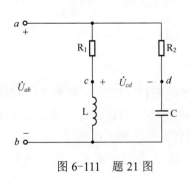

图 6-111 题 21 图

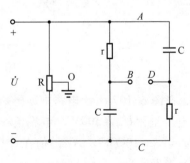

图 6-112 题 22 图

23．将一电阻为10Ω的线圈与一损耗可以忽略的可变电容器串联（图6-113），接于220V 的工频电源上，调节电容器的电容，使线圈和电容器的端电压均等于220V，试计算此时电路吸收的有功功率 P 和无功功率 Q。

24．在图6-114所示电路中，试证当 $R = \dfrac{1}{\omega C}$ 时，图中 $\dot{U}_2 = 0$。（$\dot{U}_1 \neq 0$）

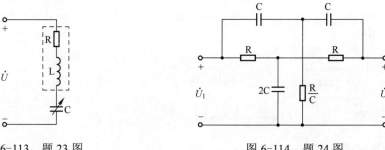

图6-113　题23图　　　　　　图6-114　题24图

25．在图6-115中，已知电压表的读数为269.3V，功率表的读数为3.5kW，电流表的读数为10A，$Z_1 = 10 + j5\,\Omega$，$Z_2 = 10 - j5\,\Omega$，求抗阻 Z_3。

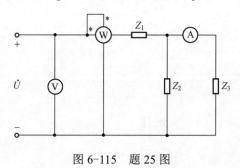

图6-115　题25图

26．在图6-116所示正弦电流电路中，已知电阻 $R_1 = 1\,\Omega$，感抗 $X_{L1} = X_{L2} = 1\,\Omega$，电流源电流 $I_s = 3.162\text{A}$，功率表读数 $P = 6\text{W}$，两电压表 V_1、V_2 读数分别为1.414V 和1V。试求电阻 R_2、R_3 和容抗 X_C 之值。

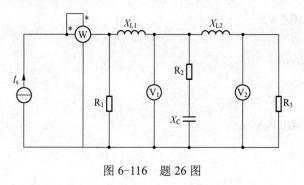

图6-116　题26图

练习题答案

1. （a）70V；（b）50V
2. $-150°$
3. $C = \dfrac{P}{2\pi f U^2}(\tan\varphi_1 - \tan\varphi)$
4. $Y = \dfrac{Q}{U^2}\left(\dfrac{\cos\varphi}{\sqrt{1-\cos^2\varphi}} - \mathrm{j}\right)$，$P = \dfrac{Q\cos\varphi}{\sqrt{1-\cos^2\varphi}}$
5. $P = U_R\dfrac{\sqrt{U^2 - U_R^2}}{X_L}$，$Q = \dfrac{U^2 - U_R^2}{X_L} - UI_C$
6. $Z = \dfrac{U^2\cos^2\varphi}{P} + \mathrm{j}\dfrac{U^2\cos\varphi\sin\varphi}{P}$
7. $R = \dfrac{U_0}{I_m\cos^2\varphi}$
8. $Z_{X1} = 4Z$，$Z_{X2} = 2Z$
9. $\omega^2 L^2 - \dfrac{2L}{C} + R^2 = 0$
10. 11.43Ω
11. $\dfrac{2}{3}\mathrm{A}$
12. （a）1Ω，$7500\mu\mathrm{F}$；（b）$8.5\mathrm{mH}$
13. $\omega_0 = \dfrac{1}{RC}$
14. （1）5Ω，$5\mathrm{A}$；（2）$120°$，$7\angle 30°$
15. （1）$0.4 + \mathrm{j}0.2\Omega$；（2）$0.25\mathrm{W}$
16. 0Ω，$0.2\mathrm{H}$
17. （1）$X_L \geqslant 87.43\Omega$；（2）$C \geqslant 43.26\mu\mathrm{F}$
18. $176\mathrm{V}$，$950.4\mathrm{W}$
19. $2\sqrt{3}\Omega$，-2Ω
20. 42Ω，$0.408\mathrm{H}$
21. $0.2\mu\mathrm{F}$
22. 略
23. $3600\mathrm{W}$，$-2095.8\mathrm{var}$
24. 略
25. $5 + \mathrm{j}10\Omega$
26. 1Ω，1Ω，-1Ω

第7章 互感器和变压器

A 内容提要

一、互感现象和耦合电感的伏安特性

（一）互感现象

两个彼此靠近且存在磁耦合现象的线圈称为互感耦合线圈或互感线圈，一个线圈的电流随时间变化时导致穿过另一线圈的磁通量发生变化，而在该线圈中出现感应电动势的现象称为互感现象。

（二）基本概念

互感现象和耦合电感的伏安特性的基本概念如表 7-1 所示。

表 7-1 基本概念

基本概念	概念描述	注意事项
耦合电感模型	（电路图）	① 电路模型中电流、电压的参考方向； ② 电压包含自感电压和互感电压； ③ 同名端的位置
自感电压	线圈自身电流在线圈中会产生一个电压，称为自感电压，通常用 u_{11}、u_{22} 表示	① 自感电压符号的下标为两个相同的数字； ② 自感电压的方向应与电流参考方向为关联参考方向
互感电压	两个线圈耦合，一个线圈电流产生的磁通在第二个线圈上感应产生的电压，称为互感电压，通常用 u_{12}、u_{21} 表示	① 互感电压符号的下标为两个不同的数字，第一个下标表示该电压所在线圈的编号，第二个下标表示产生该电压的所在线圈的编号； ② 互感电压的方向由另一线圈上电流与同名端的关系确定：另一线圈电流是流入同名端，则感应电压方向同名端为正，反之，感应电压方向同名端为负
同名端	当电流从两线圈的某个端子同时流入（或同时流出）时，若两线圈产生的磁通方向相同，就称这两个端子互为同名端，用"·"或"*"等标记	① 两个线圈一定有两对同名端，但是一般只标示一对； ② 一个线圈标示同名端的端口和另一个线圈没有标示同名端的端口，称为异名端
互感系数	单位电流通过其他线圈产生的磁链就称为互感系数，用 M 表示，单位也是 H（亨）。 $M_{21} = \left\|\dfrac{\psi_{21}}{i_1}\right\|$ 称为线圈 1 对线圈 2 的互感， $M_{12} = \left\|\dfrac{\psi_{12}}{i_2}\right\|$ 称为线圈 2 对线圈 1 的互感	由电磁场理论可以证明 $$M_{12} = M_{21} = M$$

(续)

基本概念	概念描述	注意事项
耦合系数	为了定量描述两耦合线圈之间的耦合程度，把两个线圈的互感磁链和自感磁链比值的几何平均值定义为互感耦合系数，用 k 表示： $k = \dfrac{M}{\sqrt{L_1 L_2}}$	① 耦合系数 k 的取值范围：$0 \leqslant k \leqslant 1$； ② $k=1$ 时，称为全耦合； ③ $k=0$ 时，称为无耦合

（三）耦合电感的伏安关系

耦合电感的伏安关系如表 7-2 所示。

表 7-2 耦合电感的伏安关系

电路图	(图：L_1、L_2 同名端在上，i_1、i_2 均从同名端流入)	(图：L_1、L_2 同名端在上，i_1 从下端流入，i_2 从上端流入)
伏安关系方程	$u_1 = L_1 \dfrac{di_1}{dt} + M \dfrac{di_2}{dt}$ $u_2 = M \dfrac{di_1}{dt} + L_2 \dfrac{di_2}{dt}$	$u_1 = -L_1 \dfrac{di_1}{dt} - M \dfrac{di_2}{dt}$ $u_2 = M \dfrac{di_1}{dt} + L_2 \dfrac{di_2}{dt}$
相量形式方程	$\dot{U}_1 = j\omega L_1 \dot{I}_1 + j\omega M \dot{I}_2$ $\dot{U}_2 = j\omega L_2 \dot{I}_2 + j\omega M \dot{I}_1$	$\dot{U}_1 = -j\omega L_1 \dot{I}_1 - j\omega M \dot{I}_2$ $\dot{U}_2 = j\omega L_2 \dot{I}_2 + j\omega M \dot{I}_1$
注意事项	① 耦合电感上同时存在自感电压和互感电压两种电压； ② $j\omega L_1 \dot{I}_1$ 为自感电压，其符号由 L_1 电感上电流和电压的参考方向确定，两者为关联参考方向时取正，非关联时取负； ③ $j\omega M \dot{I}_2$ 为 L_2 电感电流在 L_1 电感上产生的互感电压，其符号的判断方法为：先观察 L_2 电感上电流参考方向与同名端是流入还是流出的关系，确定 L_1 电感上的互感电压的方向，再判断 L_1 电感上电压的参考方向是否与此方向一致，如一致取正，反之取负；一共 4 种情况： 　　a. L_2 电感上电流参考方向流入同名端，L_1 电感上电压的参考方向同名端为正，则 L_1 电感上互感电压符号为正； 　　b. L_2 电感上电流参考方向流入同名端，L_1 电感上电压的参考方向同名端为负，则 L_1 电感上互感电压符号为负； 　　c. L_2 电感上电流参考方向流出同名端，L_1 电感上电压的参考方向同名端为正，则 L_1 电感上互感电压符号为负； 　　d. L_2 电感上电流参考方向流出同名端，L_1 电感上电压的参考方向同名端为负，则 L_1 电感上互感电压符号为正	

二、含耦合电感电路的分析

含耦合电感电路的分析与一般含电感电路的分析基本上是一样的，一般采用相量法分析。需要注意的是，在列写相量方程时，不但要考虑自感电压，还要考虑互感电压；自感电压是由流过线圈自身的电流产生的，互感电压是由其他线圈电流在本线圈产生的。这样就比一般电感电路列写方程复杂一些，本节的内容是介绍如何去除耦合电感之间的耦合关系，使之等效为一般电感电路再进行分析的方法。根据耦合电感不同的连接结构，分为 3 种情况：耦合电感的串联、耦合电感的并联、耦合电感的 T 形等效。

（一）耦合电感的串联

耦合电感的串联的电路图、电路结构说明、电路特点及其等效电感如表 7-3 所示。

表 7-3　耦合电感的串联

耦合电感的串联	顺串	反串
电路图	（电路图）	（电路图）
电路结构说明	两个耦合电感一对异名端相连，连接处无其他支路，另一对异名端不连接	两个耦合电感一对同名端相连，连接处无其他支路，另一对同名端不连接
电路特点	电流从两个耦合电感的同名端流入，两个耦合电感产生的磁场相互增强	电流从两个耦合电感的异名端流入，两个耦合电感产生的磁场相互抵消
等效电感	$L_{eq} = L_1 + L_2 + 2M$	$L_{eq} = L_1 + L_2 - 2M$

（二）耦合电感的并联

耦合电感的并联的电路图、电路结构说明、电路特点及其等效电感如表 7-4 所示。

表 7-4　耦合电感的并联

耦合电感的并联	同侧并联	异侧并联
电路图	（电路图）	（电路图）
电路结构说明	两个耦合电感的同名端相连	两个耦合电感的异名端相连
电路特点	两个耦合电感产生的磁场相互增强	两个耦合电感产生的磁场相互抵消
等效电感	$L_{eq} = \dfrac{L_1 L_2 - M^2}{L_1 + L_2 - 2M}$	$L_{eq} = \dfrac{L_1 L_2 - M^2}{L_1 + L_2 + 2M}$

（三）耦合电感的 T 形等效

耦合电感的 T 形等效的电路图、电路结构说明、电路特点及其等效电感如表 7-5 所示。

表 7-5　耦合电感的 T 形等效

耦合电感 T 形等效	电流从同名端流入	电流从异名端流入
电路图	(a) (b)	(a) (b)
电路结构说明	两个耦合电感既不是串联结构，又不是并联结构，两个耦合电感的同名端在同侧；将（a）图两个耦合电感的底部用导线相连形成（b）图，此导线电流、电压均为零，电路特性不变，电路对外具有 3 个端口	两个耦合电感既不是串联结构，又不是并联结构，两个耦合电感的同名端在异侧；将（a）图两个耦合电感的底部用导线相连形成（b）图，此导线电流、电压均为零，电路特性不变，电路对外具有 3 个端口

耦合电感 T形等效	电流从同名端流入	电流从异名端流入
等效电路	① L_1-M　L_2-M ② 　　　　M 　　　　③	① L_1+M　L_2+M ② 　　　　$-M$ 　　　　③
注意事项	① 等效前后电路对外的 3 个端口位置不变； ② 等效后电路由 3 个独立无耦合关系的电感组成； ③ 根据原电路耦合电感同名端连接方式，等效后电感的大小有不同的表达式	

三、空心变压器

不含铁芯（或磁芯）的耦合线圈称为空心变压器，它在电子与通信工程和测量仪器中得到广泛应用。耦合电感元件前接信号源，后接负载，构成的电路称为空心变压器电路。空心变压器电路的解题步骤如表 7-6 所示。

表 7-6　空心变压器

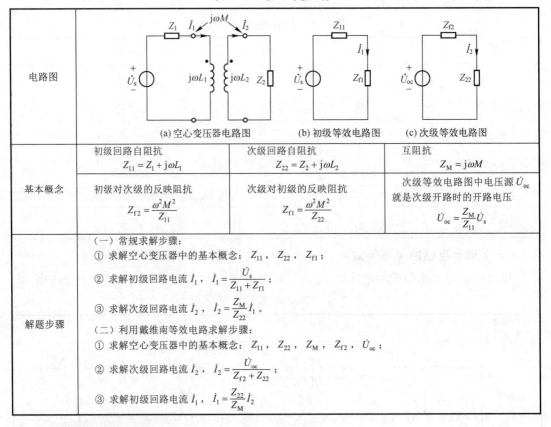

电路图	(a) 空心变压器电路图	(b) 初级等效电路图	(c) 次级等效电路图
基本概念	初级回路自阻抗 $Z_{11} = Z_1 + j\omega L_1$ 初级对次级的反映阻抗 $Z_{f2} = \dfrac{\omega^2 M^2}{Z_{11}}$	次级回路自阻抗 $Z_{22} = Z_2 + j\omega L_2$ 次级对初级的反映阻抗 $Z_{f1} = \dfrac{\omega^2 M^2}{Z_{22}}$	互阻抗 $Z_M = j\omega M$ 次级等效电路图中电压源 $\dot U_{oc}$ 就是次级开路时的开路电压 $\dot U_{oc} = \dfrac{Z_M}{Z_{11}} \dot U_s$
解题步骤	（一）常规求解步骤： ① 求解空心变压器中的基本概念：Z_{11}，Z_{22}，Z_{f1}； ② 求解初级回路电流 $\dot I_1$，$\dot I_1 = \dfrac{\dot U_s}{Z_{11} + Z_{f1}}$； ③ 求解次级回路电流 $\dot I_2$，$\dot I_2 = \dfrac{Z_M}{Z_{22}} \dot I_1$。 （二）利用戴维南等效电路求解步骤： ① 求解空心变压器中的基本概念：Z_{11}，Z_{22}，Z_M，Z_{f2}，$\dot U_{oc}$； ② 求解次级回路电流 $\dot I_2$，$\dot I_2 = \dfrac{\dot U_{oc}}{Z_{f2} + Z_{22}}$； ③ 求解初级回路电流 $\dot I_1$，$\dot I_1 = \dfrac{Z_{22}}{Z_M} \dot I_2$		

四、理想变压器

理想变压器是一种特殊的无损耗全耦合变压器，它是从实际变压器抽象出来的一种理想模型。理想变压器电路的特点及分析方法具体如表 7-7 所示。

表 7-7 理想变压器

电路图		
理想变压器应当满足的条件	① 变压器本身无损耗（线圈无消耗电阻）； ② 耦合系数 $k=1$（初级线圈中的磁通全部经过次级线圈）； ③ L_1，L_2，M 均为无穷大，且 $\sqrt{\dfrac{L_1}{L_2}}=\dfrac{N_1}{N_2}=n$，其中 N_1 和 N_2 为初级和次级线圈的匝数，n 为初、次级线圈的匝数比	
变压关系	$\dfrac{\dot{U}_1}{\dot{U}_2}=\dfrac{N_1}{N_2}=n$	$\dfrac{\dot{U}_1}{\dot{U}_2}=-\dfrac{N_1}{N_2}=-n$
变流关系	$\dfrac{\dot{I}_1}{\dot{I}_2}=-\dfrac{N_2}{N_1}=-\dfrac{1}{n}$	$\dfrac{\dot{I}_1}{\dot{I}_2}=\dfrac{N_2}{N_1}=\dfrac{1}{n}$
变阻抗关系	$Z_i=\dfrac{\dot{U}_1}{\dot{I}_1}=\dfrac{n\dot{U}_2}{-\dfrac{1}{n}\dot{I}_2}=n^2 Z_L$	
注意事项	① 理想变压器不消耗功率，只传输功率； ② 理想变压器变压和变比关系的符号与同名端有关，列写时一定要注意： 　a．初级和次级电压 u_1、u_2 的正极端与同名端一致时取正号，反之取负号； 　b．电流 i_1、i_2 均流入同名端时取负号，反之取正号。 ③ 理想变压器变阻抗的结果和同名端无关，可以利用理想变压器实现阻抗匹配的功能	

B 例 题

例1 求图 7-1 所示电路的等效电感。

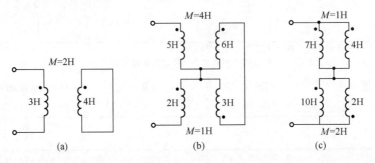

图 7-1 例 1 图

解 （a）此图可以将两个电感的下端用一根导线连接，然后进行 T 形等效变换，变换后电路图如图 7-2（a）所示，再进行无耦合电感的化简，得

$$L = 1 + 2//2 = 2\text{H}$$

（b）此图分别将上方 5H 和 6H、下方 2H 和 3H 的耦合电感进行 T 形等效变换，变换后电路图如图 7-2（b）所示，再进行无耦合电感的化简，得

$$L = 1 + (2+4)//(4-1) + 3 = 6\text{H}$$

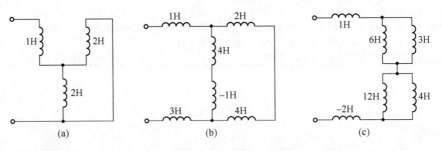

图 7-2 例 1 等效电路图

（c）本题上方和下方的两个耦合电感分别为并联结构，可以按照并联耦合电感化简的方式进行求解，即

$$L = \frac{7 \times 4 - 1^2}{7 + 4 - 2 \times 1} + \frac{2 \times 10 - 2^2}{2 + 10 + 2 \times 2} = 3 + 1 = 4\text{H}$$

对于并联结构，如果不记得化简的等效公式，还可以将并联电路看作 T 形结构，按照 T 形结构的耦合电感进行化简。变换后电路图如图 7-2（c）所示，再进行无耦合电感的化简，得

$$L = 1 + 3//6 + 4//12 - 2 = 4\text{H}$$

例2 电路如图 7-3 所示，已知 $u = 200\sqrt{2}\cos 10^4 t\text{V}$，$R_1 = R_2 = 20\Omega$，$L_1 = 2\text{mH}$，$L_2 = 3\text{mH}$，$M = 1\text{mH}$，试求 u_1，u_2。

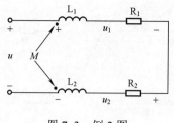

图 7-3 例 2 图

解 本题的关键是需要求解出电路中的电流,求此电流应该先去耦合,L_1 和 L_2 是反串结构,计算出等效电感为

$$L = L_1 + L_2 - 2M = 3\text{mH}$$

等效电感的阻抗为

$$j\omega L = j30\Omega$$

电路总阻抗为

$$Z = 40 + j30\Omega$$

电路总电压为

$$\dot{U} = 200\angle 0°\text{V}$$

电路电流为

$$\dot{I} = \frac{\dot{U}}{Z} = 4\angle -36.9°\text{A}$$

求 u_1 和 u_2,必须使用等效之前的电路图,利用耦合电感的自感电压和互感电压进行计算:

$$\dot{U}_1 = [(j\omega L_1 - j\omega M) + R_1]\dot{I} = (20 + j10)4\angle 36.9° = 40\sqrt{5}\angle -10.3°\text{V}$$

$$\dot{U}_2 = (R_2 + j\omega L_2 - j\omega M)\dot{I} = 80\sqrt{2}\angle 8.13°\text{V}$$

则 $u_1 = 40\sqrt{10}\cos(10^4 t - 10.3)\text{V}$

$$u_2 = 160\cos(10^4 t + 8.13)\text{V}$$

例 3 求图 7-4 中各电路的输入阻抗。

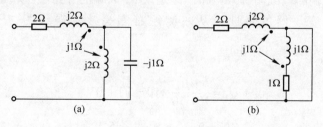

图 7-4 例 3 图

解 本题首先进行去耦合化简,然后再按照阻抗等效化简的方式进行求解,就可以得到输入阻抗。去耦合之后的电路图如图 7-5 所示。

153

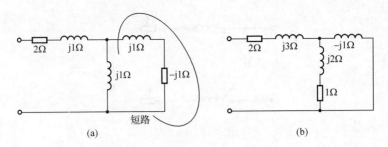

图 7-5 例 3 等效电路图

对图 7-5（a），$Z = 2 + j1\Omega$

对图 7-5（b），$Z = 2 + j3 + \dfrac{(-j1)(1+j2)}{1+j2-j1} = 3.5 + j1.5\Omega$

例 4 图 7-6 所示电路中，已知 $i_s = 5\sqrt{2}\cos 2t\,\text{A}$，试求开路电压 $\dot{U}_{oc}$。

解 次级开路电流为零，在初级上不产生感应电压，利用分流公式求初级电感电流

$$\dot{I}_1 = \dfrac{3}{3+j4}\dot{I}_s = 3\angle -53.1°\,\text{A}$$

开路电压为初级电感电流产生的感应电压

$$\dot{U}_{oc} = -j\omega M \times \dot{I}_1 = 15\angle -143.1°\,\text{V}$$

注意同名端的位置和开路电压参考方向的关系，此题的初级电感电流从同名端流入，次级的感应电压应该是同名端为正，与电路图中开路电压的参考方向相反，所以在计算开路电压时要加上负号。

例 5 全耦合变压器如图 7-7 所示，求：a、b 端的戴维南等效电路。

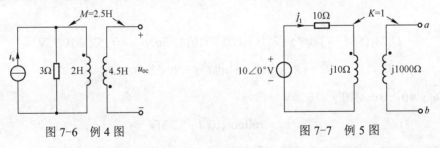

图 7-6 例 4 图　　　　图 7-7 例 5 图

解 求 a、b 端的戴维南等效电路，即是求 a、b 端的开路电压和等效阻抗。

根据全耦合变压器的特性，从左侧往右侧等效，得到图 7-8（a），变压比 $\dfrac{N_1}{N_2} = \sqrt{\dfrac{j10}{j1000}} = \dfrac{1}{10}$，求解开路电压，

$$\dot{U}_1 = \dfrac{j10}{10+j10}\times 10 = 5(1+j)\,\text{V}$$

$$\dot{U}_2 = 10\dot{U}_1 = 50\sqrt{2}\angle 45°\,\text{V}$$

从右侧往左侧等效，得到图 7-8（b），求等效阻抗，有

$$Z_0 = j1000 // \left[\left(\dfrac{10}{1}\right)^2 \times 10\right] = 500\sqrt{2}\angle 45°$$

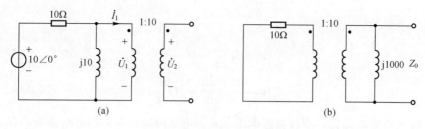

图 7-8 例 5 戴维南等效求解图

例 6 电路如图 7-9 所示，求：（1）负载获得最大功率时的匝数比；（2）求 R 获得的最大功率 P_{max}。

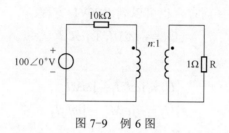

图 7-9 例 6 图

解 根据理想变压器变阻抗的特性，当 $R_{in} = \left(\dfrac{n}{1}\right)^2 \times R = 10\text{k}\Omega$ 时，R 有最大功率 P_{max}，得到 $n = 100$，最大功率 $P_{max} = \dfrac{100^2}{4 \times 10 \times 10^3} = 0.25\text{W}$。

例 7 写出图 7-10 所示耦合电感的伏安关系。

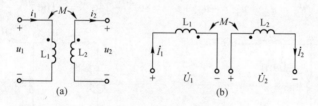

图 7-10 例 7 图

解（a）对于电感 L_1 而言，存在自感电压和互感电压两项。对于电感 L_1，u_1 和 i_1 有关联参考方向，因此自感电压为正值，为 $L_1\dfrac{di_1}{dt}$。电流 i_2 流入线圈 2 的非同名端，因此在线圈 1 上产生上负下正的互感电压，与电压 u_1 的方向相反，则互感电压为负值，为 $-M\dfrac{di_2}{dt}$。故

$$u_1 = L_1\frac{di_1}{dt} - M\frac{di_2}{dt}$$

类似地，对于右边路径而言，也可以列出 KVL 方程。

$$u_2 = -L_2\frac{di_2}{dt} + M\frac{di_1}{dt}$$

故耦合电感的伏安关系为

$$\begin{cases} u_1 = L_1 \dfrac{di_1}{dt} - M \dfrac{di_2}{dt} \\ u_2 = -L_2 \dfrac{di_2}{dt} + M \dfrac{di_1}{dt} \end{cases}$$

(b) 对于电感 L_1 而言，存在自感电压和互感电压两项。对于电感 L_1 而言，$\dot{U}_1$ 和 $\dot{I}_1$ 有关联参考方向，因此自感电压为正值，为 $j\omega L_1 \dot{I}_1$。电流 i_2 流入线圈 2 的异名端，因此在线圈 1 上产生右正左负的互感电压，与电压 $\dot{U}_1$ 的方向相反，则互感电压为负值，为 $-j\omega M \dot{I}_2$。故

$$\dot{U}_1 = j\omega L_1 \dot{I}_1 - j\omega M \dot{I}_2$$

类似地，对于右边路径而言，也可以列出 KVL 方程。

$$\dot{U}_2 = -j\omega M \dot{I}_1 + j\omega L_2 \dot{I}_2$$

故耦合电感的伏安关系为

$$\begin{cases} \dot{U}_1 = j\omega L_1 \dot{I}_1 - j\omega M \dot{I}_2 \\ \dot{U}_2 = -j\omega M \dot{I}_1 + j\omega L_2 \dot{I}_2 \end{cases}$$

例 8 求图 7-11 所示电路中的 u_{ab}，u_{bc} 和 u_{ca}。

解 利用互感去耦合等效方法，将原电路等效化为图 7-12 所示的去耦等效电路。则

$$u_{ab} = 1 \dfrac{d(2e^{-4t})}{dt} = -8e^{-4t} \text{V}$$

$$u_{ac} = 3 \dfrac{d(2e^{-4t})}{dt} = -24e^{-4t} \text{V}$$

$$u_{bc} = u_{ba} + u_{ac} = -u_{ab} + u_{ac} = 8e^{-4t} - 24e^{-4t} = -16e^{-4t} \text{V}$$

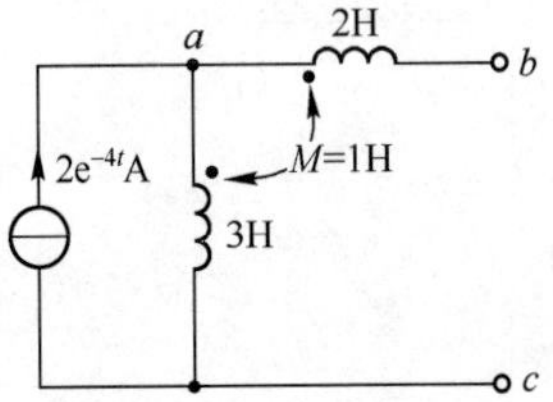

图 7-11 例 8 图

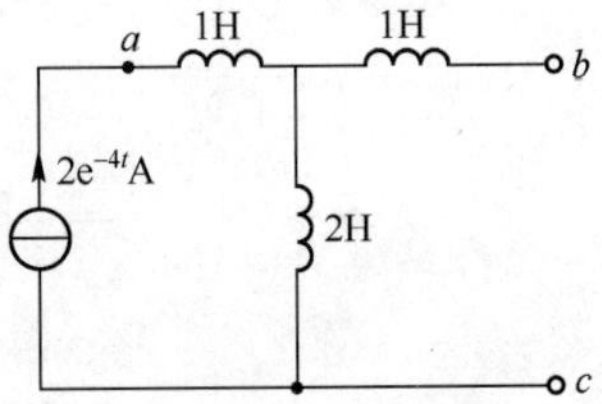

图 7-12 例 8 图解

例 9 图 7-13 所示电路中 L_1 接通频率为 500Hz 的正弦电源 u_1 时，电流表读数为 1A，电压表读数为 31.4V，求互感 M。

解 将上述时域模型转换为相量模型，并设定电压表两端的电压为 $\dot{U}_2$，如题解图 7-14 所示。列出右侧电路的 KVL 方程为

$$\dot{U}_2 = j\omega M \dot{I}_1$$

则有

$$U_2 = \omega M I_1 = 2\pi f M I_1$$

可得互感 M 为

$$M = \frac{U_2}{2\pi f I_1} = \frac{31.4}{2\times 3.14 \times 500 \times 1} = 0.01\text{H}$$

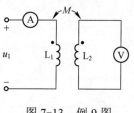 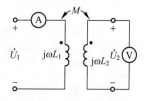

图 7-13　例 9 图　　　　　　　图 7-14　例 9 图解

例 10　测量两线圈互感时，把它们串连接至 220V，50Hz 的正弦电源上，顺串时测得电流 $I = 2.5\text{A}$，功率 $P = 62.5\text{W}$；反串时测得功率为 250W，求互感 M。

解　设定两线圈顺串时，电流记为 I_1，功率记为 P_1。两线圈反串时，电流记为 I_2，功率记为 P_2。两个线圈内阻之和记为 R。电源电压记为 U。依据题干已知条件，有

$$I_1 = 2.5\text{A}, P_1 = 62.5\text{W}, P_2 = 250\text{W}, U = 220\text{V}$$

又因为只有电阻消耗有功功率，则

$$\begin{cases} P_1 = I_1^2 R = 62.5\text{W} \\ P_2 = I_2^2 R = 250\text{W} \end{cases}$$

求解得

$$I_2 = 5\text{A}, R = 10\Omega$$

又根据电压电流伏安关系，有

$$\begin{cases} I_1 = \dfrac{U_1}{\sqrt{R^2 + \omega^2(L_1 + L_2 + 2M)^2}} = \dfrac{220}{\sqrt{100 + 314^2(L_1 + L_2 + 2M)^2}} = 2.5\text{A} \\ I_2 = \dfrac{U_2}{\sqrt{R^2 + \omega^2(L_1 + L_2 - 2M)^2}} = \dfrac{220}{\sqrt{100 + 314^2(L_1 + L_2 - 2M)^2}} = 5\text{A} \end{cases}$$

解得互感为

$$M = 35.4\text{mH}$$

例 11　耦合电感如图 7-15（a）所示，已知 $L_1 = 4\text{H}$，$L_2 = 2\text{H}$，$M = 1\text{H}$，若电流 i_1 和 i_2 的波形如图（b）所示，试绘出 u_1 及 u_2 的波形。

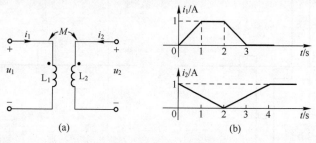

图 7-15　例 11 图

解　根据电流 i_1 和 i_2 的波形列出方程如下：（电流单位为 A，时间单位为 s）

$$i_1(t) = \begin{cases} 0 & (-\infty < t < 0) \\ t & (0 \leqslant t < 1\text{s}) \\ 1 & (1\text{s} \leqslant t < 2\text{s}) \\ 3-t & (2\text{s} \leqslant t < 3\text{s}) \\ 0 & (t \geqslant 2\text{s}) \end{cases}$$

$$i_2(t) = \begin{cases} 0 & (-\infty < t < 0) \\ 1 - 0.5t & (0\text{s} \leqslant t < 2\text{s}) \\ 0.5t - 1 & (2\text{s} \leqslant t < 4\text{s}) \\ 1 & (t \geqslant 4\text{s}) \end{cases}$$

则

$$u_1(t) = L_1 \frac{di_1}{dt} + M \frac{di_2}{dt}$$

$$u_1(t) = \begin{cases} 0 & (-\infty < t < 0) \\ 3.5 & (0\text{s} \leqslant t < 1\text{s}) \\ -0.5 & (1\text{s} \leqslant t < 2\text{s}) \\ -3.5 & (2\text{s} \leqslant t < 3\text{s}) \\ 0.5 & (3\text{s} \leqslant t < 4\text{s}) \\ 0 & (t \geqslant 4\text{s}) \end{cases}$$

根据所求 $u_1(t)$ 结果，绘制其波形图如图 7-16（a）所示。

$$u_2(t) = L_2 \frac{di_2}{dt} + M \frac{di_1}{dt}$$

$$u_2(t) = \begin{cases} 0 & (-\infty < t < 0) \\ 0 & (0\text{s} \leqslant t < 1\text{s}) \\ -1 & (1\text{s} \leqslant t < 2\text{s}) \\ 0 & (2\text{s} \leqslant t < 3\text{s}) \\ 1 & (3\text{s} \leqslant t < 4\text{s}) \\ 0 & (t \geqslant 4\text{s}) \end{cases}$$

根据所求 $u_2(t)$ 结果，绘制其波形图如图 7-16（b）所示。

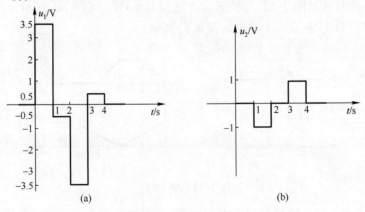

图 7-16 例 11 图解

例 12 求图 7-17 中负载电阻 10Ω 两端电压 $\dot{U}$。若将电流源改为 $\dot{U}_s = 2\angle 0°\mathrm{V}$ 的电压源，负载电阻两端的电压为多少？

解 设定变压器原边电流相量为 $\dot{I}_1$，副边电流相量为 $\dot{I}_2$，电流方向如图 7-18 所示。

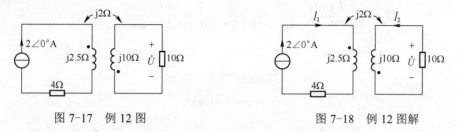

图 7-17 例 12 图　　　　　　　　图 7-18 例 12 图解

（1）求负载电阻 10Ω 两端电压 $\dot{U}$。列写右边回路方程为

$$(10 + \mathrm{j}10)\dot{I}_2 - \mathrm{j}2\dot{I}_1 = 0$$

解得

$$\dot{I}_2 = \frac{4\angle 90°}{10\sqrt{2}\angle 45°} = \frac{\sqrt{2}}{5}\angle 45°\mathrm{A}$$

则

$$\dot{U} = -\dot{I}_2 \times 10 = 2\sqrt{2}\angle -135°\mathrm{V}$$

（2）若将电流源改为 $\dot{U}_s = 2\angle 0°\mathrm{V}$ 的电压源，求负载电阻两端的电压。有

$$Z_{11} = 4 + \mathrm{j}2.5(\Omega)$$
$$Z_{22} = 10 + \mathrm{j}10(\Omega)$$

则

$$\dot{I}_2 = \frac{\mathrm{j}\omega M \dfrac{\dot{U}_s}{Z_{11}}}{Z_{22} + \dfrac{(\omega M)^2}{Z_{11}}}$$

$$\dot{I}_2 = \frac{\mathrm{j}2\dfrac{2\angle 0°}{4 + \mathrm{j}2.5}}{\mathrm{j}10 + 10 + \dfrac{4}{4 + \mathrm{j}2.5}} = \frac{\mathrm{j}4}{19 + \mathrm{j}65} = 0.06\angle 16.3°\mathrm{A}$$

则

$$\dot{U} = -\dot{I}_2 \times 10 = 0.6\angle -16.3°\mathrm{V}$$

例 13 电路如图 7-19 所示，已知 $u_s = 150\sqrt{2}\cos 100t\,\mathrm{V}$，$R_1 = 5\Omega$，$R_2 = 15\Omega$，$R_L = 5\Omega$，$L_1 = 0.1\mathrm{H}$，$L_2 = 0.2\mathrm{H}$，$M = 0.1\mathrm{H}$，求 i_1，i_2。

解 采用空心变压器的等效电路法求解电流。首先绘制图 7-19 的相量模型，如图 7-20 所示。并将副边阻抗折算到原边，可求得空心变压器的原边等效电路，则

$$Z_{22} = R_2 + R_L + \mathrm{j}\omega L_2 = 20 + \mathrm{j}20(\Omega)$$

$$\dot{I}_1 = \frac{\dot{U}_s}{R_1 + j\omega L_1 + \frac{(\omega M)^2}{Z_{22}}} = \frac{150\angle 0°}{5 + j10 + \frac{100}{20 + j20}} = 10 - j10 \text{A}$$

$$\dot{I}_2 = \frac{\dot{I}_1 j\omega M}{R_2 + R_L + j\omega L_2} = \frac{j10 \times 10(1-j)}{15 + 5 + j20} = \frac{100 + j100}{20 + j20} = 5\angle 0° \text{A}$$

则

$$i_1 = 20\cos(100\omega t - 45°)\text{A}$$

$$i_2 = 5\sqrt{2}\cos(100\omega t)\text{A}$$

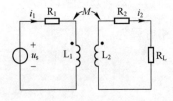 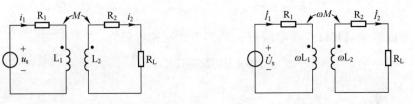

图 7-19　例 13 图　　　　　　　图 7-20　例 13 图解

例 14　图 7-21 所示电路中，耦合系数 $k = 0.5$，求输出电压 $\dot{U}_2$ 的大小和相位。

解　根据题意耦合系数 $k = 0.5$，则

$$k = \frac{M}{\sqrt{L_1 L_2}} = \frac{\omega M}{\sqrt{(\omega L_1)(\omega L_2)}} = \frac{\omega M}{8} = 0.5$$

可求得

$$\omega M = 4\Omega$$

依据题意可得去耦等效电路为图 7-22 所示。

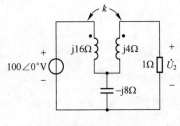 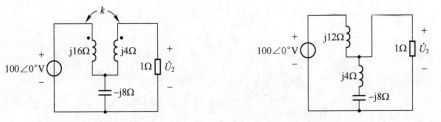

图 7-21　例 14 图　　　　　　　图 7-22　例 14 图解

设定 $Z_1 = -j4 // 1 = \frac{16 - j4}{17}\Omega$，则输出电压 $\dot{U}_2$ 为

$$\dot{U}_2 = \frac{100\angle 0°}{Z_1 + j12} Z_1$$

求解得

$$\dot{U}_2 = -1.35 - j8.1 = 8.21\angle -99.46° \text{V}$$

则输出电压 $\dot{U}_2$ 的大小为 8.21V，相位为 -99.46°。

例 15 求图 7-23 所示电路的输入阻抗。

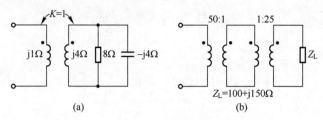

图 7-23 例 15 图

解 （a） $K=1$ 全耦合变压器，则有

$$M^2 = L_1 L_2$$
$$(\omega M)^2 = 1 \times 4$$
$$\omega M = 2\Omega$$

则图 7-23 所示电路去耦等效为图 7-24 所示，则输入阻抗为

$$Z_{in} = -j + [j2//(2+8//-j4)]$$
$$= -j + [j2//(1.6-j1.2)]$$
$$= 2\Omega$$

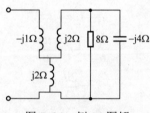

图 7-24 例 15 图解

（b）根据理想变压器，将副边阻抗等效为原边等效阻抗的关系，可得输入阻抗为

$$Z_{in} = 50^2 \times \left(\frac{1}{25}\right)^2 \times Z_L = 400 + j600(\Omega)$$

例 16 电路如图 7-25 所示，求开关 S 断开和闭合时的输入电阻 R_{ab}。

解 标识各支路电流及参考方向，如图 7-26 所示。

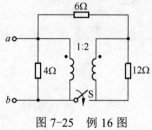 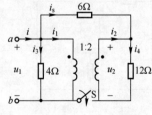

图 7-25 例 16 图　　　图 7-26 例 16 图解

（1）开关 S 打开时，$i_5 = 0$，根据理想变压器原、副边的电压电流关系，有

$$u_2 = 2u_1$$
$$i_2 = \frac{1}{2}i_1$$

依据电阻的伏安特性关系，有

$$i_3 = \frac{u_1}{4}, i_4 = i_2 = \frac{u_2}{12} = \frac{u_1}{6}$$

根据 KCL，有

$$i = i_3 + i_1 = i_3 + 2i_2 = \frac{u_1}{4} + 2 \times \frac{u_1}{6} = \frac{7}{12}u_1$$

则输入电阻

$$R_{ab} = \frac{u_1}{i} = \frac{12}{7}\Omega$$

（2）开关 S 关闭时，根据理想变压器原、副边的电压电流关系，有

$$u_2 = 2u_1$$
$$i_2 = \frac{1}{2}i_1$$

依据电阻的伏安特性关系，有

$$i_3 = \frac{u_1}{4}, i_4 = \frac{u_2}{12} = \frac{u_1}{6}, i_5 = \frac{u_1 - u_2}{6} = -\frac{u_1}{6}$$

根据 KCL，有

$$i_5 + i_2 = i_4$$
$$-\frac{u_1}{6} + \frac{1}{2}i_1 = \frac{u_1}{6}$$
$$i_1 = \frac{2u_1}{3}$$
$$i = i_3 + i_1 + i_5 = \frac{u_1}{4} + \frac{2}{3}u_1 - \frac{u_1}{6} = \frac{3}{4}u_1$$

则输入电阻

$$R_{ab} = \frac{u_1}{i} = \frac{4}{3}\Omega$$

例 17 电路如图 7-27 所示，求 $\dot{I}$。

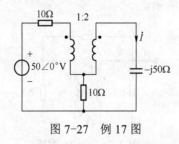

图 7-27 例 17 图

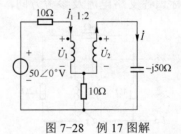

图 7-28 例 17 图解

解 标记理想变压器原、副边的电压电流及参考方向如图 7-28 所示，根据理想变压器原、副边的电压电流关系，有

$$\dot{U}_2 = 2\dot{U}_1$$
$$\dot{I} = \frac{1}{2}\dot{I}_1$$

列出两个网孔方程

$$\begin{cases} 50\angle 0° - \dot{U}_1 = 10\dot{I}_1 + 10(\dot{I} - \dot{I}_1) \\ 10(\dot{I}_1 - \dot{I}) + \dot{U}_2 = -j50\dot{I} \end{cases}$$

解得

$$\dot{I} = \sqrt{2}\angle 45°\text{A}$$

例 18 电路如图 7-29 所示，求 5Ω 电阻的功率及电源发出的功率。

解 理想变压器的三次侧接 5Ω 的电阻，则其二次端口的输入阻抗为

$$Z_2 = (25 + 5^2 \times 5) = 150\Omega$$

则理想变压器的二次侧接 150Ω 的电阻，其一次端口的等效输入电阻为

$$Z_2 = \frac{1}{5^2}(25 + 5^2 \times 5) = 6\Omega$$

标记出各端口的电流标识及其方向，如图 7-30 所示。

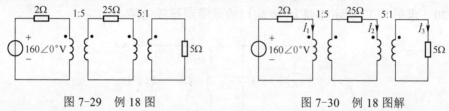

图 7-29 例 18 图　　　　　图 7-30 例 18 图解

求一次端口电流 $\dot{I}_1$。

$$\dot{I}_1 = \frac{160\angle 0°}{2+6} = 20\angle 0°\text{A}$$

根据理想变压器原，副边的电流关系，可得二次端口电流为

$$\dot{I}_2 = \frac{1}{5}\dot{I}_1 = 4\angle 0°\text{A}$$

三次端口电流为

$$\dot{I}_3 = 5^2\dot{I}_2 = 5 \times 4\angle 0° = 20\angle 0°\text{A}$$

则 5Ω 电阻的功率为

$$P = \dot{I}_3^2 R = 20 \times 20 \times 5 = 2\text{kW}$$

电源发出的功率为

$$P = \dot{I}_1 \dot{U}_s = 20 \times 160 = 3.2\text{kW}$$

例 19 电路如图 7-31 所示，为使负载获得最大功率，试求负载阻抗 Z_X（用戴维南定理解）。

解 求解负载两端开路电压为

$$\dot{U}_{oc} = \frac{\dot{U}_s}{(10+j10) \times 10^3} \times j2 \times 10^3 = \frac{j2}{10+j10}\dot{U}_s$$

原边阻抗等效到副边时，则等效阻抗为

$$Z_{f2} = \frac{(\omega M)^2}{Z_{11}} = \frac{4 \times 10^6}{(10+10j) \times 10^3} = 200 - j200\Omega$$

因此等效电路为图 7-32 所示。由等效电路,可得

$$Z_0 = Z_{f2} + j10 \times 10^3 = 200 + j9800$$

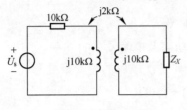

图 7-31　例 19 图

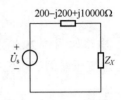

图 7-32　例 19 等效电路图

当负载阻抗 $Z_X = Z_0^*$ 时,负载获得最大功率。即

$$Z_X = 200 - j9800\Omega$$

例 20　求图 7-33 所示电路 a、b 端口的戴维南等效电路。

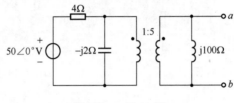

图 7-33　例 20 图

解　如图 7-34(a)所示,设定副边电压为 $\dot{U}_{ab}$,电流为 $\dot{I}_2$。依据理想变压器的原边和副边电压电流关系,可得原边电压为 $\frac{1}{5}\dot{U}_{ab}$,原边电流为 $5\dot{I}_2$。列出原边和副边 KVL 方程,有

$$\begin{cases} 5\angle 0° = \frac{1}{5}\dot{U}_{ab} + \left(\frac{\frac{1}{5}\dot{U}_{ab}}{-j2} + 5\dot{I}_2\right) \times 4 \\ \frac{\dot{U}_{ab}}{j100} = \dot{I}_2 \end{cases}$$

解得

$$\dot{U}_{ab} = \frac{25}{2} - j\frac{25}{2}$$

由题意可得,原边阻抗为

$$Z_{11} = 4//(-j2) = \frac{-j8}{4-j2} = \frac{4-j8}{5}\Omega$$

将原边阻抗等效至副边,则副边总阻抗为

$$Z_0 = \frac{1}{n^2}Z_{11}//j100 = (20-j40)//j100 = (50-j50)\Omega$$

则图 7-33 所示电路 a、b 端口的戴维南等效电路如图 7-34（b）所示。

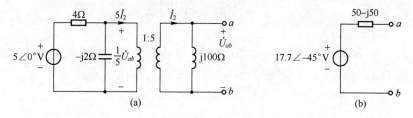

图 7-34　例 20 图解

例 21　求图 7-35 所示电路的 $\dot{U}_1$ 和 $\dot{U}_2$。（阻抗单位为 Ω）

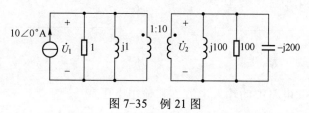

图 7-35　例 21 图

解　如图 7-36 所示，设定副边电流为 $\dot{I}_2$。依据理想变压器的原边和副边电压电流关系，可得原边电流为 $10\dot{I}_2$，原边电压为 $\dot{U}_1 = \frac{1}{10}\dot{U}_2$。列出原边 KCL 方程和副边 KVL 方程，有

$$\begin{cases} 10\angle 0° = \dfrac{\frac{1}{10}\dot{U}_2}{j} + \dfrac{\frac{1}{10}\dot{U}_2}{1} + 10\dot{I}_2 \\ \dfrac{\dot{U}_2}{\dot{I}_2} = j100 // -j200 // 100 \end{cases}$$

求解，得

$$\dot{U}_2 = 40\angle 36.9°\text{V}$$

则

$$\dot{U}_1 = 4\angle 36.9°\text{V}$$

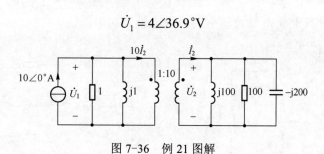

图 7-36　例 21 图解

C 练 习 题

1. 已知：电路如图 7-37 所示。求：使 R_L 吸收最大功率的 n 值，并求该功率。

2. 图题 7-38 电路中，$L=3H$，$M=1H$，试求等值电感 L_{ab}。

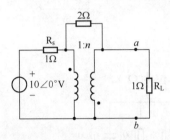

图 7-37 题 1 图

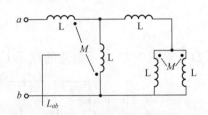

图 7-38 题 2 图

3. 求图题 7-39 电路中的输入电流 $\dot{I}_1$ 和输出电压 $\dot{U}_2$。

4. 同轴电缆的外导体与内导体之间总存在一些互感，如图题 7-40 所示电缆用来传送1MHz信号到负载 R_L，试计算耦合系数 k 为 0.75 和 1 时传送给负载的功率。

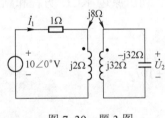

图 7-39 题 3 图

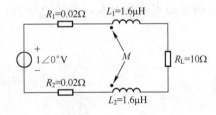

图 7-40 题 4 图

5. 电路如图 7-41 所示，已知 $R_1=10\Omega$，$R_2=30\Omega$，$R_3=20\Omega$，$\dot{U}_s=10\angle0°V$，$n_1=n_2=2$，求 $\dot{U}_3$。

6. 如图 7-42 所示电路中 $\omega L_2=120\Omega$，$\omega M=1/\omega C=20\Omega$，$u_s(t)=100\sqrt{2}\cos\omega t V$，问负载 Z 为何值时其上获得最大功率，并求出最大功率。

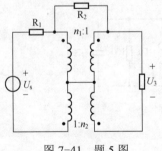

图 7-41 题 5 图

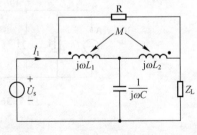

图 7-42 题 6 图

7. 在图 7-43 所示电路中，已知 $R_L=R_s=100\Omega$，$X_{L_1}=400\Omega$，$X_{L_2}=100\Omega$，耦合系数 $k=1$，$X_C=900\Omega$，$U_s=50V$，求 R_L 获得的功率。

8. 电路如图题 7-44 所示，求电路的输入阻抗。

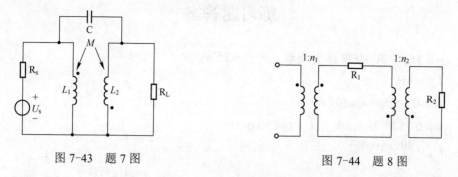

图 7-43　题 7 图　　　　　　图 7-44　题 8 图

9. 图题 7-45 电路中的理想变压器由电流源激励，求输出电压 $\dot{U}_2$。

10. 电路如图题 7-46 所示，试确定理想变压器的匝数比 n，使 10Ω 电阻能获得的最大功率。

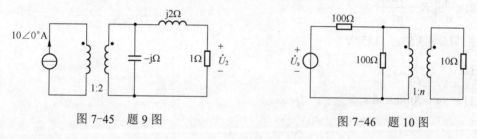

图 7-45　题 9 图　　　　　　图 7-46　题 10 图

11. 图题 7-47 电路中，已知 $C=1\mu F$，$L_1=3mH$，$L_2=2mH$，$M=1mH$，求电路的谐振角频率。

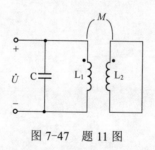

图 7-47　题 11 图

练习题答案

1. $n=3$ 时，R_L 获得最大功率，$P_{max}=25W$
2. $L_{ab}=6H$
3. $\dot{I}_1=0$，$\dot{U}_2=40\angle 0°V$
4. $k=0.75$ 时 79.6mW，$k=1$ 时 99.6mW
5. $\dot{U}_3=\frac{40}{33}\angle 0°V$
6. $Z=(50-j50)\Omega$ 时，负载获取最大功率 $P_{max}=\frac{U_{oc}^2}{4R_{eq}}=\frac{(50\sqrt{2})^2}{4\times 50}=25W$
7. 4W
8. $\frac{1}{n_1^2}\left(R_1+\frac{R_2}{n_2^2}\right)$
9. $\dot{U}_2=3.53\angle -135°V$
10. $n=\frac{1}{\sqrt{5}}$
11. $\omega=20000rad/s$

第8章 谐 振 电 路

A 内 容 提 要

谐振电路根据结构的不同,可以分为串联谐振和并联谐振。两种谐振的特性如表 8-1 所示。

表 8-1

谐振类型	串联谐振	并联谐振
电路图		
谐振条件	$\omega_0 = \dfrac{1}{\sqrt{LC}}$, $f_0 = \dfrac{1}{2\pi\sqrt{LC}}$	
特性阻抗	$\rho = \omega_0 L = \dfrac{1}{\omega_0 C} = \sqrt{\dfrac{L}{C}}$	
品质因数	$Q = \dfrac{\rho}{r} = \dfrac{\omega_0 L}{r} = \dfrac{1}{\omega_0 Cr} = \dfrac{1}{r}\sqrt{\dfrac{L}{C}}$	$Q = \dfrac{R}{\omega_0 L} = \dfrac{\omega_0 C}{G} = R\sqrt{\dfrac{C}{L}}$
谐振特点	① 阻抗最小, $Z_0 = r$; ② 电流最大, $\dot{I}_0 = \dfrac{\dot{U}}{Z_0} = \dfrac{\dot{U}}{r}$; ③ 电阻电压等于电源电压, $\dot{U}_r = r\dot{I}_0 = \dot{U}$,电感和电容相当于短路; ④ 电感和电容电压: $\dot{U}_L = j\omega L \dot{I}_0 = jQ\dot{U}$, $\dot{U}_C = \dfrac{1}{j\omega C}\dot{I}_0 = -jQ\dot{U}$,电压谐振	① 阻抗最大, $Z_0 = \dfrac{1}{G} = R$; ② 电压最大, $\dot{U}_0 = \dfrac{\dot{I}_s}{G}$; ③ 电阻电流等于电源电流, $\dot{I}_{G0} = G\dot{U}_0 = \dot{I}_s$,电感和电容相当于开路; ④ 电容和电感电流: $\dot{I}_{C0} = j\omega C\dot{U} = j\dfrac{\omega_0 C}{G}\dot{I}_s = jQ\dot{I}_s$, $\dot{I}_{L0} = -j\dfrac{1}{\omega L}\dot{U} = -j\dfrac{1}{\omega_0 LG}\dot{I}_s = -jQ\dot{I}_s$,电流谐振
功率	有功功率 $P = UI\cos\varphi = UI = I^2 r$ 无功功率 $Q = Q_L + Q_C = UI\sin\varphi = 0$	有功功率 $P = UI\cos\varphi = UI = GU^2$ 无功功率 $Q = Q_L + Q_C = UI\sin\varphi = 0$
频率响应	$H(j\omega) = \dfrac{\dot{I}}{\dot{U}_s} = \dfrac{1}{r}\dfrac{\dfrac{\omega_0}{Q}(j\omega)}{(j\omega)^2 + \dfrac{\omega_0}{Q}(j\omega) + \omega_0^2}$	$H(j\omega) = \dfrac{\dot{U}}{\dot{I}_s} = \dfrac{1}{G}\dfrac{\dfrac{\omega_0}{Q}(j\omega)}{(j\omega)^2 + \dfrac{\omega_0}{Q}(j\omega) + \omega_0^2}$
通频带	$B = \dfrac{\omega_0}{Q}$ rad/s 或 $B = \dfrac{f_0}{Q}$ Hz	
实用并联谐振电路变换	$R = \dfrac{L}{Gr}$, $r = \dfrac{L}{GR}$ ⇔ $R = \dfrac{1}{G}$	

B 例 题

例1 求图 8-1 所示各电路的谐振频率。

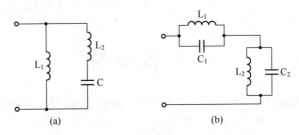

图 8-1 例 1 图

解 此题不是典型的串联谐振或者并联谐振，无法使用既定公式，需要从谐振的本质上进行分析，即串联谐振电路的总阻抗为实数，虚部为零，并联谐振电路的 L 和 C 并联部分阻抗无限大，相当于开路。

对图 8-1（a），$Z = \left(j\omega L_2 - j\dfrac{1}{\omega C}\right) // j\omega L_1 = j\dfrac{\omega L_1(\omega^2 L_2 C - 1)}{\omega^2 L_2 C - 1 + \omega^2 L_1 C}$

如果发生串联谐振，则阻抗表达式分子上的 $\omega^2 L_2 C - 1 = 0$，此时的谐振频率 $f_1 = \dfrac{1}{2\pi\sqrt{L_2 C}}$。

如果发生并联谐振，则阻抗表达式分母 $\omega^2 L_2 C - 1 + \omega^2 L_1 C = 0$，此时的谐振频率 $f_2 = \dfrac{1}{2\pi\sqrt{(L_1 + L_2)C}}$。

对图 8-1（b），L_1 和 C_1 并联部分可以发生并联谐振，谐振频率 $f_1 = \dfrac{1}{2\pi\sqrt{L_1 C_1}}$，$L_2$ 和 C_2 并联部分也可以发生并联谐振，谐振频率 $f_2 = \dfrac{1}{2\pi\sqrt{L_2 C_2}}$。

第三种情况是整个电路发生谐振，需要先求出整个电路的总阻抗：

$$Z = \dfrac{j\omega L_1 \cdot \left(-j\dfrac{1}{\omega C_1}\right)}{j\left(\omega L_1 - \dfrac{1}{\omega C_1}\right)} + \dfrac{j\omega L_2 \cdot \left(-j\dfrac{1}{\omega C_2}\right)}{j\left(\omega L_2 - \dfrac{1}{\omega C_2}\right)} = -j\left(\dfrac{\omega L_1}{\omega^2 L_1 C_1 - 1} + \dfrac{\omega L_2}{\omega^2 L_2 C_2 - 1}\right)$$

电路揩振，即呈电阻性，所以

$$\dfrac{\omega L_1}{\omega^2 L_1 C_1 - 1} + \dfrac{\omega L_2}{\omega^2 L_2 C_2 - 1} = 0$$

故有 $\omega^2 = \dfrac{L_1 + L_2}{L_1 L_2(C_1 + C_2)}$

$$f_3 = \frac{\sqrt{L_1+L_2}}{2\pi\sqrt{L_1L_2(C_1+C_2)}}$$

例2 图 8-2 所示电路发生谐振时，电流表读数 A_1 为 15A，A 为 12A，求电流表 A_2 的读数。

解 此题电路谐振，即电路呈电阻性，端口电压、电流同相。对于这种没有阻抗参数，只有电流或电压数值的题目，利用相量图求解更加方便简单。

令 $\dot{I}_1 = 15\angle 0°A$ 时画相量图，$\dot{U}_R = U_R\angle 0°$，$\dot{U}_L = U_L\angle 90°$，$\dot{U}_C = \dot{U}_L + \dot{U}_R = U_C\angle\alpha°$，所以 3 个电压构成一个直角三角形。电流 $\dot{I}_2$ 为电容 C 的电流，方向超前其电压 $\dot{U}_C$ 90°，$\dot{I}_2 = I_2\angle\alpha + 90°$。由题目可知，电路发生谐振，即 $\dot{I}$ 与 $\dot{U}_C$ 同相，3 个电流同样构成了一个直角三角形。整个相量图如图 8-3 所示：

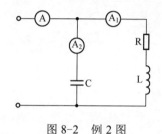

图 8-2 例 2 图   图 8-3 例 2 相量图

由相量图可知：

$$I_2 = \sqrt{I_1^2 - I^2} = 9A$$

则有 A_2 的读数为 9A。

例3 如图 8-4 所示电路，$u(t) = 200\sqrt{2}\cos(10^3 t)V$，求 L 的值为多大，才能使 $i(t) = 0$。

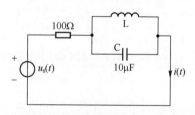

图 8-4 例 3 图

解 欲使 $i(t) = 0$，必须使 L，C 发生并联谐振，故有 $\frac{1}{\omega C} = \omega L$，即

$$L = \frac{1}{\omega^2 C} = \frac{1}{(10^3)^2 \times 10 \times 10^{-6}} H = 0.1H$$

例4 已知一 RLC 并联电路，其中 $L = 20mH$，$C = 80pF$，$R = 250k\Omega$。试求该电路并联谐振频率 f_0，品质因数 Q 和通频带 B。

解 并联谐振电路的谐振频率为

$$f_0 = \frac{1}{2\pi\sqrt{LC}} = \frac{1}{2\times 3.14\sqrt{20\times 10^{-3}\times 80\times 10^{-12}}} Hz = 126kHz$$

电路的品质因数为

$$Q = \frac{1}{G\rho} = \frac{1}{\frac{1}{R}\sqrt{\frac{L}{C}}} = R\sqrt{\frac{C}{L}} = 250 \times 10^3 \sqrt{\frac{80 \times 10^{-12}}{20 \times 10^{-3}}} = 15.8$$

通频带为

$$B = \frac{f_0}{Q} = \frac{126 \times 10^3}{15.8} \text{Hz} = 7.97 \times 10^3 \text{Hz}$$

例 5 求如图 8-5 所示电路的谐振频率 ω_0、Q、BW、ω_{c1}、ω_{c2}。

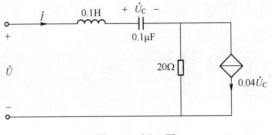

图 8-5 例 5 图

解 端口电压为

$$\dot{U} = \dot{I}\left(j\omega L + \frac{1}{j\omega C}\right) + 20\left(\dot{I} - 0.04\dot{U}_C\right) = \dot{I}\left(j\omega L + \frac{1}{j\omega C} + 20 - \frac{0.8}{j\omega C}\right)$$

$$= \dot{I}\left(20 + j\omega L + \frac{0.2}{j\omega C}\right)$$

所以端口阻抗为

$$Z = \frac{\dot{U}}{\dot{I}} = 20 + j\left(\omega L - \frac{0.2}{\omega C}\right)$$

当电抗分量为零，即 $\left(\omega L - \frac{0.2}{\omega C}\right) = 0$ 时，端口电压与电流同相，电路达到谐振状态，所以谐振频率为

$$\omega_0 = \sqrt{\frac{0.2}{LC}} = \sqrt{\frac{0.2}{0.1 \times 0.1 \times 10^{-6}}} = 4470 \text{rad/s}$$

品质因数为

$$Q = \frac{\omega_0 L}{R} = \frac{4.47 \times 10^3 \times 0.1}{20} = 22.4$$

通频带宽为

$$\text{BW} = \frac{\omega_0}{Q} = \frac{R}{L} = \frac{20}{0.1} = 200 \text{rad/s}$$

上、下限截止频率分别为

$$\omega_{c2} = 4470 + 100 = 4570 \text{rad/s}$$

$$\omega_{c1} = 4470 - 100 = 4370 \text{rad/s}$$

例 6 图 8-6 所示电路中，第 I 部分为电源，第 II 部分是一个信号转换和放大电路的模型，第 III 部分是负载。其中，电压源的电压按照正弦规律变化，在频率为 10MHz 时的有效值为 0.1V，$g_m = 2\text{mS}$，$R_L = 20\text{k}\Omega$，$C = 40\text{pF}$。电容是线间电容、设备输入电容和其他内置电容的总和。求：

（1）不接电感 L（虚线所示）时输出电压的有效值。

（2）接上电感 L，用以消除电容的影响，求应接多大的电感及此时的输出电压有效值。

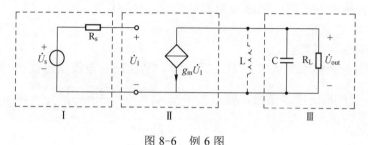

图 8-6 例 6 图

解 （1）10MHz 时负载阻抗为

$$Z_L = \frac{1}{\frac{1}{R_L} + j\omega C} = \frac{1}{\frac{1}{20000} + j2\pi \times 10^7 \times 40 \times 10^{-12}} = 397.81\angle -88.86°\,\Omega$$

因为 $\dot{U}_1 = \dot{U}_s$，所以受控源的电流有效值为

$$g_m U_1 = g_m U_s = 2 \times 10^{-3} \times 0.1 = 0.2 \times 10^{-3}\,\text{A}$$

输出电压的有效值为

$$U_{\text{out}} = g_m U_1 |Z_L| = 0.2 \times 10^{-3} \times 397.81 = 79.56 \times 10^{-3}\,\text{V} = 79.56\,\text{mV}$$

（2）由（1）的计算结果可以看出，输出电压小于输入电压，这是由于电路中的电容造成的。所以为改善电路的输出增益，接入电感以消除电容的影响。接入电感后，右边构成 RLC 并联电路，当电路达到谐振时，电容的影响全部消除，则有

$$L = \frac{1}{\omega_0^2 C} = \frac{1}{4\pi^2 \times 10^{14} \times 40 \times 10^{-12}} = 6.33 \times 10^{-6}\,\text{H} = 6.33\,\mu\text{H}$$

此时右边电路相当于一个纯电阻 R_L，输出电压有效值为

$$U_{\text{out}} = g_m U_1 R_L = 0.2 \times 10^{-3} \times 20 \times 10^3 = 4\,\text{V}$$

可见，输出电压大大增加，电路增益为 40。

例 7 在 RLC 串联谐振电路中，已知 $R = 10\Omega$，$L = 100\mu\text{H}$，$C = 100\text{pF}$，求电路的谐振频率 f_0，品质因数 Q，特性阻抗 ρ 和谐振阻抗 Z_0。

解 电路的串联谐振频率为

$$\omega_0 = \frac{1}{\sqrt{LC}} = \frac{1}{\sqrt{100 \times 10^{-6} \times 100 \times 10^{-12}}} = 10^7\,\text{rad/s}$$

$$f_0 = \frac{\omega_0}{2\pi} = \frac{10^7}{2 \times 3.14} = 1.6 \times 10^6\,\text{Hz}$$

特性阻抗：$\rho = \omega_0 L = 10^7 \times 100 \times 10^{-6} = 10^3 \Omega$

品质因素：$Q = \dfrac{\rho}{R} = \dfrac{10^3 \Omega}{10 \Omega} = 100$

谐振阻抗：$Z_0 = R = 10 \Omega$

例 8 串联谐振电路实验中，电源电压 $U_s = 1\text{V}$ 保持不变。当调节电源频率达到谐振时，$f_0 = 100\text{kHz}$，回路电流 $I_0 = 100\text{mA}$；当电源频率变到 $f_1 = 99\text{kHz}$ 时，回路电流 $I_1 = 70.7\text{mA}$。试求：

（1）问电源频率为 f_1 时，回路对电流呈感性还是容性？

（2）R、L 和 C 之值；

（3）回路的品质因数 Q。

解 （1）当电源频率为 f_1 时，$X_L - X_C < 0$，则回路对电流呈容性。

（2）当 $f_0 = 100\text{kHz}$ 串联谐振，则谐振阻抗 $Z_0 = R = \dfrac{U_s}{I_0} = \dfrac{1\text{V}}{100\text{mA}} = 10\Omega$

且 $X_L = X_C$，则

$$(2\pi f_0)L = \dfrac{1}{(2\pi f_0)C}$$

$$LC = 2.54 \times 10^{-12}$$

根据题意，可得带宽 $B = 2\text{kHz} = \dfrac{f_0}{Q}$，则 $Q = \dfrac{100\text{kHz}}{2\text{kHz}} = 50$。

$$\begin{cases} f_0 = \dfrac{1}{2\pi\sqrt{LC}} = 10\text{kHz} \\ Q = \dfrac{1}{R}\sqrt{\dfrac{L}{C}} = 50 \end{cases}$$

可解得：

$$\begin{cases} L = 7.96 \times 10^{-4}\text{H} \\ C = 3180\text{pF} \end{cases}$$

（3）品质因素：$Q = 50$

例 9 RLC 串联电路的端电压 $u = 10\sqrt{2}\cos(2500t + 15°)\text{V}$，当电容 $C=8\mu\text{F}$ 时，电路中吸收的功率为最大，且为 100W。

（1）求电感 L 和电路的 Q 值；

（2）作电路的相量图。

解 （1）当电容 $C=8\mu\text{F}$ 时，电路中吸收的功率为最大，此时电路中出现串联谐振。则串联谐振频率为 $\omega_0 = 2500\text{rad/s}$。

特定阻抗：$\rho = \dfrac{1}{\omega_0 C} = \dfrac{1}{2500 \times 8 \times 10^{-6}} = 50\Omega$

电感：$L = \dfrac{\rho}{\omega_0} = \dfrac{50}{2500} = 0.02\text{H}$

电阻：$R = \dfrac{P}{U^2} = \dfrac{100}{100} = 1\Omega$

品质因素：$Q = \dfrac{\rho}{R} = \dfrac{50}{1} = 50$

（2）作电路的相量图如图 8-7 所示。

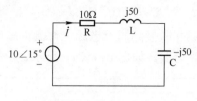

图 8-7 例 9 相量图

例 10 串联谐振电路实验所得电流谐振曲线如图 8-8 所示，其中 $f_0 = 475\text{kHz}$，$f_1 = 472\text{kHz}$，$f_2 = 478\text{kHz}$。已知回路中电感 $L = 500\text{μH}$，试求回路的品质因数 Q 及回路中的电容量 C。

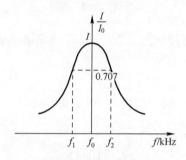

图 8-8 例 10 图

解 通频带宽 $B = f_2 - f_1 = 478\text{kHz} - 472\text{kHz} = 6\text{kHz}$

品质因素：$Q = \dfrac{f_0}{B} = \dfrac{475\text{kHz}}{6\text{kHz}} = 79.17$

串联谐振条件：$2\pi f_0 L = \dfrac{1}{2\pi f_0 C}$

则 $C = \dfrac{1}{(2\pi f_0)^2 L} = \dfrac{1}{(2 \times 3.14 \times 475000)^2 \times 500 \times 10^{-6}} = 2.25 \times 10^{-10}\text{F}$

例 11 将一电阻 $R=10\Omega$、电感为 L 的线圈和电容 C 串联在角频率 $\omega=1000\text{rad/s}$、电压有效值 $U=10\text{V}$ 的正弦交流电源上，测得电流为 1A，电容上电压 $U_C=1000\text{V}$，若把 R、L 和 C 改成并联接到同一电源上，测得总电流为 100μA，试求 L、C 及并联各支路电流大小。

解 根据题意可得电阻 $R=100\Omega$，电感为 L 的线圈和电容 C 串联时，电压有效值 $U=10\text{V}$ 的正弦交流电源上，测得电流为 1A，则此时发生串联谐振，且谐振的条件为

$$\omega_0 = \dfrac{1}{\sqrt{LC}} = 1000\text{rad/s}$$

可得

$$LC = 1 \times 10^{-6}$$

又因串联谐振时，电容上电压 $U_C=1000\text{V}$，则

$$\dfrac{1}{\omega_0 C} = \dfrac{U}{I} = \dfrac{1000\text{V}}{1\text{A}} = 1000\Omega$$

则
$$C = 1\times 10^{-6}\text{F}, L=1\text{H}$$

根据若把 R、L 和 C 改成并联接到同一电源上，测得总电流为 100μA。因此 R、C、L 三元件采用的是实用的并联谐振。如图 8-9（a）所示。

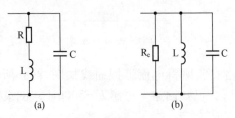

图 8-9　例 11 图解

此时将实用并联谐振电路转换为等效的 RLC 并联谐振电路，如图 8-9（b）所示。此时 $R_e = \dfrac{L}{CR} = 10^5 \Omega$

$$Q = R_e\sqrt{\dfrac{C}{L}} = 10^5\sqrt{10^{-6}} = 100$$

则各支路电流为
$$I_{Re} = 100\mu\text{A}$$
$$I_L \approx 0.01\text{A}$$
$$I_C \approx 0.01\text{A}$$

例 12　电路如图 8-10 所示，已知 $L=100\mu\text{H}$, $C=100\text{pF}$, $R=25\Omega$, $I_s=1\text{mA}$, $R_i=40\text{k}\Omega$，角频率 $\omega=10^7\text{rad/s}$，试求电路的谐振角频率 ω_0，品质因数 Q，谐振阻抗 Z_0 和电流 I_0、I_C，端电压 U_0 及电路的通频带 B。

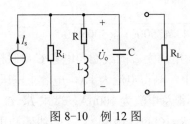

图 8-10　例 12 图

解　$\omega L = 10^7 \times 100 \times 10^{-6} = 1000\Omega \gg R = 25\Omega$

谐振频率为 $\omega_0 = \dfrac{1}{\sqrt{LC}} = \dfrac{1}{\sqrt{100\times 10^{-6}\times 100\times 10^{-12}}} = 10^7 \text{rad/s}$

并联谐振阻抗为 $R_0 = \dfrac{L}{RC} = \dfrac{100\times 10^{-6}}{25\times 100\times 10^{-12}} = 40\text{k}\Omega$

电路品质因数为 $Q = (R_0 // R_i)\sqrt{\dfrac{C}{L}} = 20\times 10^3 \times \sqrt{\dfrac{100\times 10^{-12}}{100\times 10^{-6}}} = 20$

$$Z_0 = R_0 // R_i = 20\text{k}\Omega$$

并联谐振回路输入端电流 $I_0 = \dfrac{40\text{k}\Omega}{40\text{k}\Omega + 40\text{k}\Omega}I_s = \dfrac{1}{2}I_s = 0.5\text{mA}$

$$I_C = QI_s = 20 \times 1 = 20\text{mA}$$

$$U_0 = Z_0 I_s = 20 \times 10^3 \times 1 \times 10^{-3} = 20\text{V}$$

$$B = \dfrac{\omega_0}{Q} = \dfrac{10^7}{20} = 5 \times 10^5 \text{ rad/s}$$

例 13 在题 8-10 图所示电路中，保持电路参数和电源不变，若接上负载 $R_L=100\text{k}\Omega$ 时，求 Q、U_0 及 B。

解

$$Q = (R_0//R_i//R_L)\sqrt{\dfrac{C}{L}} = (40//40//100) \times 10^3 \times \sqrt{\dfrac{100 \times 10^{-12}}{100 \times 10^{-6}}} = 16.7$$

$$U_0 = (R_0//R_i//R_L)I_s = 16.7\text{V}$$

$$B = \dfrac{\omega_0}{Q} = \dfrac{10^7}{16.7} = 6 \times 10^5 \text{ rad/s}$$

例 14 电路如图 8-11 所示，已知 $L=L_1+L_2=100\mu\text{H}$，$C=100\text{pF}$，$R_1+R_2=10\Omega$，求谐振频率 f_0。若要求谐振阻抗为 $10\text{k}\Omega$，求分配系数 p 及 L_1、L_2 的值。

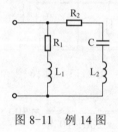

图 8-11 例 14 图

解

$$f_0 = \dfrac{1}{2\pi\sqrt{LC}} = \dfrac{1}{2\pi\sqrt{100 \times 10^{-6} \times 100 \times 10^{-12}}} = 1.6 \times 10^6 \text{Hz}$$

$$R_{0m} = p^2 \dfrac{L}{(R_1+R_2)C} = p^2 \dfrac{100 \times 10^{-6}}{10 \times 100 \times 10^{-12}} = 10 \times 10^4 \Omega$$

$$p = 1$$

即有 $L_1 = 100\mu\text{H}$，$L_2 = 0\mu\text{H}$。

例 15 电路如图 8-12 所示，已知 $L=100\mu\text{H}$，$C_1=C_2=200\text{pF}$，谐振回路本身的品质因数 $Q=40$，$I_s=20\text{mA}$，$R_s=10\text{k}\Omega$，试求谐振时的电流 I、I_1、I_2 和回路吸收的功率。

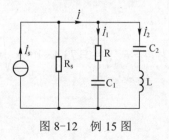

图 8-12 例 15 图

解
$$C = \frac{C_1 C_2}{C_1 + C_2} = 100\text{pF}, \quad p = \frac{C}{C_1} = 0.5$$

$$Q = \frac{1}{R}\sqrt{\frac{L}{C}} = \frac{1}{R}\sqrt{\frac{100 \times 10^{-6}}{100 \times 10^{-12}}} = 40, \quad R = 25\Omega$$

谐振阻抗 $$R_{0m} = p^2 \frac{L}{RC} = 0.25 \times \frac{100 \times 10^{-6}}{25 \times 100 \times 10^{-12}} = 10^4 \Omega$$

电流 $$I = \frac{R_s}{R_s + R_{0m}} I_s = 10\text{mA}$$

$$I_1 = I_2 = QI = 0.4\text{A}$$

回路的吸收功率 $P = I_1^2 R = 4\text{W}$

例 16 某收音机中频放大器线路如图 8-13 所示。已知谐振频率 f_0=465kHz，线圈 L（绕在同一磁芯上，可以视为全耦合）的品质因数 Q_L=100，N=160 匝，其中 N_1=40 匝，N_2=10 匝，C=200pF，R_s=16kΩ，R_L=1kΩ。试求电感 L、回路的有载 Q 值和通频带 B。

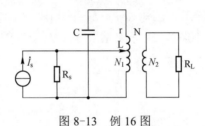

图 8-13 例 16 图

解 $$f_0 = \frac{1}{2\pi\sqrt{LC}} = \frac{1}{2\pi\sqrt{L \times 200 \times 10^{-12}}} = 465 \times 10^3 \text{Hz}, \quad L = 588\mu\text{H}$$

本题通过双电感将电源部分以及互感作用将次级接入到初级回路中，有两个接入系数：
电源端的接入系数及负载端的接入系数分别为 $p_1 = \frac{40}{160} = 0.25$，$p_2 = \frac{10}{160} = 0.0625$

线圈自身的品质因数 $Q_L = 100 = \frac{1}{r}\sqrt{\frac{L}{C}} = \frac{1}{r}\sqrt{\frac{588 \times 10^{-6}}{200 \times 10^{-12}}}, \quad r = 17.1\Omega$

画出代换等效电路（并联谐振电路），其中 $R_0 = \frac{L}{rC} = \frac{588 \times 10^{-6}}{17.1 \times 200 \times 10^{-12}} = 172\text{k}\Omega$，

电源端 $I_s' = p_1 I_s = 0.25 I_s$，$R_s' = \frac{1}{p_1^2} R_s = 256\text{k}\Omega$

负载端 $R_L' = \frac{1}{p_2^2} R_L = 256\text{k}\Omega$

则 $R_{eq} = R_s' // R_0 // R_L' = 73.4\text{k}\Omega$

并联电路的有载品质因数为 $Q = R_{eq}\sqrt{\frac{C}{L}} = 73.4 \times 10^3 \times \sqrt{\frac{200 \times 10^{-12}}{588 \times 10^{-6}}} = 42.8$

通频带 $B = \frac{f_0}{Q} = 10.86\text{kHz}$

C 练 习 题

1. 一个 RLC 串联电路，$R = 25\Omega$，$L = 200\mu H$，电路的谐振频率为 500kHz，求电容的值，品质因数，上、下截止频率和通频带宽。

2. 一个 RLC 串联电路的谐振频率为 876Hz，通频带为 750Hz～1kHz，所接电压源的电压有效值为 23.2V，已知 $L = 0.32H$，求 R、C 及 Q，并求谐振时电感及电容电压的有效值。

3. 一个 GCL 并联谐振电路的谐振角频率为 10^7 rad/s，通频带宽为 10^5 rad/s，已知，$R = 100k\Omega$。求：（1）电感、电容和 Q 值；（2）上、下截止频率。

4. 一个电感量为 300μH，绕线电阻为 5Ω 的电感线圈与一个 300pF 的电容并联。求：（1）谐振时电路的阻抗和谐振频率；（2）Q 值和通频带宽。

5. RLC 串联电路的端电压 $= 10\sqrt{2}\cos(2500t - 75°)$V，当电容 $C = 8\mu F$ 时，电路中吸收的功率为最大，$P_{\max} = 100W$。求：（1）电感 L 和电路的 Q 值；（2）作电路的相量图。

6. 如图 8-14 所示电路中，已知电压表读数为 20V，且 $\dot{U}_2$ 与 $\dot{I}$ 同相，求 $\dot{U}_s$ 的频率和有效值。

7. 如图 8-15 所示电路中，设电路参数为已知，试求该电路发生谐振时的角频率。

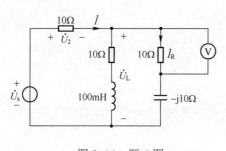 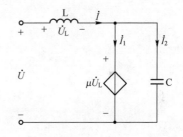

图 8-14 题 6 图   图 8-15 题 7 图

8. 如图 8-16 所示电路中，已知对于给定的 $\dot{U}_1$，$\dot{U}_2$ 不随 Z_H 变化 $(Z_H \neq 0)$。试求 Z。（ω、C_1、C_2 已知）

9. 电路如图 8-17 所示。已知 $L_1 = 40mH$，$L_2 = 20mH$，$M = 10mH$，$r = 50\Omega$，$U_s = 500V$，$\omega = 10^4$ rad/s。

（1）若调整 $C = C_1$，可使 I_1 达到最小值，试求此时各电流的有效值；

（2）若调整 $C = C_2$，可使 $I = \dfrac{U_s}{r}$，试求此时的 C_2 值。

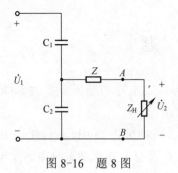 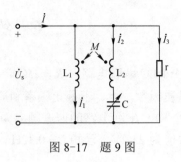

图 8-16　题 8 图　　　　图 8-17　题 9 图

练习题答案

1. $C = 500\text{pF}$, $Q = 25$, $f_{C1} = 490\text{kHz}$, $f_{C2} = 510\text{kHz}$, $B = 20\text{kHz}$

2. $R = 503\Omega$, $C = 0.103\mu\text{F}$, $Q = 3.5$, $U_L = U_C = 81.2\text{V}$

3. （1） $L = 100\mu\text{H}$, $C = 100\text{pF}$, $Q = 100$；（2） $f_1 = 9.95 \times 10^6 \text{rad/s}$, $f_2 = 10.05 \times 10^6 \text{rad/s}$

4. （1） $Z_0 = 200\text{k}\Omega$, $f_0 = 530.5\text{kHz}$；（2） $Q = 200$, $B = 2.65\text{kHz}$

5. $L = 0.02\text{H}$, $Q = 50$

6. $\dot{U}_s$ 的频率为 10^3rad/s，有效值为 $40\sqrt{2}\text{V}$

7. 当 $\mu = -1$ 时，ω 为任何实数值电路都发生谐振

8. $Z = \dfrac{1}{\omega^2(C_1 + C_2)}$

9. （1） $I_1 = 0\text{A}$, $I_2 = 5\text{A}$, $I_3 = 10\text{A}$, $I = 11.18\text{A}$；（2） $C_2 = 0.25\mu\text{F}$

第9章 三相电路

A 内容提要

一、对称三相电路

对称三相电路由对称三相电源（3个频率相同，幅值相等，初相位互差120°的电动势）和对称三相负载（3个阻抗相等的负载）组成。对称三相电路的各相电压经过一个固定值时的先后顺序称为相序。若三相电压的相序为ABC，称为顺序或正序；若三相电路的相序为CBA称为逆序或负序。具体表示如表9-1所示。

表 9-1 三相电源的相序表示

对称三相电源电压	正序	负序
瞬时值	$u_A(t) = \sqrt{2}U\cos\omega t$ $u_B(t) = \sqrt{2}U\cos(\omega t - 120°)$ $u_C(t) = \sqrt{2}U\cos(\omega t - 240°)$ $= \sqrt{2}U\cos(\omega t + 120°)$	$u_A(t) = \sqrt{2}U\cos\omega t$ $u_B(t) = \sqrt{2}U\cos(\omega t + 120°)$ $u_C(t) = \sqrt{2}U\cos(\omega t + 240°)$ $= \sqrt{2}U\cos(\omega t - 120°)$
相量	$\dot{U}_A = U\angle 0°$ $\dot{U}_B = U\angle -120°$ $\dot{U}_C = U\angle -240° = U\angle 120°$	$\dot{U}_A = U\angle 0°$ $\dot{U}_B = U\angle 120°$ $\dot{U}_C = U\angle 240° = U\angle -120°$

三相电路的基本概念与对称三相电路的计算方法分别见表9-2和表9-3所示。

表 9-2 三相电路的基本概念

基本概念	描述	注意事项
相线	3个电源的首端引出导线称为端线或相线，俗称"火线"	
中线	由中点引出的导线称为中线或零线，俗称"地线"	① 三角形连接负载无中线； ② 三相四线制星形连接负载有中线，中线可以保证负载两端电压为电源相电压，每相负载相互无影响； ③ 三相三线制星形连接负载无中线，当负载不平衡时，此连接方式会出现某一相负载电压大于电源相电压，不建议使用此连接方式
线电压	两根相线之间的电压称为线电压，用 u_{AB}，u_{BC}，u_{CA} 表示	
电源相电压	每相电源的电压（相线与中线之间的电压）称为相电压，用 u_{AN}，u_{BN}，u_{CN} 表示	
负载相电压	每相负载两端的电压，用 $\dot{U}_{AN'}$，$\dot{U}_{BN'}$，$\dot{U}_{CN'}$ 表示	根据不同的连接方式，负载相电压可以等于电源相电压，也可以等于线电压
相电流	流过每一负载的电流称为相电流	
线电流	端线上的电流称为线电流，用 $\dot{I}_A$，$\dot{I}_B$，$\dot{I}_C$ 表示	

表 9-3 对称三相电路的计算方法

负载连接方式	星形连接	三角形连接
电路图	(星形连接电路图)	(三角形连接电路图)
相电流与线电流关系	相电流=线电流	$\dot{I}_A = \dot{I}_{AB} - \dot{I}_{CA} = \sqrt{3}\dot{I}_{AB}\angle -30°$ $\dot{I}_B = \dot{I}_{BC} - \dot{I}_{AB} = \sqrt{3}\dot{I}_{BC}\angle -30°$ $\dot{I}_C = \dot{I}_{CA} - \dot{I}_{BC} = \sqrt{3}\dot{I}_{CA}\angle -30°$
相电压与线电压关系	$\dot{U}_{AB} = \sqrt{3}\dot{U}_A\angle 30°$ $\dot{U}_{BC} = \sqrt{3}\dot{U}_B\angle 30°$ $\dot{U}_{CA} = \sqrt{3}\dot{U}_C\angle 30°$	相电压=线电压
计算方法	通常只需要计算一相的电流、电压,其他两相在此结果基础上加、减 120°	

二、不对称三相电路

在三相电路中,只要电源或负载有一部分不对称就称为不对称三相电路。一般来讲,电源总是对称的,不对称都是由负载不对称而造成的,所以只讨论负载不对称的情况。不对称三相电路的计算方法如表 9-4 所示。

表 9-4 不对称三相电路的计算方法

负载连接方式	三相四线制星形连接	三相三线制星形连接	三角形连接
负载相电压	由于存在中线,每相负载上电压为电源相电压	无中线存在,此时中性点间的电压为 $\dot{U}_{N'N} = \dfrac{\dfrac{\dot{U}_{AN}}{Z_A} + \dfrac{\dot{U}_{BN}}{Z_B} + \dfrac{\dot{U}_{CN}}{Z_C}}{\dfrac{1}{Z_A} + \dfrac{1}{Z_B} + \dfrac{1}{Z_C}} \neq 0$ 各相电压为 $\dot{U}_{AN'} = \dot{U}_{AN} - \dot{U}_{N'N}$ $\dot{U}_{BN'} = \dot{U}_{BN} - \dot{U}_{N'N}$ $\dot{U}_{CN'} = \dot{U}_{CN} - \dot{U}_{N'N}$	每相负载上电压为电源线电压
负载相电流	分别根据负载每相的相电压,计算每相的相电流		
计算方法	需要分别计算每一相的电流、电压		

三、三相电路的功率及测量方法

在三相电路中,三相负载总的有功功率 P 和无功功率 Q 分别等于各相负载吸收的有功功率、无功功率的和,具体见表 9-5,其中有功功率的测量方法如表 9-6 所示。

表 9-5 三相电路的功率计算

功率类型	功率计算公式
对称三相电路的功率计算	
平均功率	$P = 3U_p I_p \cos\varphi_p = \sqrt{3} U_l I_l \cos\varphi_p$
无功功率	$Q = 3U_p I_p \sin\varphi_p = \sqrt{3} U_l I_l \sin\varphi_p$
视在功率	$S = \sqrt{P^2 + Q^2} = 3U_p I_p = \sqrt{3} U_l I_l$
不对称三相电路的功率计算	
平均功率	$P = P_A + P_B + P_C$
无功功率	$Q = Q_A + Q_B + Q_C$
视在功率	$S = \sqrt{P^2 + Q^2}$

表 9-6 三相电路功率的测量

线制	测量方法
三相三线制三相电路功率的测量方法	针对于三相三线制的三相电路，无论其负载对称与否，也无论负载是星形连接还是三角形连接，均可采用二表法测量三相总功率，总功率为两块功率表数值之和（二表法适用范围还包含对称的三相四线制电路）。 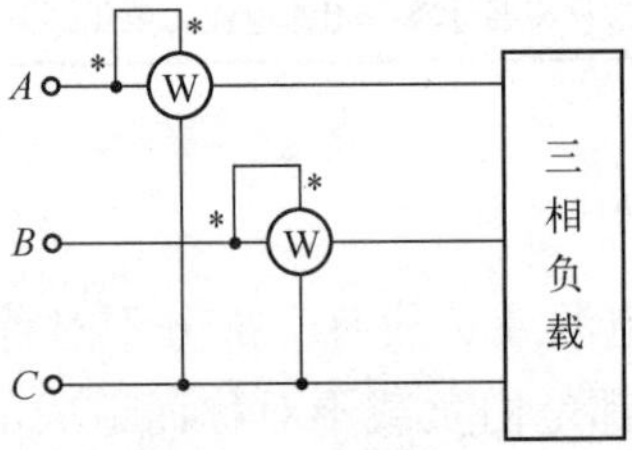
三相四线制电路功率的测量方法	针对于三相四线制的三相电路，无论其负载对称与否，也无论负载是星形连接还是三角形连接，均可采用三表法测量三相总功率，电路总功率为三块功率表数值之和。 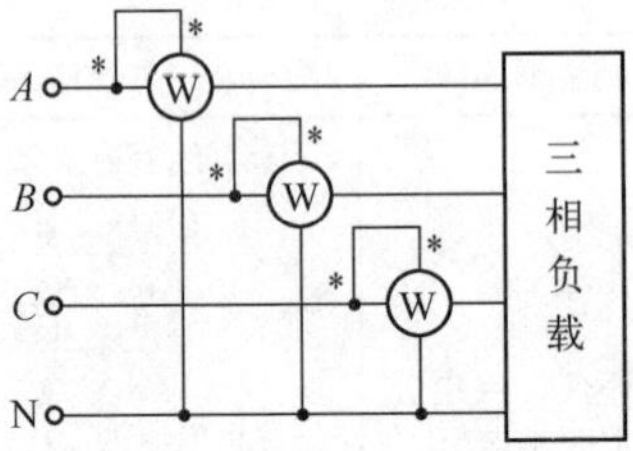

B 例 题

例1 已知对称三相电路的星形负载 $Z=12+\text{j}16\Omega$，端线和中线阻抗都是 $0.8+\text{j}0.6\Omega$，电源线电压 $U_l=380\text{V}$。求负载的电流和线电压。

解 对于三相对称的题目，只需要求解一相的数值，其他两相按对称性直接写出即可，通常计算 A 相。电源线电压 $U_l=380\text{V}$，可知电源相电压 $U_p=220\text{V}$。令 $\dot{U}_A=220\angle 0°\text{V}$，有

$$\dot{I}_A=\frac{\dot{U}_A}{12+\text{j}16+0.8+\text{j}0.6}=\frac{220\angle 0°}{12.8+\text{j}16.6}$$

$$I_A=\frac{220}{\sqrt{12.8^2+16.6^2}}=10.5\text{A}$$

$$U_l=\sqrt{12^2+16^2}\cdot I_A\cdot\sqrt{3}=364\text{V}$$

例2 图9-1所示三相对称电路，电源频率为50Hz，$Z=6+\text{j}8\Omega$。在负载端接入三相电容器组后，使功率因数提高到0.9，试求每相电容器的电容值。

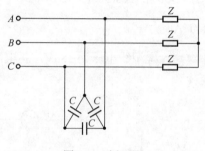

图9-1 例2图

解 此题需要先将3个电容形成的三角形连接，等效为星形连接，则形成每相一个阻抗和一个电容的并联结构。再利用功率因素提高的公式 $C'=\dfrac{P}{\omega U^2}(\tan\varphi_1-\tan\varphi_2)$ 计算一相功率因数提高到0.9所需要并联电容的数值。

电路功率 $P=\dfrac{U^2}{|Z|^2}R=\dfrac{6U^2}{100}$，功率因素提高前 $\tan\varphi_1=\dfrac{4}{3}$，提高后 $\cos\varphi_2=0.9$，得 $\tan\varphi_2=0.48$，则有

$$C'=\frac{6}{2\pi\times 50\times 100}\left(\frac{4}{3}-0.48\right)=1.63\times 10^{-4}\text{F}$$

$$C=\frac{1}{3}C'=5.416\times 10^{-5}\text{F}$$

例3 三相对称感性负载接到三相对称电源上，在两线间接一功率表如图9-2所示。若线电压 $U_l=380\text{V}$，负载功率因数 $\cos\varphi=0.6$，功率表读数 $P=275.3\text{W}$。求线电流 I_A。

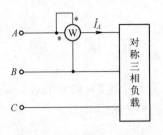

图 9-2 例 3 图

解 此题需要清楚功率表测量的原理，通过电路图确定此功率表连接的电流为 A 相的线电流 I_A，电压为 AB 相之间的线电压 U_{AB}。

设 $\dot{U}_A = 220\angle 0°\text{V}$

则 $\dot{U}_{AB} = 380\angle 30°\text{V}$

∵ $\cos\varphi = 0.6$（感性）

∴ $Z = |Z|\angle 53.1°\Omega$

又∵ $\dot{I}_A = \dfrac{\dot{U}_A}{Z} = \dfrac{U_A\angle 0°}{|Z|\angle 53.1°} = \dfrac{U_A}{|Z|}\angle -53.1°\text{A}$

∴ $P = U_{AB}I_A\cos(\varphi_{U_{AB}} - \varphi_{I_A}) = 380\times I_A\cos(30°+53.1°)$

∴ $I_A = \dfrac{275.3}{380\times\cos 83.1°} = 6.04\text{A}$

例 4 图 9-3 为对称三相电路，电源线电压为 380V，相电流为 2A，分别求图 9-3（a）和图 9-3（b）中两个功率表读数。

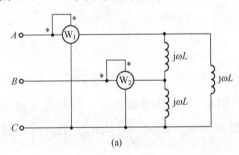
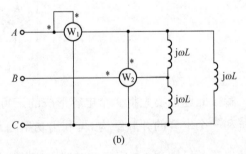

(a)　　　　　　　　　　　　　(b)

图 9-3 例 4 图

解 由图 9-3（a）可得 $\dot{U}_{AB} = 380\angle 0°\text{V}$，则

$$\dot{U}_{BC} = 380\angle -120°\text{V} \qquad \dot{U}_{CA} = 380\angle 120°\text{V}$$

则电感中的相电流

$$\dot{I}_{AB} = \dfrac{\dot{U}_{AB}}{\text{j}\omega L} = 2\angle -90°\text{A}$$

线电流

$$\dot{I}_A = \sqrt{3}\dot{I}_{AB}\angle -30° = 3.464\angle -120°\text{A}$$

$$W_1 = \text{Re}\left[\dot{U}_{AC}\dot{I}_A^*\right] = 685.2\text{W}$$

两个功率表测量的功率和为三相电路总功率，而电路只有感性负载，所以总功率为零。

$$W_1 + W_2 = 0 \Rightarrow W_2 = -W_1 = -1317.8\text{W}$$

由图 9-3（b）得 $W_1 = 1317.8\text{W}$，则 $W_2 = \text{Re}\left[\dot{U}_{AC}\dot{I}_B^*\right] = -1316.3\text{W}$。

例 5 在图 9-4 所示对称三相电路中，三相电压源的电压 $\dot{U}_{sA} = 300\text{e}^{\text{j}0°}\text{V}$，$\dot{U}_{sB} = 300\text{e}^{-\text{j}120°}\text{V}$，$\dot{U}_{sC} = 300\text{e}^{\text{j}120°}\text{V}$，负载每相阻抗 $Z_p = 45 + \text{j}35\Omega$，线路阻抗 $Z_l = 3 + \text{j}1\Omega$，中线阻抗 $Z_o = 2 + \text{j}4\Omega$。求各相电流相量及负载端相电压有效值和线电压有效值。

解 由于对称三相电路的中线电流为零，中线阻抗电压降为零，即 $\dot{U}_{O'O} = 0$，负载中性点与电源中性点为等电位点，可将 O' 与 O 两点短接。这时显而易见，每一相的电流等于该相电压源电压除以该相的总阻抗。因此，可以任意取出一相（例如 A 相）来计算。图 9-5 为计算 A 相的电路图，称为单相计算电路图。现对 A 相计算如下：

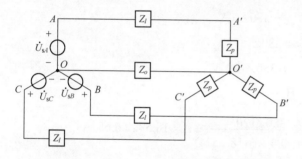
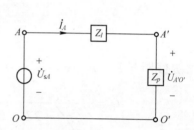

图 9-4 例 5 图 Y-Y 连接（有中线）图　　图 9-5 例 5 单相计算电路图

一相阻抗

$$Z = Z_l + Z_p = (3 + \text{j}1) + (45 + \text{j}35)\Omega = 48 + \text{j}36\Omega = 60\text{e}^{\text{j}36.9°}\Omega$$

A 相电流相量

$$\dot{I}_A = \frac{\dot{U}_{sA}}{Z} = \frac{300\text{e}^{\text{j}0°}}{60\text{e}^{\text{j}36.9°}}\text{A} = 5\text{e}^{-\text{j}36.9°}\text{A}$$

A 相负载电压相量为

$$\dot{U}_{A'O'} = Z_p\dot{I}_A = (45 + \text{j}35) \times 5\text{e}^{-\text{j}36.9°}\text{V} = 57\text{e}^{\text{j}37.9°} \times 5\text{e}^{-\text{j}36.9°}\text{V}$$
$$= 285\text{e}^{\text{j}1°}\text{V}$$

根据 A 相电流相量，可推算出其余的两相电流相量为

$$\dot{I}_B = \dot{I}_A\text{e}^{-\text{j}120°} = 5\text{e}^{-\text{j}36.9°}\text{e}^{-\text{j}120°}\text{A} = 5\text{e}^{-\text{j}156.9°}\text{A}$$
$$\dot{I}_C = \dot{I}_A\text{e}^{\text{j}120°} = 5\text{e}^{-\text{j}36.9°}\text{e}^{\text{j}120°}\text{A} = 5\text{e}^{\text{j}83.1°}\text{A}$$

负载端相电压有效值

$$U_{A'O'} = U_{B'O'} = U_{C'O'} = 285\text{V}$$

负载端线电压有效值

$$U_{A'B'} = U_{B'C'} = U_{C'A'} = \sqrt{3} \times 285\text{V} = 493.6\text{V}$$

例 6 在图 9-6 所示对称三相电路中，已知电源线电压为 380V，线路阻抗

$Z_l = 0.1 + j0.2\Omega$，负载一相阻抗 $Z = 18 + j24\Omega$，如 B 相因故断开，则断开处的电压应为多少？

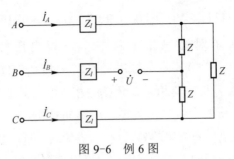

图 9-6 例 6 图

解 选线电压 $\dot{U}_{AB}$ 为参考相量，则

$$\dot{U}_{AB} = 380\angle 0°\text{V}$$

$$\dot{U}_{BC} = 380\angle -120°\text{V}$$

$$\dot{U}_{CA} = 380\angle 120°\text{V}$$

B 线断开后，$\dot{I}_B = 0$，$\dot{I}_A = -\dot{I}_C$，且

$$\dot{I}_C = \frac{\dot{U}_{CA}}{\dfrac{Z \times 2Z}{3Z} + 2Z_l} = \frac{380\angle 120°}{0.2 + j0.4 + \dfrac{2}{3}(18 + j24)}\text{A} = 18.59\angle 66.65°\text{A}$$

断开处的电压相量为

$$\dot{U} = \dot{U}_{BC} + Z_l \dot{I}_C + \frac{1}{3}Z\dot{I}_C$$

$$= 380\angle -120° + 18.59\angle 66.65° \times (0.1 + j0.2 + 6 + j8)\text{V}$$

$$= 329.1\angle -150°\text{V}$$

断开处的电压为 329.1V。

例 7 已知 Y-Y 对称三相电路的每相接有 3 个并联的负载阻抗，其中负载 1 消耗功率 6kW，功率因数为 1；负载 2 消耗功率 9.6kW，功率因数为 0.96（电感性）；负载 3 消耗功率 7kW，功率因数为 0.85（电感性）。负载端的相电压为 135V。试求：（1）三相负载消耗的总功率；（2）负载的相电流；（3）负载总的功率因数。

解 （1）三相负载消耗的总功率为

$$P = 3(P_1 + P_2 + P_3) = 3 \times (6 + 9.6 + 7) = 67.8\text{kW}$$

（2）根据已知条件，有

$$P_1 = UI_1 \cos\varphi_1 = 135I_1 = 6\text{kW} \qquad I_1 = 44.44\text{A}$$

$$P_2 = UI_2 \cos\varphi_2 = 0.96 \times 135I_2 = 9.6\text{kW} \qquad I_2 = 74.07\text{A}$$

$$P_3 = UI_3 \cos\varphi_3 = 0.85 \times 135I_3 = 7\text{kW} \qquad I_3 = 61\text{A}$$

以 A 相为参考相进行计算，令 $\dot{U}_A = 135\angle 0°\text{V}$，则有

$$\dot{I}_1 = 44.44\angle 0°\text{A}$$

$$\dot{I}_2 = 74.07\angle-\arccos 0.96 = 74.07\angle-16.26°\text{A}$$
$$\dot{I}_3 = 61\angle-\arccos 0.85 = 61\angle-31.79°\text{A}$$

所以 A 相总的电流为

$$\dot{I}_A = \dot{I}_1 + \dot{I}_2 + \dot{I}_3 = 44.44 + 74.07\angle-16.26° + 61\angle-31.79°$$
$$= 167.4 - \text{j}52.88 = 175.55\angle-17.53°\text{A}$$

因此，负载相电流为 175.55A。

（3）负载总的功率因数为

$$\lambda = \cos(-17.53°) = 0.95$$

例 8 已知对称三相电路的线电压 $U_l = 380\text{V}$（电源端），对称三角形负载 $Z = 18 + \text{j}31.2\Omega$，端线阻抗 $Z_L = 1.3 + \text{j}0.7\Omega$。求线电流和负载的相电流以及负载的相电压，并作相量图。

解 依据题意绘制题干电路图形如图 9-7（a）所示，将对称三角形负载转换为对称 Y 形负载。并单独考虑 A 相电路，如图 9-7（b）所示。设 $\dot{U}_{AN} = 220\angle-30°\text{V}$，则线电流为

$$\dot{I}_A = \frac{\dot{U}_{AN}}{Z_L + Z/3} = \frac{220\angle-30°}{1.3 + \text{j}0.7 + 6 + \text{j}10.4} = \frac{220\angle-30°}{13.28\angle 56.7°} = 16.5\angle-86.7°\text{A}$$

相电流为

$$\dot{I}_{AB} = \frac{1}{\sqrt{3}}\dot{I}_A\angle 30° = 9.56\angle-56.7°\text{A}$$

相电压为

$$\dot{U}_{AB} = \dot{I}_{AB}Z = 9.18\angle-56.7° \times 36\angle 60° = 344.16\angle 3.3°\text{V}$$

根据三相负载对称性，得

$$\dot{I}_B = \dot{I}_A\angle-120° = 16.5\angle 153.3°\text{A}$$
$$\dot{I}_C = \dot{I}_A\angle 120° = 16.5\angle 33.3°\text{A}$$
$$\dot{I}_{BC} = \dot{I}_{AB}\angle-120° = 9.56\angle-176.7°\text{A}$$
$$\dot{I}_{CA} = \dot{I}_{AB}\angle 120° = 9.56\angle 63.3°\text{A}$$
$$\dot{U}_{BC} = \dot{U}_{AB}\angle-120° = 344.16\angle 116.7°\text{V}$$
$$\dot{U}_{CA} = \dot{U}_{AB}\angle 120° = 344.16\angle 123.3°\text{V}$$

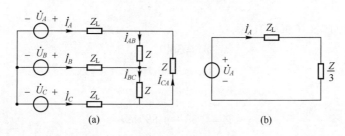

图 9-7 例 8 图解

例 9 已知对称三相电源的线电压 $U_l = 380$V。(1) 若负载为星形连接，负载 $Z = 10 + j15\Omega$，求相电压和负载吸收的功率；(2) 若负载为三角形连接，负载 $Z = 15 + j20\Omega$，求线电流和负载吸收的功率。

解 (1) 设 $\dot{U}_{AN} = 220\angle 0°$V，则

$$\dot{I}_A = \frac{\dot{U}_{AN}}{Z} = \frac{220\angle 0°}{18\angle 56.3°} = 12.2\angle -56.3°\text{A}$$

根据对称三相电路的对称性，可得 BC 相电压为

$$\dot{U}_{BN} = 220\angle -120°\text{V}$$
$$\dot{U}_{CN} = 220\angle 120°\text{V}$$

则负载吸收的功率为

$$P = 3U_A I_A \cos\varphi_Z = 3\times 220\times 12.2\cos(-56.3°) = 4.467\text{kW}$$

(2) $\dot{U}_{AN} = 220\angle 0°$，$\dot{U}_{AB} = 380\angle 30°$，则线电流为

$$\dot{I}_A = \frac{\dot{U}_{AN}}{Z/3} = \frac{220\angle 0°}{25/3\angle 53.1°} = 26.4\angle -53.1°\text{A}$$

根据对称三相电路的对称性，可得 BC 线电流为

$$\dot{I}_B = 26.4\angle -173.1°\text{A}$$
$$\dot{I}_C = 26.4\angle 66.9°\text{A}$$

则负载吸收的功率为

$$P = \sqrt{3}U_{AB}I_A\cos\varphi_Z = \sqrt{3}\times 380\times 26.4\cos(-53.1°) = 10.432\text{kW}$$

例 10 已知对称三相负载，其功率为 12.2kW，线电压为 220V，功率因数为 0.8（感性），求线电流。如果负载接成星形，求负载阻抗 Z。

解 根据对称三相负载的功率定义 $P = \sqrt{3}U_{AB}I_A\cos\varphi$，得线电流

$$I_A = \frac{P}{\sqrt{3}U_{AB}\cos\varphi} = \frac{12.2\text{kW}}{\sqrt{3}\times 220\times 0.8} = 40\text{A}$$

若负载接成星形，则

$$U_A = \frac{U_{AB}}{\sqrt{3}} = \frac{220}{\sqrt{3}} = 127\text{V}$$

$$|Z| = \frac{U_A}{I_A} = 3.175\Omega$$

又功率因数为 0.8（感性），则

$$\varphi_Z = 36.9°$$
$$\tan\varphi_Z = 0.75$$

则

$$Z = 2.53 + j1.8975\Omega$$

例 11 三相电压的线电压 $U_l = 380$V，线路阻抗 $Z = 1 + j2\Omega$，三相对称负载接成三

角形，$Z_L = 12 + j9\Omega$。求线电流 $\dot{I}_A$，相电流 $\dot{I}_{A'B'}$，及负载消耗的功率 P、Q。（设 $\dot{U}_{AB} = 380\angle 0°$）

解 因题干设 $\dot{U}_{AB} = 380\angle 0°\text{V}$，则 $\dot{U}_{AN} = 220\angle -30°\text{V}$。

则线电流 $\dot{I}_A$ 为

$$\dot{I}_A = \frac{\dot{U}_A}{Z + Z_L/3} = \frac{220\angle -30°}{1 + j2 + 4 + j3} = 31.1\angle -75°\text{A}$$

相电流 $\dot{I}_{A'B'}$ 为

$$\dot{I}_{A'B'} = \frac{1}{\sqrt{3}}\dot{I}_A \angle 30° = 17.9\angle -45°\text{A}$$

$$\dot{U}_{A'B'} = \dot{I}_{A'B'} Z_L = 17.9\angle -45° \times 15\angle 36.9° = 268.5\angle -8.1°\text{V}$$

负载消耗的有功功率 P 为

$$P = \sqrt{3}\dot{U}_{A'B'}\dot{I}_A \cos\varphi = \sqrt{3} \times 268.5 \times 31.1 \times \cos(45.1° - 8.1°) = 11.57\text{kW}$$

负载消耗的无功功率 Q 为

$$Q = \sqrt{3}\dot{U}_{A'B'}\dot{I}_A \sin\varphi = \sqrt{3} \times 268.5 \times 31.1 \times \sin(45.1° - 8.1°) = 8.677\text{kW}$$

C 练 习 题

1. 如图 9-8 所示,为正弦稳态三相对称电路,已知 $P_1 = 0$, $P_2 = 2420\text{W}$,线电压 $U_l = 380\text{V}$,求阻抗 Z 的值。

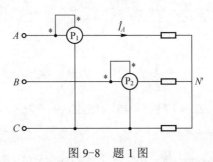

图 9-8 题 1 图

2. 在图 9-9 所示对称三相电路中,已知三相电源电压的相序是正序的。图中,$R = X_L = 1\Omega$,$X_C = -3\Omega$,$\dot{I} = 10\angle -60°\text{A}$,试求图中功率表 W 的读数。

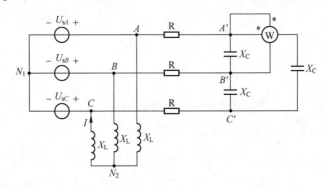

图 9-9 题 2 图

3. 某星形连接的三相异步电动机,接入电压为 380V 的电网中。当电动机满载运行时,其额定输出功率为 10kW,效率为 0.9,线电流为 20A。当电动机轻载运行时,其输出功率为 2kW,效率为 0.6,线电流为 10.5A。求上述两种情况下的功率因数。

4. 在图 9-10 所示电路中,对称三相电源的线电压为 380V,对称三相负载吸收的功率为 40kW,$\cos\varphi=0.85$(感性),B、C 两端线间接入一个功率为 12kW 的电阻,试求各线电流相量 $\dot{I}_A$、$\dot{I}_B$、$\dot{I}_C$。

5. 在图 9-11 中,一对称三相星形负载与一线电压为 300V 的对称三相电源相接。若当电源电压的相序是正序时,图中电压表 V_1 读数为 150V,功率表 W 读数为 100W,

(1) 求 R 与 X_L 之值;

(2) 求电压表 V_2 的读数;

(3) 若将电源电压的相序改为负序的,求此时 V_1,V_2,W 的读数。

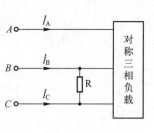

图 9-10 题 4 图

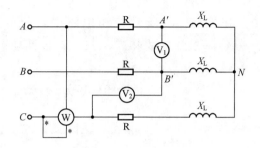

图 9-11 题 5 图

6. 在图 9-12 中，一对称三相三角形负载与一正序对称三相电源相接。若已知电源线电压为 380V，$R=10\Omega$，$X_C=-17.32\Omega$，$X_L=8.66\Omega$，试求：

（1）开关 S 断开时，负载吸收的三相有功功率 P 和三相无功功率 Q；

（2）开关 S 合上时，流过感抗 X_L 的电流的有效值 I_L；

（3）开关 S 断开及开关 S 合上两种情况下功率表 W 的读数。

7. 在图 9-13 中，一对称三相三角形负载与一对称三相电源相接，已知各相负载导纳 $Y=0.03-j0.04$ S，该三角形负载吸收的三相有功功率 $P=900$W，三相无功功率 $Q=1200$var，试求图中电压表 V 和电流表 A_1、A_2 的读数。

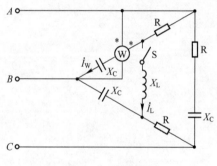

图 9-12 题 6 图

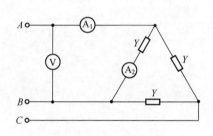

图 9-13 题 7 图

8. 在图 9-14 所示对称三相电路中，三相负载吸收的有功功率为 300W，当 A 相断开后，分别求各相负载吸收的有功功率。

9. 图 9-15 所示对称三相电路，线电压 $U_l=380$V，第一只功率表的读数为 $P_1=4$kW，第二只功率表的读数 $P_2=2$kW，试求三相负载的功率因数、第三只功率表的读数，以及负载吸收的三相无功功率 Q。

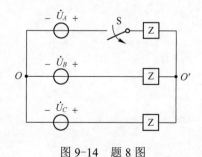

图 9-14 题 8 图

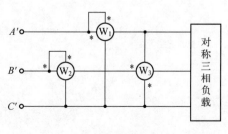

图 9-15 题 9 图

10. 在图 9-16 所示三相电路中，已知三相线电压对称，$\dot{U}_{AB} = 220\angle 0°\text{V}$，$R = X_L = |X_C| = 22\Omega$，试求 $\dot{I}_A$、$\dot{I}_B$、$\dot{I}_C$ 及两功率表读数。

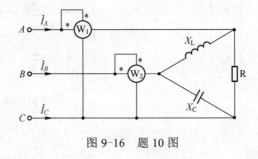

图 9-16 题 10 图

练习题答案

1. $30\angle-60°$

2. 43.3W

3. 满载时 0.844，轻载时 0.482

4. $I_A = 71.5\angle-31.788°\text{A}$，$I_B = 90.79\angle-133.94°\text{A}$，$I_C = 103.07\angle88.76°\text{A}$

5. （1）$R = 225\Omega$，$X_L = 129.9\Omega$；（2）259.81V；（3）$V_1 = V_2 = 150\text{V}$，200W

6. （1）$P = 10830\text{W}$，$Q = -18758\text{var}$；（2）$I_L = 21.94\text{A}$；（3）开关断开时 3610W，开关合上时 0W

7. $V = 100\text{V}$，$I_1 = 8.65\text{A}$，$I_2 = 5\text{A}$

8. $P_A = 0\text{W}$，$P_B = 75\text{W}$，$P_C = 75\text{W}$

9. 功率因数为 0.866，$W_3 = 2000\text{W}$，$Q = 3464.1\text{var}$

10. $\dot{I}_A = 19.319\angle-75°\text{A}$，$\dot{I}_B = 10\angle30°\text{A}$，$\dot{I}_C = 19.319\angle135°\text{A}$，$W_1 = 4105.3\text{W}$，$W_2 = -1905.3\text{W}$

第 10 章 非正弦周期电流电路

A 内 容 提 要

一、非正弦周期函数傅里叶级数展开

非正弦周期函数 $f(t)$ 可以展开傅里叶级数为

$$f(t) = a_0 + \sum_{k=1}^{\infty}(a_k \cos k\omega t + b_k \sin k\omega t) \qquad (1)$$

式中：a_0、a_k、b_k 称为傅里叶系数，分别为

$$a_0 = \frac{1}{T}\int_0^T f(t)\mathrm{d}t$$

$$a_k = \frac{2}{T}\int_0^T f(t)\cos k\omega t \mathrm{d}t = \frac{1}{\pi}\int_0^{2\pi} f(t)\cos k\omega t \mathrm{d}(\omega t)$$

$$b_k = \frac{2}{T}\int_0^T f(t)\sin k\omega t \mathrm{d}t = \frac{1}{\pi}\int_0^{2\pi} f(t)\sin k\omega t \mathrm{d}(\omega t)$$

$$(k=1,2,3,\cdots)$$

式（1）可写成另一种形式：

$$f(t) = A_0 + \sum_{k=1}^{\infty} A_{km}\cos(k\omega t + \varphi_k)$$

式中：A_0、A_{km} 和 φ_k 分别为

$$A_0 = a_0$$

$$A_{km} = \sqrt{a_k^2 + b_k^2}$$

$$\varphi_k = -\arctan\frac{b_k}{a_k}$$

式（1）也可写成指数形式：

$$f(t) = \sum_{k=-\infty}^{\infty} C_k \mathrm{e}^{\mathrm{j}k\omega t}$$

式中

$$C_k = \frac{1}{T}\int_0^T f(t)\mathrm{e}^{-\mathrm{j}k\omega t}\mathrm{d}t$$

二、非正弦周期函数频谱图

为了直观地表示一个周期函数 $f(t)$ 分解为傅里叶级数后包含哪些频率分量和各分量所占的"比重",用长度与各次谐波振幅及初相角的大小相对应的线段、按频率的高低把它们依次排列起来,这种图形称为 $f(t)$ 的频谱图。

在频谱图中,每一条谱线(线段)的高度代表某一谐波分量的振幅,谱线所在的横坐标位置则为此谐波分量的频率(或角频率),这种频谱称为幅度频谱。若把各次谐波的初相角用相应的线段依次排列起来所得到的图形称为相位频谱。

三、非正弦周期电流和电压的有效值

$$I = \sqrt{I_0^2 + I_1^2 + I_2^2 + I_3^2 + \cdots}$$

$$U = \sqrt{U_0^2 + U_1^2 + U_2^2 + U_3^2 + \cdots}$$

注意:非正弦周期电流和电压有效值与最大值之间一般不满足 $\sqrt{2}$ 倍的关系,即

$$I \neq \frac{1}{\sqrt{2}} I_\mathrm{m}, \quad U \neq \frac{1}{\sqrt{2}} U_\mathrm{m}$$

四、非正弦周期电流和电压的平均值

$$I_\mathrm{av} = \frac{1}{T} \int_0^T |i(t)| \mathrm{d}t$$

$$U_\mathrm{av} = \frac{1}{T} \int_0^T |u(t)| \mathrm{d}t$$

五、非正弦周期电流电路中的功率

(一)瞬时功率

$$p = ui = \left[U_0 + \sum_{k=1}^{\infty} U_{km} \cos(k\omega t + \varphi_{ku}) \right] \cdot \left[I_0 + \sum_{k=1}^{\infty} I_{km} \cos(k\omega t + \varphi_{ki}) \right]$$

(二)平均功率

$$P = U_0 I_0 + U_1 I_1 \cos\varphi_1 + U_2 I_2 \cos\varphi_2 + U_3 I_3 \cos\varphi_3 + \cdots$$

注意:不同频率的电压和电流只能构成瞬时功率,不能构成平均功率。

(三)视在功率

$$S = UI = \sqrt{U_0^2 + U_1^2 + U_2^2 + \cdots} \times \sqrt{I_0^2 + I_1^2 + I_2^2 + \cdots}$$

六、非正弦周期电流电路计算

用"谐波分析法"计算非正弦周期电流电路。

(一)计算步骤

(1)将外施激励非正弦周期波分解为傅里叶级数。(高次谐波取到哪一项为止,要根

据所需要的准确度的高低而定）。

（2）分别求出恒定分量及各次谐波激励分量单独作用于电路时的各未知电压或电流。对于恒定分量，相当于计算直流电路；对于各次谐波分量，相当于计算正弦交流电路，一般用相量法进行。

（3）应用叠加定理，将计算出来的属于同一支路的电流（或电压）的瞬时值相加。

（二）注意点

（1）各次谐波单独作用于电路时，要注意阻抗与频率的关系：

k 次谐波的感抗 $X_{Lk} = k\omega L$，即感抗与角频率成正比。

k 次谐波的容抗 $|X_{Ck}| = \dfrac{1}{k\omega C}$，即容抗与角频率成反比。

（2）应用叠加定理时，应将各次谐波的瞬时值相加，而不能把各次谐波的相量相加。

B 例 题

例 1 求图 10-1 所示各波形的直流分量和基波的频率。

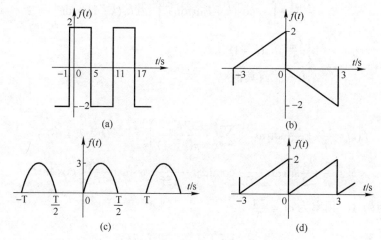

图 10-1 例 1 图

解 （a）显然在一个周期内信号的均值为零，周期为 12s，即
$A_0 = a_0 = \frac{1}{T}\int_0^T f(t)\mathrm{d}t = 0$；基波频率与非正弦信号频率相同 $\omega_1 = \frac{2\pi}{T} = \frac{\pi}{6}\mathrm{Hz}$。

（b）显然在一个周期内信号的均值为零，周期为 6s，即
$$A_0 = a_0 = \frac{1}{T}\int_0^T f(t)\mathrm{d}t = 0 \ ; \quad \omega_1 = \frac{2\pi}{T} = \frac{\pi}{3}\mathrm{Hz}$$

（c）周期为 T，频率为 $\omega_1 = \frac{2\pi}{T}$。

一个周期内的波形函数为 $f(t) = \begin{cases} F_\mathrm{m}\sin\omega t & \left(0 \leqslant t \leqslant \frac{T}{2}\right) \\ 0 & \left(\frac{T}{2} \leqslant t \leqslant T\right) \end{cases}$，其中 $F_\mathrm{m} = 3; \omega_1 = \frac{2\pi}{T}$

有
$$a_0 = \frac{1}{T}\int_0^T f(t)\mathrm{d}t = \frac{F_\mathrm{m}}{T}\int_0^{T/2}\sin\omega_1 t\mathrm{d}t = \frac{F_\mathrm{m}}{\omega T}(-\cos\omega_1 t)\Big|_0^{T/2}$$
$$= \frac{F_\mathrm{m}}{2\pi}(\cos 0 - \cos\pi) = \frac{F_\mathrm{m}}{\pi} = \frac{3}{\pi}$$
$$a_k = \frac{2}{T}\int_0^T f(t)\cos k\omega_1 t\mathrm{d}t = \frac{2F_\mathrm{m}}{T}\int_0^{T/2}\sin\omega_1 t\cos k\omega_1 t\mathrm{d}t$$
$$= \frac{F_\mathrm{m}}{T}\left[\int_0^{T/2}\sin(k+1)\omega t\mathrm{d}t - \int_0^{T/2}\sin(k-1)\omega_1 t\mathrm{d}t\right]$$
$$= \begin{cases} -\dfrac{2F_\mathrm{m}}{\pi(k^2-1)} & (k\text{ 为偶数}) \\ 0 & (k\text{ 为奇数}) \end{cases}$$

这里注意 $k=1$ 时需单独讨论。

同理，有

$$b_k = \frac{2}{T}\int_0^T f(t)\sin k\omega_1 t\,\mathrm{d}t = \frac{2F_\mathrm{m}}{T}\int_0^{T/2}\sin\omega_1 t\sin k\omega_1 t\,\mathrm{d}t$$

$$= \frac{F_\mathrm{m}}{T}\left[-\int_0^{T/2}\cos(k+1)\omega_1 t\,\mathrm{d}t + \int_0^{T/2}\cos(k-1)\omega_1 t\,\mathrm{d}t\right]$$

$$= \begin{cases} \dfrac{F_\mathrm{m}}{2} & (k=1) \\ 0 & (\text{其他}) \end{cases}$$

因此

$$f(t) = \frac{F_\mathrm{m}}{\pi} + \frac{F_\mathrm{m}}{2}\sin\omega_1 t + \sum\left(-\frac{2F_\mathrm{m}}{\pi(k^2-1)}\right) \quad (k\text{为}2,4,6\cdots)$$

$$= \frac{3}{\pi} + \frac{3}{2}\sin\omega_1 t - \frac{6}{3\pi}\cos 2\omega_1 t - \frac{6}{15\pi}\cos 4\omega_1 t - \frac{6}{35\pi}\cos 4\omega_1 t\cdots$$

（d）周期为 3，频率为 $\omega_1 = \dfrac{2\pi}{3}$。

$$A_0 = a_0 = \frac{1}{T}\int_0^T f(t)\mathrm{d}t = \frac{1}{3}\int_0^3 \frac{2t}{3}\mathrm{d}t = 1$$

例 2 求图 10-2 所示（非正弦周期信号）波形的傅里叶级数的系数。

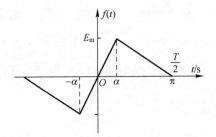

图 10-2　例 2 图

解 周期为 $T = 2\pi$，$\omega_1 = 1\text{rad/s}$。显然在一个周期内信号的均值为零，$a_0 = 0$ 根据对称性，波形为奇函数，因此分解后的表达式中不含余弦分量，即 $a_k = 0$。

$$b_k = \frac{2}{T}\int_0^T f(t)\sin k\omega_1 t\,\mathrm{d}t$$

$$= \frac{2}{2\pi}\left[\int_{-\pi}^{-\alpha}\frac{E_\mathrm{m}}{\pi-\alpha}(-t-\pi)\sin kt\,\mathrm{d}t + \int_{-\alpha}^{\alpha}\frac{E_\mathrm{m}}{\alpha}t\sin kt\,\mathrm{d}t + \int_{\alpha}^{\pi}\frac{E_\mathrm{m}}{\pi-\alpha}(-t+\pi)\sin kt\,\mathrm{d}t\right]$$

$$= \frac{1}{\pi}\left[\frac{2E_\mathrm{m}}{\pi-\alpha}\frac{\pi}{k}(\cos k\alpha - \cos k\pi) + \frac{2E_\mathrm{m}}{\alpha}\left(\frac{1}{k^2}\sin k\alpha - \frac{\alpha}{k}\cos k\alpha\right)\right]$$

$$= \frac{2E_\mathrm{m}}{\alpha k^2(\pi-2)}\sin k\alpha$$

$$f(t) = \sum_{k=1}^{\infty} b_k \sin(k\omega_1 t)$$

例3 波形如图10-3所示，试选择坐标原点，使之便于求出傅里叶级数；试求出前4项，并作出频谱图。已知波形的周期 $T = 0.3$s。

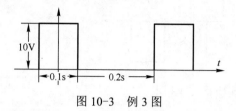

图10-3 例3图

解 坐标如图10-4所示。

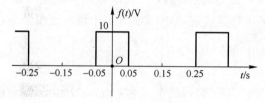

图10-4 例3图解

一个周期内的波形函数为

$$f(t) = \begin{cases} 10 & (-0.05 < t < 0.05) \\ 0 & (-0.15 < t < -0.05, 0.05 < t < 0.15) \end{cases}$$，其中 $T = 0.3$s；$\omega = \dfrac{2\pi}{T} = \dfrac{20\pi}{3}$

函数为偶函数，$b_k = 0$

易求 $a_0 = \dfrac{10}{3}$，$a_k = \dfrac{20}{k\pi}\sin\dfrac{k\pi}{3}$

于是，有

$$f(t) \approx \dfrac{10}{3} + \sum_{k=1}^{3} \dfrac{20}{k\pi}\sin\dfrac{k\pi}{3}\cos\dfrac{20k\pi}{3}t$$

$$= \dfrac{10}{3} + \dfrac{20}{\pi}\left(\dfrac{\sqrt{3}}{2}\cos\dfrac{20\pi}{3}t + \dfrac{\sqrt{3}}{4}\cos\dfrac{40\pi}{3}t\right)$$

频谱图略。

例4 求图10-5所示波形的傅里叶指数形式的系数。

解 周期为 $T = 2\pi$，$\omega_1 = 1$rad/s。显然在一个周期内信号的均值为零，$a_0 = 0$。根据对称性，波形为偶函数，因此分解后的表达式中不含余弦分量，即 $b_k = 0$。

$$a_k = \dfrac{2}{T}\int_0^T f(t)\cos k\omega_1 t\, dt$$

$$= \begin{cases} \dfrac{2A_m}{k\pi}\sin k\alpha & (k = \pm 1, \pm 3, \cdots) \\ 0 & (k = \pm 2, \pm 4, \cdots) \end{cases}$$

频谱图略。

例5 求图10-6所示电路中电压 u 的有效值。已知 $u_1 = 4$V, $u_2 = 6\sin\omega t$。

解 $U = \sqrt{4^2 + \left(\dfrac{6}{\sqrt{2}}\right)^2} = 5.83$V

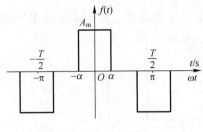
图 10-5 例 4 图

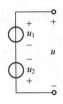
图 10-6 例 5 图

例 6 一个 RLC 串联电路，其 $R=11\Omega$，$L=0.015\text{H}$，$C=70\mu\text{F}$。如外加电压 $u(t)=(11+141.4\cos 1000t-35.4\sin 2000t)\text{V}$。试求电路中的电流 $i(t)$ 和电路消耗的功率。

解 RLC 串联电路，直流情况，电容相当于开路，直流分量 $i_{(0)}(t)=0\text{A}$；一次谐波情况，阻抗 $Z_{(1)}=11+\text{j}\left(1000\times 0.015-\dfrac{1}{1000\times 70\times 10^{-6}}\right)$；电源 $\dot{U}_{(1)}=100\angle 0°\text{V}$；电流 $\dot{I}_{(1)}=\dfrac{\dot{U}_{(1)}}{Z_{(1)}}=9.07\angle -3.7°\text{V}$，即一次谐波电流为 $i_{(1)}(t)=12.83\cos(1000t-3.7°)\text{A}$

同理可求解二次谐波电流为 $i_{(2)}(t)=1.395\cos(2000t+25.7°)\text{A}$

（注意求解中电源相量为 $\dot{U}_{(2)}=\dfrac{35.4}{\sqrt{2}}\angle 90°\text{V}$）

因此 $i(t)=12.83\cos(1000t-3.7°)+1.395\cos(2000t+25.7°)\text{A}$

$$P=U_{(0)}I_{(0)}+U_{(1)}I_{(1)}\cos\varphi_{(1)}+U_{(2)}I_{(2)}\cos\varphi_{(2)}=918.26\text{W}$$

例 7 电路如图 10-7 所示，已知 $R=3\Omega$，$C=\dfrac{1}{8}\text{F}$，$u_\text{S}=12+10\cos 2t\text{ V}$。试求：

（1）电流 i、电压 u_R 和 u_C 的稳态解及各有效值；
（2）电压源提供的平均功率。

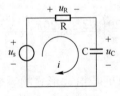

图 10-7 例 7 图

解 （1）电压源为直流电源和交流电源的叠加，直流 12V 作用时，电容相当于开路，此时 $i_{(0)}=0\text{A}$；$u_{\text{R}(0)}=0\text{V}$；$u_{\text{C}(0)}=12\text{V}$。

交流电源作用时，采用相量分析法，电压源相量为 $\dot{U}_{\text{s}(1)}=\dfrac{10}{\sqrt{2}}\angle 0°\text{V}$，电容阻抗 $Z_{\text{C}(1)}=-\text{j}\dfrac{1}{\omega C}=-\text{j}4\Omega$

$$\dot{I}_{(1)}=\dfrac{\dot{U}_{\text{s}(1)}}{R+Z_{\text{C}(1)}}=\dfrac{\dfrac{10}{\sqrt{2}}\angle 0°}{3-\text{j}4}=\dfrac{\dfrac{10}{\sqrt{2}}\angle 0°}{5\angle -53.1°}=\dfrac{2}{\sqrt{2}}\angle 53.1°\text{A}$$

$$\dot{U}_{R(1)} = R\dot{I}_{(1)} = \frac{6}{\sqrt{2}}\angle 53.1°\text{V}, \dot{U}_{C(1)} = Z_{C(1)}\dot{I}_{(1)} = \frac{8}{\sqrt{2}}\angle -36.9°\text{V}$$

于是有 $i_{(1)}(t) = 2\cos(2t + 53.1°)\text{A}$

$$u_{R(1)}(t) = 6\cos(2t + 53.1°)\angle 53.1°\text{V}, u_{C(1)} = 8\cos(2t - 36.9°)\text{V}$$

则

$$i(t) = i_{(0)} + i_{(1)} = 2\cos(2t + 53.1°)\text{A}$$
$$u_R(t) = u_{R(0)} + u_{R(1)} = 6\cos(2t + 53.1°)\angle 53.1°\text{V}$$
$$u_C(t) = u_{C(0)} + u_{C(1)} = 12 + 8\cos(2t - 36.9°)\text{V}$$

由有效值的计算公式，有

$$I = \sqrt{2}\text{A}; U_R(t) = 3\sqrt{2}\text{V}$$
$$U_C = \sqrt{12^2 + \left(\frac{8}{\sqrt{2}}\right)^2} = 13.3\text{V}$$

（2）电源发出的平均功率为 $P = P_{(0)} + P_{(1)} = 0 + \frac{10}{\sqrt{2}} \times \frac{2}{\sqrt{2}}\cos(0 - 53.1°) = 6\text{W}$

例8 电路如图10-8所示，已知 $R=6\Omega$，$L=0.1\text{H}$，

$$u(t) = 63.6 + 100\cos\omega t - 42.4\cos(2\omega t + 90°)\text{V}，\omega=377\text{rad/s}$$

试求电路中的电流 $i(t)$ 和电路的平均功率。

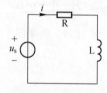

图10-8 例8图

解 $u(t) = 63.6 + 100\cos\omega t + 42.4\cos(2\omega t - 90°)\text{V}$

电压源为直流电源和交流电源的叠加，直流63.6V作用时，电感相当于短路，此时

$$i_{(0)} = \frac{63.6}{6} = 10.6\text{A}; u_{R(0)} = 63.6\text{V}; u_{L(0)} = 0\text{V}$$

交流电源 $100\cos\omega t$ 作用时，电压源相量为 $\dot{U}_{s(1)} = \frac{100}{\sqrt{2}}\angle 0°\text{V}$，电感阻抗

$$Z_{L(1)} = j\omega L = j37.7\Omega$$

$$\dot{I}_{(1)} = \frac{\dot{U}_{s(1)}}{R + Z_{L(1)}} = 1.85\angle -81°\text{A}$$

于是，有

$$i_{(1)}(t) = 1.85\sqrt{2}\cos(\omega t - 81°)\text{A}$$

交流电源 $42.4\cos(2\omega t - 90°)$ 作用时，电压源相量为 $\dot{U}_{s(2)} = \frac{42.4}{\sqrt{2}}\angle -90°\text{V}$，电感阻抗

$$Z_{L(2)} = j2\omega L = j75.4\Omega$$

$$\dot{I}_{(2)} = \frac{\dot{U}_{s(2)}}{R+Z_{L(2)}} = 0.4\angle-175.5°\text{A}$$

于是，有

$$i_{(2)}(t) = 0.4\sqrt{2}\cos(2\omega t - 175.5°)\text{A}$$

则

$$i(t) = i_{(0)} + i_{(1)} + i_{(2)} = 10.6 + 1.85\sqrt{2}\cos(\omega t - 81°) + 0.4\sqrt{2}\cos(2\omega t - 175.5°)\text{A}$$

平均功率为

$$P = P_{(0)} + P_{(1)} + P_{(2)} = 63.6 \times 10.6 + \frac{100}{\sqrt{2}} \times 1.85\cos(81°) + \frac{42.4}{\sqrt{2}} \times 0.4\cos(-90° + 175.5°) = 766.4\text{W}$$

例 9 图 10-9 所示电路中，设

$$u_s = 90 + 20\cos 20t + 30\cos 20t + 20\cos 40t + 13.24\cos(60t + 71°)\text{V}$$

$$i = \cos(20t - 60°) + \sqrt{2}\cos(40t - 45°)\text{A}$$

求平均功率 P。

图 10-9 例 9 图

解 平均功率为

$$P = P_{(0)} + P_{(1)} + P_{(2)} + P_{(3)} = 0 + \frac{50}{\sqrt{2}} \times \frac{1}{\sqrt{2}}\cos(0-(-60°)) + \frac{20}{\sqrt{2}} \times \frac{\sqrt{2}}{\sqrt{2}}\cos(0+45°) + 0 = 22.5\text{W}$$

例 10 已知作用于 RLC 串联电路的电压 $u_s(t) = 50\cos\omega t + 25\cos(3\omega t + 60°)\text{V}$，且已知基波频率的输入阻抗 $Z(\text{j}\omega) = R + \text{j}\left(\omega L - \dfrac{1}{\omega C}\right) = 8 + \text{j}(2-8)\Omega$，求电流 $i(t)$。

解 基波部分：$\dot{U}_{s(1)} = \dfrac{50}{\sqrt{2}}\angle 0°\text{V}$，$Z_{(1)} = 8 - \text{j}6\Omega$，$\dot{I}_{(1)} = \dfrac{\frac{50}{\sqrt{2}}\angle 0°}{10\angle-36.9°} = \dfrac{5}{\sqrt{2}}\angle 36.9°\text{A}$，有

$$i_{(1)}(t) = 5\cos(\omega t + 36.9°)\text{A}$$

三次谐波部分：$\dot{U}_{s(3)} = \dfrac{25}{\sqrt{2}}\angle 60°\text{V}$，$Z_{(3)} = R + \text{j}\left(3\omega L - \dfrac{1}{3\omega C}\right) = 8 + \text{j}\left(6 - \dfrac{8}{3}\right) = 8+\text{j}3.33\Omega$，

则 $\dot{I}_{(3)} = \dfrac{\frac{25}{\sqrt{2}}\angle 60°}{8+\text{j}3.33} = \dfrac{2.89}{\sqrt{2}}\angle 37.4°\text{A}$，有 $i_{(3)}(t) = 2.89\cos(3\omega t + 37.4°)\text{A}$

于是有 $i(t) = i_{(1)}(t) + i_{(3)}(t) = 5\cos(\omega t + 36.9°) + 2.89\cos(\omega t + 37.4°)\text{A}$

例 11 电路如图 10-10 所示，$i(t) = 2 + I_{2m}\cos(2t - 53.1°)$A，$u(t) = 6 + 10\cos 2t$ V，试计算：

（1） R、L、I_{2m}；

（2）在 $u(t) = 10 + 5\cos t + 5\cos 2t$ V 作用时的电流 $i(t)$。

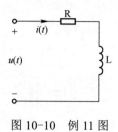

图 10-10　例 11 图

解

（1） $R = \dfrac{U_0}{I_0} = \dfrac{6}{2} = 3\Omega$

由 $\tan 53.1° = \dfrac{\omega L}{R} = \dfrac{2L}{R}$

可得 $L = \dfrac{1}{2}R\tan 53.1° = 2$H

$$I_{2m} = \dfrac{U_{2m}}{|Z_2|} = \dfrac{10}{\sqrt{R^2 + (2L)^2}} = \dfrac{10}{\sqrt{3^2 + 4^2}} = 2\text{A}$$

（2） $I_0 = \dfrac{10}{3} = 3.33$A

$$\dot{I}_{1m} = \dfrac{\dot{U}_{1m}}{Z_1} = \dfrac{5\angle 0°}{3 + j2} = 1.387\angle -33.69°\text{A}$$

$$\dot{I}_{2m} = \dfrac{\dot{U}_{2m}}{Z_2} = \dfrac{5\angle 0°}{3 + j4} = 1\angle -53.13°\text{A}$$

则 $i(t) = 33.3 + 1.387\cos(t - 33.69°) + \cos(2t - 53.13°)$A

例 12 电路如图 10-11 所示，已知外激励 $u_s = 200 + 100\cos 3\omega_1 t$ V，$\omega_1 L = 5\Omega$，$\dfrac{1}{\omega_1 C} = 4\Omega$，$R = 50\Omega$，求交流电流表、电压表和功率表的读数。

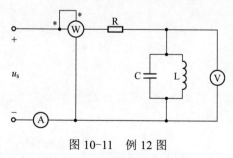

图 10-11　例 12 图

解　（1）直流分量 $U_0 = 200$V 作用于电路时：

∵ 电容相当于开路，电感相当于短路，

∴ 电流 $I_0 = \dfrac{U_0}{R} = \dfrac{200}{50} = 4\text{A}$

电压 $U_{L0} = 0$

功率 $P_0 = I_0^2 R = 4^2 \times 50 = 800\text{W}$

（2）三次谐波 $u_3 = 100\cos 3\omega_1 t$ 作用于电路时：

电流 $\dot{I}_3 = \dfrac{\dot{U}_3}{R + \dfrac{(j3\omega_1 L)\left(\dfrac{1}{j3\omega_1 C}\right)}{j\left(3\omega_1 L - \dfrac{1}{3\omega_1 C}\right)}} = \dfrac{\dfrac{1}{\sqrt{2}}100\angle 0°}{50 + \dfrac{15 \times \dfrac{4}{3}}{j\left(15 - \dfrac{4}{3}\right)}} = \dfrac{1}{\sqrt{2}}2\angle 1.67° = 1.41\angle 1.67°\text{A}$

电压 $\dot{U}_{L3} = \dot{I}_3 \cdot \dfrac{(j3\omega_1 L)\left(\dfrac{1}{j3\omega_1 C}\right)}{j\left(3\omega_1 L - \dfrac{1}{3\omega_1 C}\right)} = 1.41\angle 1.67° \dfrac{15 \times \dfrac{4}{3}}{j\left(15 - \dfrac{4}{3}\right)} = 2.06\angle -88.33°\text{V}$

功率 $P_3 = I_3^2 R = 1.41^2 \times 50 = 100\text{W}$

（3）∵ 电流表读数是有效值 I，

∴ $I = \sqrt{I_0^2 + I_3^2} = \sqrt{4^2 + 1.41^2} = 4.24\text{A}$

∵ 电压表读数是有效值 U_L，

∴ $U_L = \sqrt{U_{L0}^2 + U_{L3}^2} = \sqrt{0 + 2.06^2} = 2.06\text{V}$

∵ 功率表读数是平均功率 P，

∴ $P = P_0 + P_3 = 800 + 100 = 900\text{W}$

例 13 图 10-12 所示电路中，输入电压

$$u_1(t) = 10\cos 200t + 10\cos 400t + 10\cos 800t\,\text{V}$$

若使输出电压 $u_2(t)$ 中只含角频率为 200rad/s 的分量，问 L、C 应取何值？

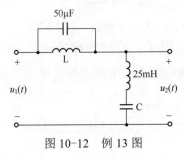

图 10-12 例 13 图

解 有两种情况：

（1）L 与 50μF 电容电路对 400rad/s 谐波并联谐振，C 与 25mH 电感电路对 800rad/s 谐波串联谐振时：

$$L = \dfrac{1}{400^2 \times 50 \times 10^{-6}} = \dfrac{1}{8} = 0.125\text{H}$$

$$C = \dfrac{1}{800^2 \times 25 \times 10^{-3}} = 62.5\text{μF}$$

（2）L与50μF电容电路对800rad/s谐波并联谐振，C与25mH电感电路对400rad/s谐波串联谐振时：

$$L = \frac{1}{800^2 \times 50 \times 10^{-6}} = 31.25 \text{mH}$$

$$C = \frac{1}{400^2 \times 25 \times 10^{-3}} = 250 \mu\text{F}$$

例14 电路如图10-13所示，已知 $R_1 = 2\Omega$，$R_2 = 3\Omega$，$\omega L_1 = \omega L_2 = 4\Omega$，$\omega M = 1\Omega$，$\frac{1}{\omega C} = 6\Omega$，$u = 20 + 20\cos\omega t$ V，求两电流表读数。

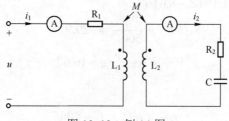

图10-13 例14图

解 对于直流分量，有

$$I_{1(0)} = \frac{U_0}{R} = \frac{20}{2} = 10\text{A}$$

$$I_{2(0)} = 0$$

对于角频率为 ω 的交流分量，列回路方程：

$$\begin{cases} (2+\text{j}4)\dot{I}_{1(1)} - \text{j}\dot{I}_{2(1)} = \frac{20}{\sqrt{2}}\angle 0° = 10\sqrt{2}\angle 0° \\ -\text{j}\dot{I}_{1(1)} + (3-\text{j}2)\dot{I}_{2(1)} = 0 \end{cases}$$

解得：$\dot{I}_{1(1)} = 2.99\angle -61.76°\text{A}$

$$\dot{I}_{2(1)} = 0.83\angle 61.93°\text{A}$$

所以，电流表的读数 I_1、I_2 分别为

$$I_1 = \sqrt{10^2 + 2.99^2} = 10.44\text{A}$$

$$I_2 = 0.83\text{A}$$

例15 如图10-14所示，已知

$$u(t) = 50 + 50\cos 500t + 30\cos 1000t + 20\cos 1500t \text{V}$$

$$i(t) = 1.667\cos(500t + 86.19°) + 15\cos 1000t + 1.191\cos(1500t - 83.16°)\text{A}$$

求：（1）二端网络吸收的功率；
（2）若用一个R、L、C串联电路来模拟这个二端网络，R、L、C应取何值？

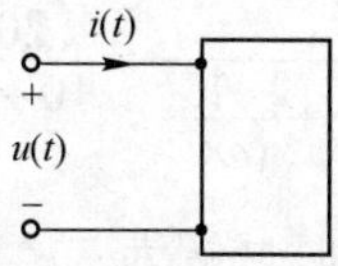

图10-14 例15图

解 （1）
$$P = \frac{1}{2} \times 50 \times 1.667 \cos(-86.19°) + \frac{1}{2} \times 30 \times 15 + \frac{1}{2} \times 20 \times 1.191 \cos 83.16°$$
$$= 2.77 + 225 + 1.42 = 229.2 \text{W}$$

（2） $Z_{(1)} = \dfrac{50\angle 0°}{1.667\angle 86.19°} = 30\angle -86.19° = 2 - j29.9 \Omega$

$$Z_{(2)} = \frac{30\angle 0°}{15\angle 0°} = 2\Omega = R$$

$$Z_{(3)} = \frac{20\angle 0°}{1.191\angle -83.16°} = 16.79\angle 83.16° = 2 + j16.67 \Omega$$

则有
$$\begin{cases} 500L - \dfrac{1}{500C} = -29.9 \\ 1500L - \dfrac{1}{1500C} = 16.67 \end{cases}$$

可得
$$L = 20\text{mH}, \quad C = 50\mu\text{F}$$

例 16 在图 10-15 所示电路中，已知 $\omega = 314\text{rad/s}$，$R_1 = R_2 = 10\Omega$，$L_1 = 0.106\text{H}$，$L_2 = 0.0133\text{H}$，$C_1 = 95.6\mu\text{F}$，$C_2 = 159\mu\text{F}$，$u_s(t) = 10 + 20\sqrt{2}\cos\omega t + 10\sqrt{2}\cos 3\omega t \text{V}$ 求 $i_1(t)$ 及 $i_2(t)$。

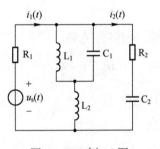

图 10-15 例 16 图

解 直流分量电压单独作用时，电容相当于开路，电感相当于短路，因此
$$I_{10} = \frac{U_{s0}}{R_1} = \frac{10}{10}\text{A} = 1\text{A}$$
$$I_{20} = 0$$

基波分量电压单独作用时，L_1 与 C_1 并联的等效导纳为
$$j\omega C_1 + \frac{1}{j\omega L_1} = j(3 \times 10^{-2} - 3 \times 10^{-2})\text{S} = 0$$

相当于开路，因此
$$\dot{I}_{11m} = \dot{I}_{21m} = \frac{\dot{U}_{s1m}}{R_1 + R_2 + \dfrac{1}{j\omega C_2}} = \frac{20\sqrt{2}e^{j0°}}{10 + 10 - j20}\text{A} = 1e^{j45°}\text{A}$$

基波分量电压单独作用时响应的时域解为

$$i_{11}(t) = i_{21}(t) = \cos(\omega t + 45°)\text{A}$$

三次谐波分量电压单独作用时，L_1 与 C_1 并联的等效阻抗为

$$\cfrac{1}{\text{j}3\omega C_1 + \cfrac{1}{\text{j}3\omega L_1}} = -\text{j}12.5\Omega$$

而电感 L_2 在三次谐波频率下的阻抗为 $\text{j}3\omega L_2 = \text{j}12.5\Omega$，所以对三次谐波而言，$L_1$ 与 C_1 并联后再与 L_2 串联，发生串联谐振，相当于短路，故

$$\dot{I}_{13\text{m}} = \frac{\dot{U}_{s3\text{m}}}{R_1} = \frac{10\sqrt{2}\text{e}^{\text{j}0°}}{10}\text{A} = \sqrt{2}\text{e}^{\text{j}0°}\text{A}$$

$$\dot{I}_{23\text{m}} = 0\text{A}$$

三次谐波分量电压单独作用时响应的时域解为

$$i_{13}(t) = \sqrt{2}\cos 3\omega t \text{A}$$

$$i_{23}(t) = 0\text{A}$$

将响应的直流分量和各次谐波分量单独作用时的正弦稳态响应叠加起来，即为电路的稳态解

$$i_1(t) = I_{10} + i_{11}(t) + i_{13}(t) = [1 + \cos(\omega t + 45°) + \sqrt{2}\cos 3\omega t]\text{A}$$

$$i_2(t) = I_{20} + i_{21}(t) + i_{23}(t) = \cos(\omega t + 45°)\text{A}$$

例 17 在图 10-16（a）所示正弦稳态电路中，已知 $i_{s1}(t) = 4\sqrt{2}\cos 2t\text{A}$，$i_{s2}(t) = \sqrt{2}\cos(4t - 90°)\text{A}$，试求电压 u_1 和受控源吸收的功率。

解 画出电路的相量模型，并标明节点号，如图 10-16（b）所示。因为两个电流源的频率不同，所以要单独计算。

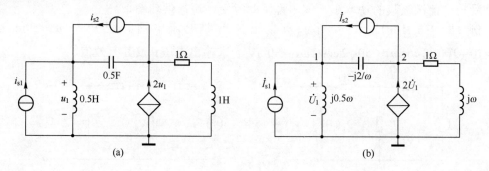

图 10-16 例 17 图

$\dot{I}_{s1} = 4\angle 0°\text{V}$ 单独作用时，$\omega = 2\text{rad/s}$，$\dot{I}_{s2} = 0$，相当于开路，列节点电压方程为

$$\begin{cases} (\text{j} - \text{j})\dot{U}_{n11} - \text{j}\dot{U}_{n21} = 4 \\ -\text{j}\dot{U}_{n11} + \left(\text{j} + \cfrac{1}{1+\text{j}2}\right)\dot{U}_{n21} = 2\dot{U}_{n11} \end{cases}$$

解得

$$\begin{cases} \dot{U}_{\mathrm{n}11} = 1.13\angle 135°\mathrm{V} \\ \dot{U}_{\mathrm{n}21} = 4\angle 90°\mathrm{V} \end{cases}$$

$\dot{I}_{\mathrm{s}2} = 1\angle -90°\mathrm{V}$ 单独作用时，$\omega = 4\mathrm{rad/s}$，$\dot{I}_{\mathrm{s}1} = 0$，相当于开路，列节点电压方程为

$$\begin{cases} (\mathrm{j}2 - \mathrm{j}0.5)\dot{U}_{\mathrm{n}12} - \mathrm{j}2\dot{U}_{\mathrm{n}22} = 1\angle -90° \\ -\mathrm{j}2\dot{U}_{\mathrm{n}12} + \left(\mathrm{j}2 + \dfrac{1}{1+\mathrm{j}4}\right)\dot{U}_{\mathrm{n}22} = 2\dot{U}_{\mathrm{n}12} - 1\angle -90° \end{cases}$$

解得

$$\begin{cases} \dot{U}_{\mathrm{n}12} = 0.63\angle -151.5°\mathrm{V} \\ \dot{U}_{\mathrm{n}22} = 0.5\angle 146.88°\mathrm{V} \end{cases}$$

所以，节点 1、2 的电压分别为

$$u_{\mathrm{n}1}(t) = u_{\mathrm{n}11}(t) + u_{\mathrm{n}12}(t) = u_1(t)$$
$$= [1.13\sqrt{2}\cos(2t+135°) + 0.63\sqrt{2}\cos(4t-151.5°)]\mathrm{V}$$
$$u_{\mathrm{n}2}(t) = u_{\mathrm{n}21}(t) + u_{\mathrm{n}22}(t)$$
$$= [4\sqrt{2}\cos(2t+90°) + 0.5\sqrt{2}\cos(4t+146.88°)]\mathrm{V}$$

受控电流源的电流为

$$2u_1(t) = 2u_{\mathrm{n}1}(t) = [2.26\sqrt{2}\cos(2t+135°) + 1.26\sqrt{2}\cos(4t-151.5°)]\mathrm{A}$$

受控电流源吸收的功率为

$$P = -(U_{\mathrm{n}21} \times 2U_{\mathrm{n}11}\cos\varphi_1 + U_{\mathrm{n}22} \times 2U_{\mathrm{n}12}\cos\varphi_2)$$
$$= -\{4 \times 2.26 \times \cos(90° - 135°) + 0.5 \times 1.26 \times \cos[146.88° - (-151.5°)]\}$$
$$= -6.69\mathrm{W}$$

受控电流源吸收的功率小于零，说明此时受控源提供功率。

例 18 图 10-17（a）所示为非正弦周期电流电路，已知：$\omega_1 = 50\mathrm{rad/s}$，$u_{\mathrm{s}} = 10 + 100\sqrt{2}\cos\omega_1 t + 50\sqrt{2}\cos(3\omega_1 t + 30°)\mathrm{V}$。求输出电压 u 及其有效值。

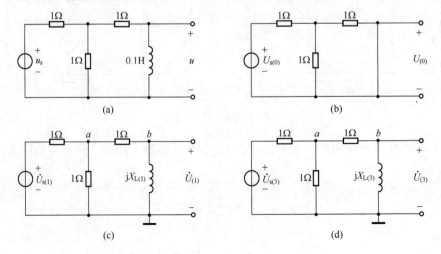

图 10-17　例 18 图

解 非正弦周期电源电压的傅里叶级数已给出,分别计算直流、基波、三次谐波的响应。

(1) 直流分量单独作用,电感相当于短路,如图 10-17 (b) 所示。$U_{s(0)} = 10\text{V}$,$U_{(0)} = 0$。

(2) 基波分量单独作用 $\dot{U}_{s(1)} = 100\angle 0°\text{V}$,$X_{L(1)} = \omega_1 L = 50 \times 0.1\Omega = 5\Omega$。

如图 10-17 (c) 所示,列节点电压方程。

节点 a: $\quad 3\dot{U}_{a(1)} - \dot{U}_{b(1)} = 100$

节点 b: $\quad -\dot{U}_{a(1)} + \left(1 + \dfrac{1}{\text{j}5}\right)\dot{U}_{b(1)} = 0$

解得 $\quad \dot{U}_{(1)} = \dot{U}_{b(1)} = 47.89\angle 16.7°\text{V}$

(3) 三次谐波分量单独作用,此时:

$$\dot{U}_{s(3)} = 50\angle 30°\text{V}, \quad X_{L(3)} = 3\omega_1 L = 3 \times 50 \times 0.1\Omega = 15\Omega$$

如图 10-17 (d) 所示,列节点电压方程。

节点 a: $\quad 3\dot{U}_{a(3)} - \dot{U}_{b(3)} = 50\angle 30°$

节点 b: $\quad -\dot{U}_{a(3)} + \left(1 + \dfrac{1}{\text{j}15}\right)\dot{U}_{b(3)} = 0$

解得 $\quad \dot{U}_{(3)} = \dot{U}_{b(3)} = 24.88\angle 35.74°\text{V}$

所以 $\quad u = 47.89\sqrt{2}\cos(\omega_1 t + 16.7°) + 24.88\sqrt{2}\cos(3\omega_1 t + 35.74°)\text{V}$

其有效值为 $\quad U = \sqrt{U_{(0)}^2 + U_{(1)}^2 + U_{(3)}^2} = \sqrt{0^2 + 47.89^2 + 24.88^2}\text{V} = 53.79\text{V}$

例 19 如图 10-8 (a) 所示电路,其中

$$u_s(t) = 10 + 20\cos 5t + 30\cos 10t\,\text{V}$$

求 $u(t)$。

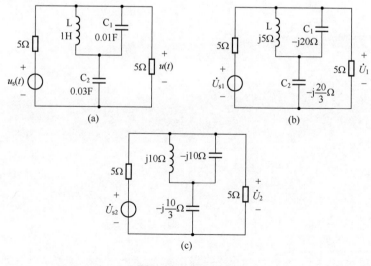

图 10-18 例 19 图

解 因激励源含多个不同频率的电源,故用叠加定理求解。

当 $u_s(t)$ 中的 10V 直流电压源分量单独作用时，直流稳态下，电感相当于短路，电容相当于开路。输出电压的直流分量为

$$u_0 = 10 \times \frac{5}{5+5} = 5\text{V}$$

当基波电源分量 $u_{s1}(t) = 20\cos 5t\text{V}$ 单独作用时，相量电路如图 10-18（b）所示。电感 L 与电容 C_1 阻抗并联，再与 C_2 阻抗串联后的等效阻抗为

$$\text{j}5//(-\text{j}20) + \left(-\text{j}\frac{20}{3}\right) = \frac{\text{j}5 \times (-\text{j}20)}{\text{j}5 - \text{j}20} - \text{j}\frac{20}{3} = 0$$

这表明该支路对基波电源发生串联谐振，则输出

$$\dot{U}_1 = 0, \quad u_1(t) = 0$$

当二次谐波电源分量 $u_{s2}(t) = 30\cos 10t\text{V}$ 单独作用时，相量电路如图 10-18（c）所示。其中，电感 L 的阻抗与电容 C_1 的阻抗并联，其等效阻抗为

$$\frac{\text{j}10 \times (-\text{j}10)}{\text{j}10 - \text{j}10} = \infty$$

这表明 L 与 C_1 对电源二次谐波发生并联谐振，该支路阻抗为 ∞，相当于开路，则输出二次谐波

$$u_2(t) = u_{s2}(t) \times \frac{5}{5+5} = 15\cos 10t\text{V}$$

由叠加定理得

$$u(t) = u_0(t) + u_1(t) + u_2(t) = 5 + 15\cos 10t\text{V}$$

C 练 习 题

1. 在图 10-19 所示电路中，$R=20\Omega$，$\omega L_1=0.625\Omega$，$\dfrac{1}{\omega C}=45\Omega$，$\omega L_2=5\Omega$，外施电压为 $u(t)=100+276\cos\omega t+100\cos 3\omega t+50\cos 9\omega t\,\text{V}$，试求 $i(t)$ 和它的有效值。

2. 已知图 10-20 无源二端网络 N 的电压和电流为
$$u(t)=100\cos 314t+50\cos(942t-30°)\text{V}$$
$$i(t)=10\cos 314t+1.755\cos(942t+\theta_3)\text{A}$$

如果 N 可以看作是 R、L、C 串联电路，试求：
（1）R、L、C 的值；
（2）θ_3 的值；
（3）电路消耗的功率。

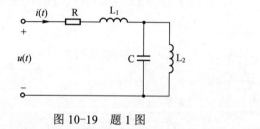

图 10-19　题 1 图　　　　图 10-20　题 2 图

3. 图 10-21 所示低通滤波电路的输入电压为
$$u_1(t)=400+100\sin(3\times 314t)-20\sin(6\times 314t)\text{V}$$
试求负载电压 $u_2(t)$。

4. 在图 10-22 所示电路中，已知电感线圈的电阻 $r=8\Omega$，电感 $L=5\text{mH}$，外施电压 $u(t)$ 为非正弦周期函数。问 R、C 应取何值才能使总电流 $i(t)$ 与外施电压 $u(t)$ 的波形相同。

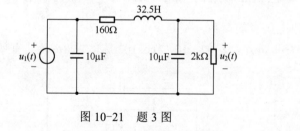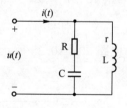

图 10-21　题 3 图　　　　图 10-22　题 4 图

5. 已知某二端网络的端口电压和电流分别为
$$u(t)=50+50\sin 500t+30\sin 1000t+20\sin 1500t\,\text{V}$$
$$i(t)=1.667\sin(500t+86.19°)+15\sin 1000t+1.191\sin(1500t-83.16°)\text{A}$$

（1）求此二端网络吸收的功率；
（2）若用一个 R、L、C 串联电路来模拟这个二端网络，问 R、L、C 应取何值？

6. 电路如图 10-23 所示，$u_s(t) = 4\sqrt{2}\cos t$ V。求电压 $u_C(t)$。

7. 图 10-24 中，$u(t) = 10 + 80\sqrt{2}\cos(\omega t + 30°) + 18\sqrt{2}\cos 3\omega t$ V，$R = 12\Omega$，$\omega L = 2\Omega$，$\dfrac{1}{\omega C} = 18\Omega$，求 i 及各交流电表读数。

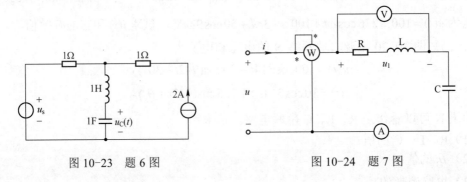

图 10-23 题 6 图　　　　图 10-24 题 7 图

8. 电路如图 10-25 所示，已知 $i_L(t) = 2 + 8\sin \omega t$ A，$R = 10\Omega$，$\omega L = 5\Omega$，$\dfrac{1}{\omega C} = 20\Omega$，求 $u(t)$。

9. 图 10-26 所示电路中，已知 $u_s(t) = 100 + 180\sin \omega_1 t + 50\cos 2\omega_1 t$ V，$\omega_1 L_1 = 90\Omega$，$\omega_1 L_2 = 30\Omega$，$\dfrac{1}{\omega_1 C} = 120\Omega$。求 $u_R(t)$、$u(t)$、$i_1(t)$ 和 $i_2(t)$。

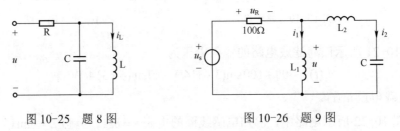

图 10-25 题 8 图　　　　图 10-26 题 9 图

10. 图 10-27 所示电路中，已知 $R = 20\Omega$，$\omega L = 5\Omega$，$\dfrac{1}{\omega C} = 45\Omega$，若 $u = 200 + 100\sqrt{2}\cos 3\omega t$ V，则图中电流表和电压表的读数分别是多少？

11. 电路如图 10-28 所示，$I_s = 5$ mA，$u_s(t) = 10\sqrt{2}\cos 10^4 t$ V，求 $i(t)$ 及其有效值 I。

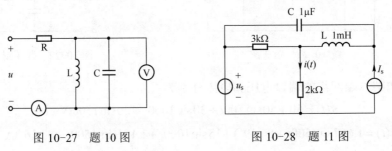

图 10-27 题 10 图　　　　图 10-28 题 11 图

练习题答案

1. $i(t) = 5 + 13.17\cos(\omega t - 17.6°) + 2.5\cos 9\omega t$ A ; $I = 10.72$A
2. （1） 10Ω， 31.86mH， 318.3μF ；（2） $-99.45°$ ；（3） 515.4W
3. $370.37 - 0.347\sin 3 \times 314 t + 0.0173\sin 6 \times 314 t$ V
4. 8Ω ； 78.125μF
5. （1） 229.2W ；（2） 2Ω， 20mH， 50μF
6. $2 + 4\sqrt{2}\cos(t - 90°)$V
7. $i(t) = 4\sqrt{2}\cos(\omega t + 53.1°) + 1.5\sqrt{2}\cos 3\omega t$ A， 4.27A， 52.65V， 219W
8. $20 + 72.1\sin(\omega t + 33.7°)$V
9. $100 + 50\cos 2\omega_1 t$V， $180\sin\omega_1 t$V， $1 - 2\cos\omega_1 t$A， $2\cos\omega_1 t + 0.5\cos 2\omega_1 t$A
10. 10A， 100V
11. $i(t) = 3 + 5\sqrt{2}\cos 10^4 t$ mA ； 5.83mA

第 11 章　二端口网络

A　内 容 提 要

一、二端口网络的方程和参数

（一）方程

二端口网络 4 个端口变量 $\dot{U}_1$、$\dot{U}_2$、$\dot{I}_1$、$\dot{I}_2$，端口电压电流关联参考方向时，任取其中的 2 个为自变量，另 2 个为因变量，可得到 6 组方程（相应有 6 组参数），我们仅研究其中 4 种，其关系如表 11-1 所示。

表 11-1　双口网络方程

Y 参数方程	$\begin{cases}\dot{I}_1=Y_{11}\dot{U}_1+Y_{12}\dot{U}_2\\\dot{I}_2=Y_{21}\dot{U}_1+Y_{22}\dot{U}_2\end{cases}$	Z 参数方程	$\begin{cases}\dot{U}_1=Z_{11}\dot{I}_1+Z_{12}\dot{I}_2\\\dot{U}_2=Z_{21}\dot{I}_1+Z_{22}\dot{I}_2\end{cases}$
H 参数方程	$\begin{cases}\dot{U}_1=H_{11}\dot{I}_1+H_{12}\dot{U}_2\\\dot{I}_2=H_{21}\dot{I}_1+H_{22}\dot{U}_2\end{cases}$	T 参数方程	$\begin{cases}\dot{U}_1=A\dot{U}_2+B(-\dot{I}_2)\\\dot{I}_1=C\dot{U}_2+D(-\dot{I}_2)\end{cases}$

（二）参数

由上述方程组，不难看出每组参数的意义，如表 11-2 所示。

表 11-2　二端口网络参数定义

Y 参数	$Y_{11}=\dfrac{\dot{I}_1}{\dot{U}_1}\bigg|_{\dot{U}_2=0}$	$Y_{12}=\dfrac{\dot{I}_1}{\dot{U}_2}\bigg|_{\dot{U}_1=0}$	$Y_{21}=\dfrac{\dot{I}_2}{\dot{U}_1}\bigg|_{\dot{U}_2=0}$	$Y_{22}=\dfrac{\dot{I}_2}{\dot{U}_2}\bigg|_{\dot{U}_1=0}$
Z 参数	$Z_{11}=\dfrac{\dot{U}_1}{\dot{I}_1}\bigg|_{\dot{I}_2=0}$	$Z_{12}=\dfrac{\dot{U}_1}{\dot{I}_2}\bigg|_{\dot{I}_1=0}$	$Z_{21}=\dfrac{\dot{U}_2}{\dot{I}_1}\bigg|_{\dot{I}_2=0}$	$Z_{22}=\dfrac{\dot{U}_2}{\dot{I}_2}\bigg|_{\dot{I}_1=0}$
H 参数	$H_{11}=\dfrac{\dot{U}_1}{\dot{I}_1}\bigg|_{\dot{U}_2=0}$	$H_{12}=\dfrac{\dot{U}_1}{\dot{U}_2}\bigg|_{\dot{I}_1=0}$	$H_{21}=\dfrac{\dot{I}_2}{\dot{I}_1}\bigg|_{\dot{U}_2=0}$	$H_{22}=\dfrac{\dot{I}_2}{\dot{U}_2}\bigg|_{\dot{I}_1=0}$
T 参数	$A=\dfrac{\dot{U}_1}{\dot{U}_2}\bigg|_{\dot{I}_2=0}$	$B=\dfrac{\dot{U}_1}{-\dot{I}_2}\bigg|_{\dot{U}_2=0}$	$C=\dfrac{\dot{I}_1}{\dot{U}_2}\bigg|_{\dot{I}_2=0}$	$D=\dfrac{\dot{I}_1}{-\dot{I}_2}\bigg|_{\dot{U}_2=0}$

二、二端口网络的等效电路

（一）一般二端口网络

一般二端口网络，可用含有受控源的电路作为它的等效电路。

（1）Y 参数描述的方程的等效电路如图 11-1 所示。

（2）Z 参数描述的方程的等效电路如图 11-2 所示。

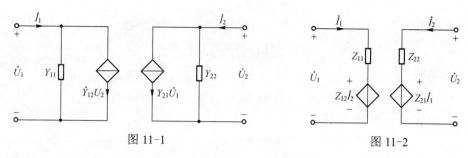

图 11-1　　　　　　　　　图 11-2

(3) H 参数描述的方程的等效电路如图 11-3 所示。

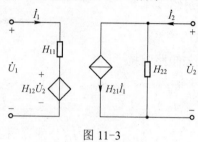

图 11-3

(二) 互易二端口网络

对于互易二端口网络，由于每组 4 个参数只有 3 个是独立的，故可用含有 3 个元件的电路来等效，有 Π 形等效电路和 T 形等效电路两种。

1. Π 形等效电路

如图 11-4 所示，它们与 Y 参数的关系为

$$Y_1 = Y_{11} + Y_{12}$$
$$Y_2 = -Y_{12}$$
$$Y_3 = Y_{22} + Y_{12}$$

2. T 形等效电路

如图 11-5 所示，它们与 Z 参数的关系为

$$Z_1 = Z_{11} - Z_{12}$$
$$Z_2 = Z_{12}$$
$$Z_3 = Z_{22} - Z_{12}$$

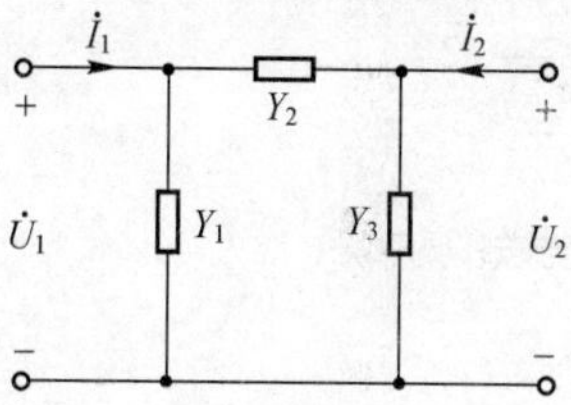

图 11-4 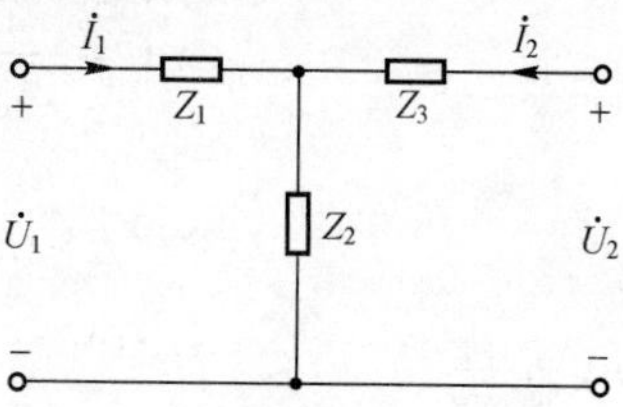　　　　　　　　　图 11-5

三、二端口网络的连接

有 3 种基本连接方式，即级联、串联和关联。

（一）级联

$$[T] = [T_1][T_2]$$

（二）串联

$$[Z] = [Z_1] + [Z_2]$$

（三）并联

$$[Y] = [Y_1] + [Y_2]$$

四、接负载的二端口网络

（一）实验参数与 T 参数的关系

1．输入端口的开路阻抗与短路阻抗

$$Z_{1o} = \left.\frac{\dot{U}_{1o}}{\dot{I}_{1o}}\right|_{\dot{I}_2=0} = \frac{A}{C}, \quad Z_{1s} = \left.\frac{\dot{U}_{1s}}{\dot{I}_{1s}}\right|_{\dot{U}_2=0} = \frac{B}{D}$$

式中：Z_{1o} 为输出端口开路时的输入阻抗；$\dot{U}_{1o}$，$\dot{I}_{1o}$ 分别为输出端口开路时的输入端电压和电流相量；Z_{1s} 为输出端口短路时的输入阻抗；$\dot{U}_{1s}$，$\dot{I}_{1s}$ 分别为输出端口短路时的输入端电压和电流相量。

2．输出端口的开路阻抗与短路阻抗

$$Z_{2o} = \left.\frac{\dot{U}_{2o}}{\dot{I}_{2o}}\right|_{\dot{I}_1=0} = \frac{D}{C}, \quad Z_{2s} = \left.\frac{\dot{U}_{2s}}{\dot{I}_{2s}}\right|_{\dot{U}_1=0} = \frac{B}{A}$$

式中：Z_{2o} 为输入端口开路时的输出阻抗；$\dot{U}_{2o}$，$\dot{I}_{2o}$ 分别为输入端口开路时的输出端电压和电流相量；Z_{2s} 为输入端口短路时的输出阻抗；$\dot{U}_{2s}$，$\dot{I}_{2s}$ 分别为输入端口短路时的输出端电压和电流相量。

3．互易二端口网络 T 参数与实验参数的关系

$$A = \sqrt{\frac{Z_{1o}}{Z_{2o} - Z_{2s}}} = \frac{Z_{1o}}{\sqrt{Z_{1o}(Z_{2o} - Z_{2s})}}$$

$$B = AZ_{2s} = \frac{Z_{1o}Z_{2s}}{\sqrt{Z_{1o}(Z_{2o} - Z_{2s})}}$$

$$C = \frac{A}{Z_{1o}} = \frac{1}{\sqrt{Z_{1o}(Z_{2o} - Z_{2s})}}$$

$$D = CZ_{2o} = \frac{Z_{2o}}{\sqrt{Z_{1o}(Z_{2o} - Z_{2s})}}$$

（二）输入阻抗

1．输入端的输入阻抗

$$Z_{i1} = \frac{AZ_{L2} + B}{CZ_{L2} + D}$$

式中：Z_{L2} 为输出端口外接电路独立源置零后的等效阻抗。

2．输出端的输入阻抗

$$Z_{i2} = \frac{DZ_{L1} + B}{CZ_{L1} + A}$$

式中：Z_{L1}为输入端口外接电路独立源置零后的等效阻抗。

（三）**特性阻抗**

1．定义

$$Z_{C1} = \sqrt{Z_{1o}Z_{1s}}, \quad Z_{C2} = \sqrt{Z_{2o}Z_{2s}}$$

2．特性阻抗与 T 参数的关系

$$Z_{C1} = \sqrt{\frac{AB}{CD}}, \quad Z_{C2} = \sqrt{\frac{DB}{CA}}$$

3．对称二端口网络的特性阻抗

$$Z_{C1} = Z_{C2} = Z_C = \sqrt{\frac{B}{C}}$$

4．性质

当 $Z_{L2}=Z_{C2}$ 时，$Z_{i1}=Z_{C1}$
当 $Z_{L1}=Z_{C1}$ 时，$Z_{i2}=Z_{C2}$

（四）**传播系数**

1．定义

$$g = \frac{1}{2}\ln \frac{\dot{U}_1 \dot{I}_1}{\dot{U}_2(-\dot{I}_2)}\bigg|_{Z_{L2}=Z_{C2}} = b+ja$$

式中：$b = \frac{1}{2}\ln \frac{U_1 I_1}{U_2 I_2}(\text{NP})$，称为衰减系数。

$a = \frac{1}{2}(\varphi_{u1} + \varphi_{i1}) - \frac{1}{2}(\varphi_{u2} + \varphi_{i2})(\text{rad})$，称为相移系数。

特例：对称二端口网络

$$b = \ln \frac{U_1}{U_2} = \ln \frac{I_1}{I_2}(\text{NP})$$

$$a = \varphi_{u1} - \varphi_{u2} = \varphi_{i1} - \varphi_{i2}$$

2．传播系数与 T 参数的关系

$$g = \ln(\sqrt{AD} + \sqrt{BC})$$

对称二端口网络

$$g = \ln(A + \sqrt{BC})$$

3．传播系数与实验参数关系

$$g = \frac{1}{2}\ln \frac{1+\sqrt{\frac{Z_{2s}}{Z_{2o}}}}{1-\sqrt{\frac{Z_{2s}}{Z_{2o}}}} = \frac{1}{2}\ln \frac{1+\sqrt{\frac{Z_{1s}}{Z_{1o}}}}{1-\sqrt{\frac{Z_{1s}}{Z_{1o}}}}$$

(五)转移函数

1. "无端接"情况

电压转移函数:
$$\frac{U_2(s)}{U_1(s)} = \frac{Z_{21}(s)}{Z_{11}(s)} = -\frac{Y_{21}(s)}{Y_{22}(s)}$$

电流转移函数:
$$\frac{I_2(s)}{I_1(s)} = \frac{Y_{21}(s)}{Y_{11}(s)} = -\frac{Z_{21}(s)}{Z_{22}(s)}$$

转移阻抗:
$$\frac{U_2(s)}{I_1(s)} = Z_{21}(s)$$

转移导纳:
$$\frac{I_2(s)}{U_1(s)} = Y_{21}(s)$$

2. 输出端接负载电阻 R

转移导纳:
$$\frac{I_2(s)}{U_1(s)} = \frac{\dfrac{Y_{21}(s)}{R}}{Y_{22}(s) + \dfrac{1}{R}}$$

转移阻抗:
$$\frac{U_2(s)}{I_1(s)} = \frac{RZ_{21}(s)}{R + Z_{22}(s)}$$

电流转移函数:
$$\frac{I_2(s)}{I_1(s)} = \frac{Y_{21}(s)Z_{11}(s)}{1 + RY_{22}(s) - Y_{21}(s)Z_{12}(s)}$$

电压转移函数:
$$\frac{U_2(s)}{U_1(s)} = \frac{Z_{21}(s)Y_{11}(s)}{1 + \dfrac{1}{R}Z_{22}(s) - Z_{21}(s)Y_{12}(s)}$$

3. 输入端接电源(电压为 $U_s(s)$、内阻 R_1),输出端接负载(电阻 R_2)

电压转移函数:
$$\frac{U_2(s)}{U_s(s)} = \frac{-R_2 I_2(s)}{U_s(s)} = \frac{R_2 Z_{21}(s)}{[R_1 + Z_{11}(s)][R_2 + Z_{22}(s)] - Z_{12}(s)Z_{21}(s)}$$

五、几种常用的二端口网络

(一)衰耗器

由纯电阻元件组成的二端口网络称为衰耗器,其特点如下:

（1）输出端的电压、电流、功率均不大于输入端的电压、电流和功率。
（2）只有衰耗，没有相移。
（3）衰耗值和特性阻抗均为定值，不随频率变化而变化。

（二）滤波器

（1）低通滤波器：
$f < f_C$ 频率信号通过，
$f > f_C$ 频率信号通不过。

（2）高通滤波器：
$f > f_C$ 频率信号通过，
$f < f_C$ 频率信号通不过。

（3）带通滤波器：
$f_{C1} < f < f_{C2}$ 频率信号通过，
$f < f_{C1}$ 和 $f > f_{C2}$ 频率信号通不过。

（4）带阻滤波器：
$f < f_{C1}$ 和 $f > f_{C2}$ 频率信号通过，
$f_{C1} < f < f_{C2}$ 频率信号通不过。

（三）回转器

1．电压、电流关系

$$\begin{cases} u_1 = -ri_2 \\ u_2 = ri_1 \end{cases} \quad \begin{cases} i_1 = gu_2 \\ i_2 = -gu_1 \end{cases}$$

2．性质

无源性—— $p = u_1 i_1 + u_2 i_2 = 0$

3．应用

利用回转器得到模拟电感：

$$L = r^2 C$$

两个级联的回转器(r_1, r_2)可等效为一个变压器，

变比：
$$n = \frac{u_1}{u_2} = \frac{r_1}{r_2}$$

4．负阻抗变换器

电压、电流关系：

$$\begin{cases} \dot{U}_1 = \dot{U}_2 \\ \dot{I}_1 = \dot{I}_2 \end{cases} \quad 或 \quad \begin{cases} \dot{U}_1 = -\dot{U}_2 \\ \dot{I}_1 = -\dot{I}_2 \end{cases}$$

特点：输出端接负载阻抗Z_L，输入端的入端阻抗$Z_i = -Z_L$。

B 例 题

例 1 求图 11-6 所示二端口网络的 Z 参数和 Y 参数。

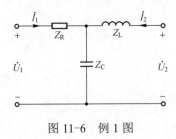

图 11-6 例 1 图

解 根据 Z 参数的定义，可求得

$$Z_{11} = \left.\frac{\dot{U}_1}{\dot{I}_1}\right|_{\dot{I}_2=0} = Z_R + Z_C$$

$$Z_{21} = \left.\frac{\dot{U}_2}{\dot{I}_1}\right|_{\dot{I}_2=0} = Z_C$$

$$Z_{12} = \left.\frac{\dot{U}_1}{\dot{I}_2}\right|_{\dot{I}_1=0} = Z_C$$

$$Z_{22} = \left.\frac{\dot{U}_2}{\dot{I}_2}\right|_{\dot{I}_1=0} = Z_L + Z_C$$

求 Y 参数的方法，可根据定义，参照求 Z 参数的方法进行；也可利用 Y 参数与 Z 参数的关系查表算出。

由 $\Delta_Z = \begin{vmatrix} Z_{11} & Z_{12} \\ Z_{21} & Z_{22} \end{vmatrix} = (Z_R + Z_C)(Z_L + Z_C) - Z_C^2 = Z_R Z_L + Z_L Z_C + Z_C Z_R$ 可得：

$$Y_{11} = \frac{Z_{22}}{\Delta_Z} = \frac{Z_L + Z_C}{Z_R Z_L + Z_L Z_C + Z_C Z_R}$$

$$Y_{12} = Y_{21} = -\frac{Z_{12}}{\Delta_Z} = -\frac{Z_C}{Z_R Z_L + Z_L Z_C + Z_C Z_R}$$

$$Y_{22} = \frac{Z_{11}}{\Delta_Z} = \frac{Z_R + Z_C}{Z_R Z_L + Z_L Z_C + Z_C Z_R}$$

例 2 求图 11-7 所示二端口网络的 Y、Z 参数。

解 本题除了可用参数定义式求解外，也可直接列出端口电压方程求解如下：

$$\dot{U}_1 = 8\dot{I}_1 + 2(\dot{I}_1 + \dot{I}_2) - 2\dot{I}_1 = 8\dot{I}_1 + 2\dot{I}_2$$

$$\dot{U}_2 = 5\dot{I}_2 + 2(\dot{I}_1 + \dot{I}_2) - 2\dot{I}_1 = 0 + 7\dot{I}_2$$

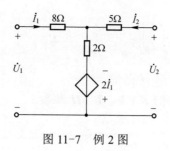

图 11-7 例 2 图

与标准方程比较，得

$$Z_{11}=8\Omega, \quad Z_{12}=2\Omega, \quad Z_{21}=0, \quad Z_{22}=7\Omega$$

而

$$Y=Z^{-1}=\begin{bmatrix}8 & 2\\ 0 & 7\end{bmatrix}^{-1}=\frac{1}{56}\begin{bmatrix}7 & -2\\ 0 & 8\end{bmatrix}=\begin{bmatrix}\dfrac{1}{8} & -\dfrac{1}{28}\\ 0 & \dfrac{1}{7}\end{bmatrix}S$$

即

$$Y_{11}=\frac{1}{8}S, \quad Y_{12}=-\frac{1}{28}S, \quad Y_{21}=0, \quad Y_{22}=\frac{1}{7}S$$

例 3 求图 11-8 理想变压器的 **Y**、**Z**、**T**、**H** 参数。

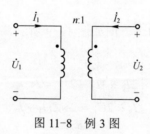

图 11-8 例 3 图

解 理想变压器的方程为

$$\begin{cases}\dot{U}_1=n\dot{U}_2\\ \dot{I}_1=-\dfrac{1}{n}\dot{I}_2\end{cases}$$

由方程知，$\dot{U}_1=0$，则 $\dot{U}_2=0$；$\dot{I}_1=0$，则 $\dot{I}_2=0$，因而理想变压器不存在 **Z** 参数和 **Y** 参数。

它的 **T** 参数矩阵为

$$T=\begin{bmatrix}n & 0\\ 0 & \dfrac{1}{n}\end{bmatrix}$$

由 $AD-BC=n\cdot\dfrac{1}{n}=1$ 可知，理想变压器是互易的。

H 参数可以根据它的定义求得：

$$H_{11}=\left.\frac{\dot{U}_1}{\dot{I}_1}\right|_{\dot{U}_2=0}=0, \quad H_{12}=\left.\frac{\dot{U}_1}{\dot{U}_2}\right|_{\dot{I}_1=0}=n$$

$$H_{21} = \left.\frac{\dot{I}_2}{\dot{I}_1}\right|_{\dot{U}_2=0} = -n , \quad H_{22} = \left.\frac{\dot{I}_2}{\dot{U}_2}\right|_{\dot{I}_1=0} = 0$$

也可以利用 **T** 参数查表求得 **H** 参数。

例 4 求图 11-9 所示电路的 **Z**、**Y**、**T**、**H** 参数。

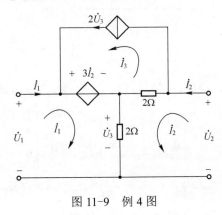

图 11-9 例 4 图

解 （1）求 **Z** 参数。

设回路电流 $\dot{I}_1$、$\dot{I}_2$、$\dot{I}_3$ 的参考方向如图 11-9 所示，列回路方程：

$$\begin{cases} 2\dot{I}_1 + 2\dot{I}_2 = \dot{U}_1 - 3\dot{I}_2 \\ 2\dot{I}_1 + 4\dot{I}_2 - 2\dot{I}_3 = \dot{U}_2 \\ \dot{I}_3 = 2\dot{U}_3 = 2 \times 2(\dot{I}_1 + \dot{I}_2) \end{cases}$$

消去 $\dot{I}_3$，整理，得

$$\begin{cases} \dot{U}_1 = 2\dot{I}_1 + 5\dot{I}_2 \\ \dot{U}_2 = -6\dot{I}_1 - 4\dot{I}_2 \end{cases}$$

与标准方程比较，得

$$Z_{11} = 2\Omega , \quad Z_{12} = 5\Omega , \quad Z_{21} = -6\Omega , \quad Z_{22} = -4\Omega$$

（2）求 **Y** 参数。

将上述以 $\dot{I}_1$、$\dot{I}_2$ 为自变量的方程，变为以 $\dot{U}_1$、$\dot{U}_2$ 为自变量的方程，有

$$\begin{cases} \dot{I}_1 = -\dfrac{2}{11}\dot{U}_1 - \dfrac{5}{22}\dot{U}_2 \\ \dot{I}_2 = \dfrac{3}{11}\dot{U}_1 + \dfrac{1}{11}\dot{U}_2 \end{cases}$$

于是，有

$$Y_{11} = -\frac{2}{11}\text{S} , \quad Y_{12} = -\frac{5}{22}\text{S} , \quad Y_{21} = \frac{3}{11}\text{S} , \quad Y_{22} = \frac{1}{11}\text{S}$$

（3）求 **T** 参数。

若将上述方程变为以 $\dot{U}_2$、$(-\dot{I}_2)$ 为自变量的方程，有

$$\begin{cases} \dot{U}_1 = -3\dot{U}_2 - \dfrac{11}{3}(-\dot{I}_2) \\ \dot{I}_1 = -\dfrac{1}{6}\dot{U}_2 + \dfrac{2}{3}(-\dot{I}_2) \end{cases}$$

于是，有

$$A = -3, \quad B = -\dfrac{11}{3}\Omega, \quad C = -\dfrac{1}{6}\text{S}, \quad D = \dfrac{2}{3}$$

（4）求 H 参数。

同样，将上述方程变为以 $\dot{I}_1$、$\dot{U}_2$ 为自变量的方程，有

$$\begin{cases} \dot{U}_1 = -\dfrac{11}{2}\dot{I}_1 - \dfrac{5}{4}\dot{U}_2 \\ \dot{I}_2 = -\dfrac{3}{2}\dot{I}_1 - \dfrac{1}{4}\dot{U}_2 \end{cases}$$

于是，有

$$H_{11} = -\dfrac{11}{2}\Omega, \quad H_{12} = -\dfrac{5}{4}, \quad H_{21} = -\dfrac{3}{2}, \quad H_{22} = -\dfrac{1}{4}\text{S}$$

例 5 已知图 11-10 所示二端口网络的 Z 参数矩阵为

$$Z = \begin{bmatrix} 10 & 8 \\ 5 & 10 \end{bmatrix}$$

求 R_1、R_2、R_3 和 r 的值。

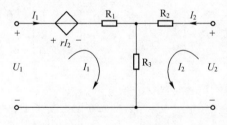

图 11-10　例 5 图

解　列两个网孔的 KVL 方程：

$$\begin{cases} (R_1 + R_3)I_1 + R_3 I_2 + rI_2 = U_1 \\ R_3 I_1 + (R_2 + R_3)I_2 = U_2 \end{cases}$$

则

$$Z = \begin{bmatrix} R_1 + R_3 & R_3 + r \\ R_3 & R_2 + R_3 \end{bmatrix}$$

与题设 Z 比较，得

$$R_3 = 5\Omega, \quad r = 3\Omega, \quad R_1 = 5\Omega, \quad R_2 = 5\Omega$$

例 6 求图 11-11 所示有载二端口网络的输入阻抗。(设 $\omega = 1\text{rad/s}$)

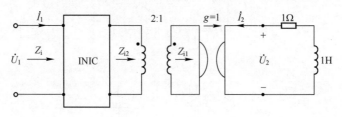

图 11-11 例 6 图

解 解法一 由后往前逐级计算

从回转器输入端看的入端阻抗：

$$Z_{i1} = \frac{-\frac{1}{g}\dot{I}_2}{g\dot{U}_2} = \frac{1}{1+\text{j}}$$

从理想变压器原边看的入端阻抗：

$$Z_{i2} = n^2 Z_{i1} = \frac{4}{1+\text{j}}$$

从负阻抗变换器输入端看的入端阻抗：

$$Z_i = -Z_{i2} = -\frac{4}{1+\text{j}}$$

解法二 先求复合二端口网络的 T 参数矩阵

$$T = T_1 \cdot T_2 \cdot T_3 = \begin{bmatrix} k & 0 \\ 0 & -k \end{bmatrix} \begin{bmatrix} n & 0 \\ 0 & \frac{1}{n} \end{bmatrix} \begin{bmatrix} 0 & \frac{1}{g} \\ g & 0 \end{bmatrix} = \begin{bmatrix} 0 & \frac{kn}{g} \\ \frac{-kg}{n} & 0 \end{bmatrix}$$

即

$$\begin{bmatrix} \dot{U}_1 \\ \dot{I}_1 \end{bmatrix} = \begin{bmatrix} 0 & \frac{kn}{g} \\ \frac{-kg}{n} & 0 \end{bmatrix} \begin{bmatrix} \dot{U}_2 \\ -\dot{I}_2 \end{bmatrix}$$

$$Z_i = \frac{\dot{U}_1}{\dot{I}_1} = \frac{-\frac{kn}{g}\dot{I}_2}{-\frac{kg}{n}\dot{U}_2} = \frac{n^2}{g^2}\left(\frac{\dot{I}_2}{-(1+\text{j})\dot{I}_2}\right) = -\frac{4}{1+\text{j}}$$

例 7 二端口网络如图 11-12（a）所示，求该网络的等效 T 形、Π 形网络。

解 令 $\dot{I}_2 = 0$，有

$$\dot{U}_1 = [(R_2 + R_3)//R_1 + \text{j}\omega L]\dot{I}_1 = (4.5 + \text{j}6)\dot{I}_1$$

$$\dot{U}_2 = \left(\frac{R_1}{R_1 + R_2 + R_3}\dot{I}_1\right)R_2 + \text{j}\omega L\dot{I}_1 = (3 + \text{j}6)\dot{I}_1$$

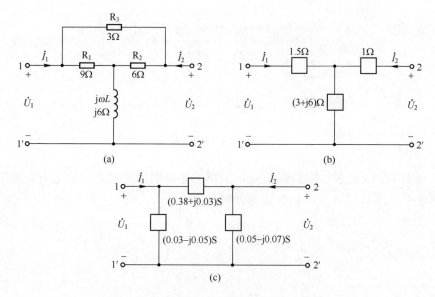

图 11-12 例 7 图及其等效 T 形和 Π 形网络

得
$$Z_{11} = \left.\frac{\dot{U}_1}{\dot{I}_1}\right|_{\dot{I}_2=0} = (4.5 + j6)\Omega$$

$$Z_{21} = \left.\frac{\dot{U}_2}{\dot{I}_1}\right|_{\dot{I}_2=0} = (3 + j6)\Omega$$

由互易性，有 $Z_{12} = Z_{21} = (3 + j6)\Omega$。

令 $\dot{I}_1 = 0$，有
$$\dot{U}_2 = [(R_1 + R_3)//R_2 + j\omega L]\dot{I}_2 = (4 + j6)\dot{I}_2$$

得
$$Z_{22} = \left.\frac{\dot{U}_2}{\dot{I}_2}\right|_{\dot{I}_1=0} = (4 + j6)\Omega$$

所以该二端口网络的 **Z** 参数矩阵为
$$\boldsymbol{Z} = \begin{bmatrix} 4.5 + j6 & 3 + j6 \\ 3 + j6 & 4 + j6 \end{bmatrix}$$

根据 **Z** 参数矩阵求得该二端口网络的等效 T 形网络如图 11-12（b）所示。
由 **Z** 参数矩阵求得该网络的 **Y** 参数矩阵为
$$\boldsymbol{Y} = \begin{bmatrix} 0.41 - j0.02 & -0.38 - j0.03 \\ -0.38 - j0.03 & 0.43 - j0.04 \end{bmatrix}$$

根据 **Y** 参数矩阵求得该二端口网络的等效 Π 形网络如图 11-12（c）所示。

例 8 求图 11-13 所示二端口网络的 **T** 参数矩阵。

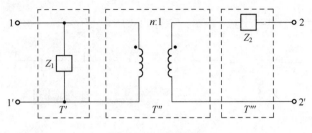

图 11-13 例 8 图

解 将图 11-13 所示二端口网络看作 3 个二端口网络的级联,如图中虚线所示。容易求得这 3 个二端口网络的 T 参数矩阵分别为

$$T' = \begin{bmatrix} 1 & 0 \\ \dfrac{1}{Z_1} & 1 \end{bmatrix}$$

$$T'' = \begin{bmatrix} n & 0 \\ 0 & \dfrac{1}{n} \end{bmatrix}$$

$$T''' = \begin{bmatrix} 1 & Z_2 \\ 0 & 1 \end{bmatrix}$$

可得

$$T = T'T''T''' = \begin{bmatrix} 1 & 0 \\ \dfrac{1}{Z_1} & 1 \end{bmatrix} \begin{bmatrix} n & 0 \\ 0 & \dfrac{1}{n} \end{bmatrix} \begin{bmatrix} 1 & Z_2 \\ 0 & 1 \end{bmatrix} = \begin{bmatrix} n & nZ_2 \\ \dfrac{n}{Z_1} & \dfrac{nZ_2}{Z_1} + \dfrac{1}{n} \end{bmatrix}$$

例 9 对图 11-14 所示电路,若已知 $u_s = 500\text{V}$,$R_s = 100\Omega$,$R_L = 5\text{k}\Omega$,二端口网络的 R 参数为:$R_{11} = 100\Omega$,$R_{12} = -500\Omega$,$R_{21} = 1\text{k}\Omega$,$R_{22} = 10\text{k}\Omega$。试求:

(1)输出电压 u_2;

(2)负载获得的功率;

(3)电源提供的功率;

(4)负载为何值时可获得最大功率?最大功率是多少?

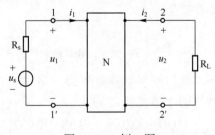

图 11-14 例 9 图

解 (1)二端口网络的 R 参数方程为

$$u_1 = R_{11}i_1 + R_{12}i_2$$
$$u_2 = R_{21}i_1 + R_{22}i_2 \quad \text{(a)}$$

电源端的电压、电流关系为
$$u_1 = u_s - R_s i_1 \tag{b}$$
负载端的电压、电流关系为
$$u_2 = -R_L i_2 \tag{c}$$
将式（b）、式（c）分别代入式（a）的两个方程中，解得
$$i_1 = \frac{(R_{22} + R_L) u_s}{R_{11} R_{22} + R_{11} R_L + R_{22} R_s + R_L R_s - R_{12} R_{21}}$$
$$= \frac{(10 \times 10^3 + 5 \times 10^3) \times 500}{100 \times 10 \times 10^3 + 100 \times 5 \times 10^3 + 10 \times 10^3 \times 100 + 5 \times 10^3 \times 100 - (-500) \times 1 \times 10^3}$$
$$= 2.14 \text{A}$$
$$i_2 = -\frac{R_{21} u_s}{R_{11} R_{22} + R_{11} R_L + R_{22} R_s + R_L R_s - R_{12} R_{21}}$$
$$= -\frac{1 \times 10^3 \times 500}{100 \times 10 \times 10^3 + 100 \times 5 \times 10^3 + 10 \times 10^3 \times 100 + 5 \times 10^3 \times 100 - (-500) \times 1 \times 10^3}$$
$$= -0.14 \text{A}$$
则输出电压为
$$u_2 = -R_L i_2 = -5 \times 10^3 \times (-0.14) = 700 \text{V}$$
（2）负载获得的功率为
$$P_L = -u_2 i_2 = -700 \times (-0.14) = 98 \text{W}$$
（3）电源提供的功率为
$$P_s = u_s i_1 = 500 \times 2.14 = 1070 \text{W}$$
（4）求断开负载后左边单口网络的戴维南等效电路。
因为输出端口开路，所以 $i_2 = 0$，$u_2 = u_{oc}$，因此式（1）变为
$$u_1 = R_{11} i_1$$
$$u_2 = R_{21} i_1 \tag{d}$$
将 $u_2 = u_{oc}$ 及式（b）代入式（d）的两个方程中可解得
$$u_{oc} = \frac{R_{21} u_s}{R_{11} + R_s} = \frac{1 \times 10^3 \times 500}{100 + 100} = 2500 \text{V}$$
当输出端口短路时，$u_2 = 0$。令短路电流 i_{sc} 的方向为由 2 到 2′，则 $i_2 = -i_{sc}$。将此关系及式（b）代入到式（a）的两个方程中可解得
$$i_{sc} = \frac{R_{21} u_s}{R_{11} R_{22} + R_{22} R_s - R_{12} R_{21}} = \frac{1 \times 10^3 \times 500}{100 \times 10 \times 10^3 + 10 \times 10^3 \times 100 - (-500) \times 1 \times 10^3} = 0.2 \text{A}$$
所以单口网络的戴维南等效电阻为
$$R_{eq} = \frac{u_{oc}}{i_{sc}} = \frac{2500}{0.2} = 12.5 \text{k}\Omega$$
或用公式求解，即

$$R_{eq} = R_{22} - \frac{R_{12}R_{21}}{R_{11} + R_s} = 12.5\text{k}\Omega$$

因此当负载电阻为 $R_L = R_{eq} = 12.5\text{k}\Omega$ 时可获得最大功率，最大功率为

$$P_{L\max} = \frac{u_{oc}^2}{4R_{eq}} = \frac{2500^2}{4 \times 12.5 \times 10^3} = 125\text{W}$$

有端接的二端口网络的另一种分析方法是利用二端口网络的等效电路，即先根据已知的二端口网络参数求出其等效电路，然后按照前面章节介绍的电路分析方法进行求解。本题的 T 形等效电路如图 11-15 所示：

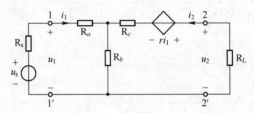

图 11-15　例 9 电路的 T 形等效电路

其中，$R_a = 600\Omega$，$R_b = -500\Omega$，$R_c = 10.5\text{k}\Omega$，$r = R_{21} - R_{12} = 1.5\text{k}\Omega$。因为是电阻电路，所以等效参数用电阻符号 R 表示。列网孔方程求电流 i_1 和 i_2。

$$\begin{cases}(R_s + R_a + R_b)i_1 + R_b i_2 = u_s \\ R_b i_1 + (R_b + R_c + R_L)i_2 = -ri_1\end{cases}$$

代入数据并整理，得

$$\begin{cases}2i_1 - 5i_2 = 5 \\ i_1 + 15i_2 = 0\end{cases}$$

解得 $i_1 = 2.14\text{A}$，$i_2 = -0.14\text{A}$。

与本题（1）、（2）、（3）的结果一样，不再给出。

对本题（4）的解答，同样也先求断开负载后左边单口网络的戴维南等效电路：

$$u_{oc} = ri_1 + \frac{R_b u_s}{R_s + R_a + R_b} = \frac{(r + R_b)u_s}{R_s + R_a + R_b} = \frac{(1.5 \times 10^3 - 500) \times 500}{100 + 600 - 500} = 2500\text{V}$$

用网孔分析法求短路电流 i_{sc}，并令短路电流 i_{sc} 的方向由 2 到 2'。

$$\begin{cases}(R_s + R_a + R_b)i_1 - R_b i_{sc} = u_s \\ -R_b i_1 + (R_b + R_c)i_{sc} = ri_1\end{cases}$$

代入数据并整理，得

$$\begin{cases}2i_1 + 5i_{sc} = 5 \\ i_1 - 10i_{sc} = 0\end{cases}$$

解得：$i_{sc} = 0.2\text{A}$，则等效电阻为

$$R_{eq} = \frac{u_{oc}}{i_{sc}} = \frac{2500}{0.2} = 12.5\text{k}\Omega$$

可见与之前所求结果也一样，所以后面的结果也应该一样，不再给出。

有时这种分析方法要相对简单，特别是对互易二端口，因为等效电路中不含受控源。

例 10 如图 11-16 所示二端口网络 N 的 Y 参数矩阵为 $Y = \begin{bmatrix} 0.5 & -0.3 \\ -0.3 & 0.7 \end{bmatrix}$ S，则负载 R_L 吸收的功率 P_L 等于多少？

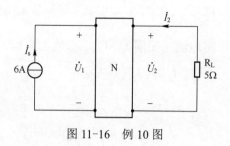

图 11-16 例 10 图

解 由双口网络的 Y 方程，有

$$\dot{I}_1 = \dot{I}_s = Y_{11}\dot{U}_1 + Y_{12}\dot{U}_2$$
$$\dot{I}_2 = Y_{21}\dot{U}_1 + Y_{22}\dot{U}_2$$

且

$$\dot{I}_2 = -\frac{\dot{U}_2}{R_L}$$

代入已知条件，有

$$\begin{cases} 6 = 0.5\dot{U}_1 - 0.3\dot{U}_2 \\ -\dfrac{\dot{U}_2}{5} = -0.3\dot{U}_1 + 0.7\dot{U}_2 \end{cases}$$

解得

$$\dot{U}_2 = 5\angle 0° \text{V}$$

则 R_L 吸收的功率为

$$P_L = \frac{U_2^2}{R_L} = \frac{5^2}{5} = 5\text{W}$$

例 11 如图 11-17 所示电路，已知二端口电路的 Z 参数矩阵 $Z = \begin{bmatrix} 9 & 3 \\ 3 & 5 \end{bmatrix}$ Ω，求负载 Z_L 吸收的功率为最大时的 Z_L 和 P_{Lmax}。

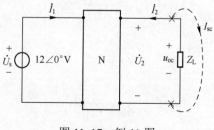

图 11-17 例 11 图

解 利用 Z 参数方程求二端口网络 N 的出口等效电源。写 N 的 Z 方程

$$\dot{U}_1 = \dot{U}_s = Z_{11}\dot{I}_1 + Z_{12}\dot{I}_2 = 9\dot{I}_1 + 3\dot{I}_2 = 12\angle 0°$$

$$\dot{U}_2 = Z_{21}\dot{I}_1 + Z_{22}\dot{I}_2 = 3\dot{I}_1 + 5\dot{I}_2$$

令 $\dot{I}_2 = 0$，解得出口开路电压

$$\dot{U}_{oc} = \dot{U}_2\big|_{\dot{I}_2=0} = 3\dot{I}_1 = 3\frac{\dot{U}_s}{Z_{11}} = 3\times\frac{12\angle 0°}{9} = 4\angle 0°\text{V}$$

令 $\dot{U}_2 = 0$，解得出口短路电流（如图 11-17 中虚线上所标）

$$\dot{I}_{sc} = -\dot{I}_2\big|_{\dot{U}_2=0} = 1\angle 0°\text{A}$$

戴维南等效阻抗

$$Z_0 = \frac{\dot{U}_{oc}}{\dot{I}_{sc}} = \frac{4\angle 0°}{1\angle 0°} = 4\Omega$$

由最大功率传输条件可知，当 $Z_L = Z_0^* = 4\Omega$ 时，负载 Z_L 能获得最大功率。此时

$$P_{L\max} = \frac{U_{oc}^2}{4R_0} = \frac{4^2}{4\times 4} = 1\text{W}$$

例 12 如图 11-18 所示电路，其中 N 为无源的对称互易二端口网络，已知 $I_1 = 1\text{A}$，$I_2 = 0.5\text{A}$，则二端口网络 N 的 Z 参数矩阵为多少？

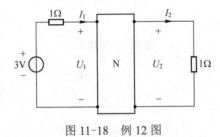

图 11-18 例 12 图

解 Z 参数方程为

$$\begin{cases} U_1 = Z_{11}I_1 + Z_{12}(-I_2) \\ U_2 = Z_{21}I_1 + Z_{22}(-I_2) \end{cases}$$

其中，I_2 前的负号是由所标 I_2 参考方向与定义中 I_2 方向相反所致。

两端口约束关系为

$$\begin{cases} U_1 = 3 - 1\times I_1 = 3-1 = 2\text{V} \\ U_2 = 1\times I_2 = 1\times 0.5 = 0.5\text{V} \end{cases}$$

并且双口 N 为对称网络，有

$$Z_{11} = Z_{22}$$

又 N 为互易双口，则

$$Z_{12} = Z_{21}$$

将上述条件代入 Z 方程中，得

$$\begin{cases} 2 = Z_{11} \times 1 - 0.5 Z_{12} \\ 0.5 = Z_{12} \times 1 - 0.5 Z_{11} \end{cases}$$

解得

$$Z_{11} = Z_{22} = 3\Omega$$
$$Z_{12} = Z_{21} = 2\Omega$$

故得 Z 参数矩阵

$$\boldsymbol{Z} = \begin{bmatrix} 3 & 2 \\ 2 & 3 \end{bmatrix} \Omega$$

例 13 求图 11-19 所示电路的 **Z** 参数。

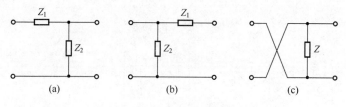

图 11-19　例 13 图

解 （根据定义或列出 **Z** 参数方程）可得 **Z** 参数矩阵分别为

（a） $\boldsymbol{Z} = \begin{bmatrix} Z_1 + Z_2 & Z_2 \\ Z_2 & Z_2 \end{bmatrix}$；（b） $\boldsymbol{Z} = \begin{bmatrix} Z_2 & Z_2 \\ Z_2 & Z_1 + Z_2 \end{bmatrix}$；（c） $\boldsymbol{Z} = \begin{bmatrix} Z & -Z \\ -Z & Z \end{bmatrix}$

例 14 求图 11-20 所示电路的 **Z** 参数。（$\omega = 1000 \text{rad/s}$）

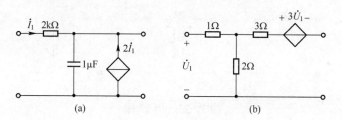

图 11-20　例 14 图

解 （根据定义或列出 **Z** 参数方程）可得 **Z** 参数分别为

（a） $\boldsymbol{Z} = \begin{bmatrix} 2-j3 & -j1 \\ -j3 & -j1 \end{bmatrix} \text{k}\Omega$；（b） $\boldsymbol{Z} = \begin{bmatrix} 3 & 2 \\ -7 & -1 \end{bmatrix} \Omega$

例 15 求图 11-21 所示电路的 **Y** 参数。

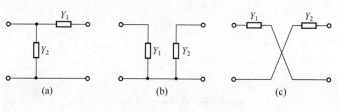

图 11-21　例 15 图

解 （a）$Y = \begin{bmatrix} Y_1+Y_2 & -Y_1 \\ -Y_1 & Y_1 \end{bmatrix}$；（b）$Y = \begin{bmatrix} Y_1 & 0 \\ 0 & Y_2 \end{bmatrix}$；（c）$Y = \begin{bmatrix} \dfrac{Y_1 Y_2}{Y_1+Y_2} & \dfrac{Y_1 Y_2}{Y_1+Y_2} \\ \dfrac{Y_1 Y_2}{Y_1+Y_2} & \dfrac{Y_1 Y_2}{Y_1+Y_2} \end{bmatrix}$

例 16 求图 11-22 所示电路的 Y 参数。

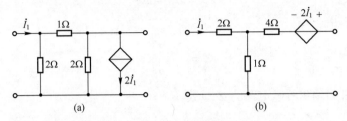

图 11-22 例 16 图

解 （a）$Y = \begin{bmatrix} 1.5 & -1 \\ 2 & -0.5 \end{bmatrix} \text{S}$；（b）$Y = \begin{bmatrix} \dfrac{5}{12} & -\dfrac{1}{12} \\ -\dfrac{1}{4} & \dfrac{1}{4} \end{bmatrix} \text{S}$

例 17 求图 11-23 所示电路的 T 参数。

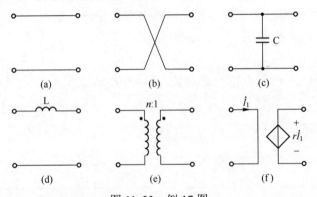

图 11-23 例 17 图

解 （a）$T = \begin{bmatrix} 1 & 0 \\ 0 & 1 \end{bmatrix}$；（b）$T = \begin{bmatrix} -1 & 0 \\ 0 & -1 \end{bmatrix}$；（c）$T = \begin{bmatrix} 1 & 0 \\ j\omega C & 1 \end{bmatrix}$；

（d）$T = \begin{bmatrix} 1 & j\omega L \\ 0 & 1 \end{bmatrix}$；（e）$T = \begin{bmatrix} n & 0 \\ 0 & \dfrac{1}{n} \end{bmatrix}$；（f）$T = \begin{bmatrix} 0 & 0 \\ \dfrac{1}{r} & 0 \end{bmatrix}$

例 18 求图 11-24 所示电路的 T 参数。

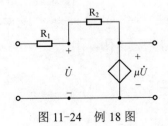

图 11-24 例 18 图

解 双口网络中 $\dot U_2 = \mu \dot U$；$\dot I_1 = \dfrac{\dot U - \dot U_2}{R_2} = \dfrac{(1-\mu)}{\mu R_2}\dot U_2$

而 $\dot U_1 = (R_1 + R_2)\dot I_1 + \dot U_2 = \dfrac{R_1(1-\mu) + R_2}{\mu R_2}\dot U_2$；

即 T 参数方程为

$$\begin{cases}\dot U_1 = \dfrac{R_1(1-\mu) + R_2}{\mu R_2}\dot U_2 \\ \dot I_1 = \dfrac{(1-\mu)}{\mu R_2}\dot U_2\end{cases}；\text{所以 } \boldsymbol{T} = \begin{bmatrix}\dfrac{R_1(1-\mu) + R_2}{\mu R_2} & 0 \\ \dfrac{1-\mu}{\mu R_2} & 0\end{bmatrix}$$

例 19 求图 11-25 所示电路的 $\boldsymbol{H}$ 参数。

解 (a) $\boldsymbol{H} = \begin{bmatrix}0.5\Omega & 1 \\ 0 & -1\text{S}\end{bmatrix}$

(b) 由图 11-26 左上节点 KCL 可知，$\dot I_1 = \dfrac{\dot U_1}{2} + \dfrac{\dot U_1 - \dot U_2}{2}$，则 $\dot U_1 = \dot I_1 + \dfrac{1}{2}\dot U_2$

由右侧节点 KCL，有 $\dfrac{\dot U_1 - \dot U_2}{2} + \dot I_2 = \dfrac{\dot U_2}{1} + 3\dot U_1$，代入 $\dot U_1$ 并整理可得 $\dot I_2 = \dfrac{5}{2}\dot I_1 + \dfrac{11}{4}\dot U_2$

即 H 参数方程为

$$\begin{cases}\dot U_1 = \dot I_1 + \dfrac{1}{2}\dot U_2 \\ \dot I_2 = \dfrac{5}{2}\dot I_1 + \dfrac{11}{4}\dot U_2\end{cases}，\text{所以 } \boldsymbol{H} = \begin{bmatrix}1\Omega & \dfrac{1}{2} \\ \dfrac{5}{2} & \dfrac{11}{4}\text{S}\end{bmatrix}$$

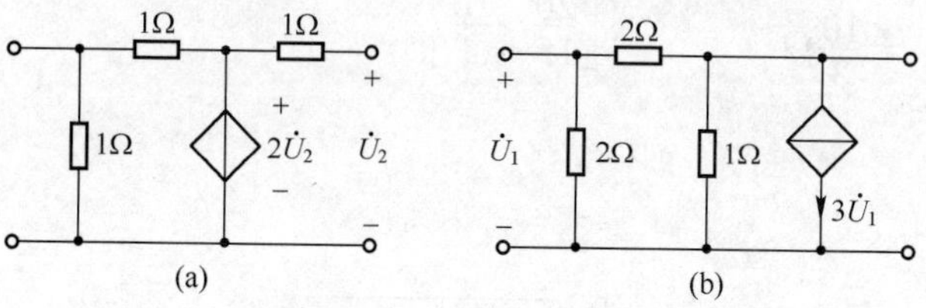

图 11-25 例 19 图

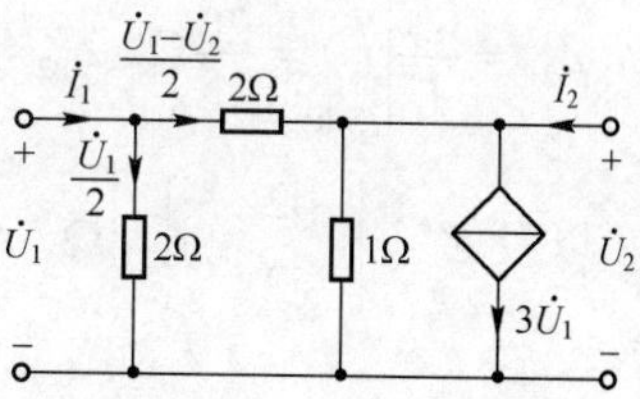

图 11-26 例 19 图解

例 20 已知图 11-27 所示二端网络的 Z 参数矩阵为 $\boldsymbol{Z} = \begin{bmatrix}10 & 8 \\ 5 & 10\end{bmatrix}\Omega$，求 R_1，R_2，R_3 和 r。

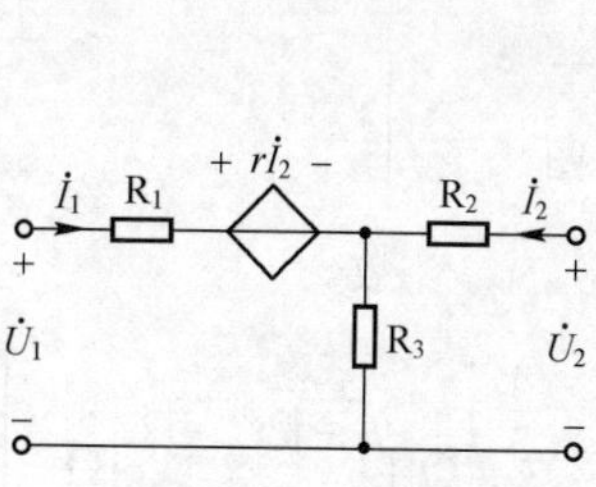

图 11-27 例 20 图

解 由电路可得 $\begin{cases}\dot U_1 = R_1 \dot I_1 + r\dot I_2 + R_3(\dot I_1 + \dot I_2) = (R_1 + R_3)\dot I_1 + (r + R_3)\dot I_2 \\ \dot U_2 = R_2 \dot I_2 + R_3(\dot I_1 + \dot I_2) = R_3\dot I_1 + (R_2 + R_3)\dot I_2\end{cases}$

二端网络的 Z 参数矩阵为 $\boldsymbol{Z} = \begin{bmatrix} R_1 + R_3 & r + R_3 \\ R_3 & R_2 + R_3 \end{bmatrix}$

于是，有

$$R_1 = 5\Omega, \quad R_2 = 5\Omega, \quad R_3 = 5\Omega, \quad r = 3\Omega$$

例 21 某双口网络的 H 参数为 $H_{11} = 1\text{k}\Omega$，$H_{12} = -2$，$H_{21} = 3$，$H_{22} = 2\text{mS}$，输出端接 $1\text{k}\Omega$ 电阻，求输入阻抗。

解 该双口网络的 H 方程为

$$\begin{cases} \dot{U}_1 = H_{11}\dot{I}_1 - 2\dot{U}_2 \\ \dot{I}_2 = 3\dot{I}_1 + H_{22}\dot{U}_2 \end{cases}$$

输出端电阻两端的 VAR 为 $\dot{U}_2 = 1\text{k}\Omega \dot{I}_2$，将该式与上式联立，消去 $\dot{U}_2$、$\dot{I}_2$，可得 $\dot{U}_1 = 7 \times 10^3 \times \dot{I}_1$，则有

输入阻抗 $Z_i = \dfrac{\dot{U}_1}{\dot{I}_1} = 7 \times 10^3 \Omega$

例 22 图 11-28 所示双口网络可以看作两个双口网络的串联。试求该双口网络的 Z 参数（$\omega = 1000\text{rad/s}$）。

解 双口网络串联情况如图 11-29 所示。由定义，有

$Z'_{11} = \left.\dfrac{\dot{U}_1}{\dot{I}_1}\right|_{\dot{I}_2=0} = \dfrac{44}{15}\Omega; \quad Z'_{12} = \left.\dfrac{\dot{U}_1}{\dot{I}_2}\right|_{\dot{I}_1=0} = \dfrac{4}{3}\Omega$ 即有 $\boldsymbol{Z}' = \begin{bmatrix} \dfrac{44}{15} & \dfrac{4}{3} \\ \dfrac{20}{15} & \dfrac{10}{3} \end{bmatrix}\Omega$

$Z'_{21} = \left.\dfrac{\dot{U}_2}{\dot{I}_1}\right|_{\dot{I}_2=0} = \dfrac{20}{15}\Omega; \quad Z'_{22} = \left.\dfrac{\dot{U}_2}{\dot{I}_2}\right|_{\dot{I}_1=0} = \dfrac{10}{3}\Omega$

以及 $\boldsymbol{Z}'' = \begin{bmatrix} -\text{j}2 & -\text{j}2 \\ -\text{j}2 & -\text{j}2 \end{bmatrix}\Omega$

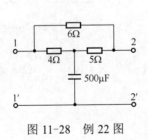
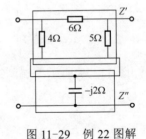

图 11-28 例 22 图   图 11-29 例 22 图解

因此

$$\boldsymbol{Z} = \boldsymbol{Z}' + \boldsymbol{Z}'' = \begin{bmatrix} \dfrac{44}{15} & \dfrac{4}{3} \\ \dfrac{20}{15} & \dfrac{10}{3} \end{bmatrix}\Omega + \begin{bmatrix} -\text{j}2 & -\text{j}2 \\ -\text{j}2 & -\text{j}2 \end{bmatrix}\Omega = \begin{bmatrix} \dfrac{44}{15} - \text{j}2 & \dfrac{4}{3} - \text{j}2 \\ \dfrac{20}{15} - \text{j}2 & \dfrac{10}{3} - \text{j}2 \end{bmatrix}\Omega$$

例 23 求图 11-30 所示双口网络的传输参数，该双口网络可分成两个简单的双口网络的级联。

解 图 11-30 所示双口网络看作是 T_1 和 T_2 的级联 $T_1 = T_2 = \begin{bmatrix} 2 & 1\Omega \\ 1S & 1 \end{bmatrix}$

则 $T = T_1 T_2 = \begin{bmatrix} 5 & 3\Omega \\ 3S & 2 \end{bmatrix}$

例 24 电路如图 11-31 所示，求下列两种情况下网络的输入阻抗 Z_i。（1） $Z_1 = 1\Omega$；（2） $Z_1 = 2\Omega$。

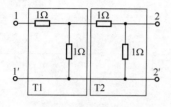
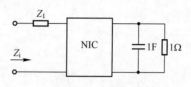

图 11-30 例 23 图　　　　图 11-31 例 24 图

解 负阻抗变换器的传输参数为（假设为电压型）$T = \begin{bmatrix} -k & 0 \\ 0 & 1 \end{bmatrix}$

负载为电容与电阻的并联 $Z_L = \dfrac{1 - j\omega}{1 + \omega^2}$

则 $Z_i = Z_1 + \dfrac{-k \cdot Z_L + 0}{0 \cdot Z_L + 1} = Z_1 - k \cdot Z_L$

本题中若负阻抗变换器的系数 $k=1$，$\omega = 1\text{rad/s}$ 时，结果为

（1） $Z_i = \dfrac{1+j}{2}\Omega$；（2） $Z_i = \dfrac{3+j}{2}\Omega$

例 25 求图 11-32 所示双口网络的输入阻抗 Z_i。设 $C_1 = C_2 = 1\text{F}$，$G_1 = G_2 = 1\text{S}$，$g = 2\text{S}$。

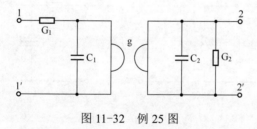

图 11-32 例 25 图

解 由回转器的端口伏安关系，有

$$Z_i = \dfrac{1}{G_1} + \dfrac{1}{j\omega C_1 + g^2 Z_2}$$

其中 $Z_2 = \dfrac{1}{j\omega C_2 + G_2}$

问题中若补充电源频率为 $\omega = 1\text{rad/s}$，输入阻抗为 $Z_i = 1.4 + j0.2\Omega$

C 练 习 题

1. 求图 11-33 所示各二端口网络的 Z、Y 参数。

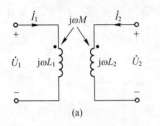
(a)
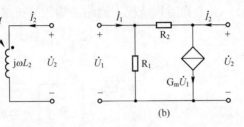
(b)
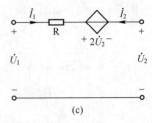
(c)

图 11-33 题 1 图

2. 求图 11-34 所示二端口网络的 Y 参数。

3. 求图 11-35 所示二端口网络的 Y、Z 参数。

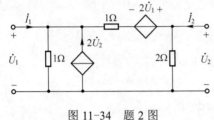

图 11-34 题 2 图

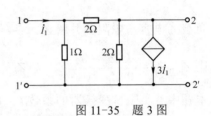

图 11-35 题 3 图

4. 求图 11-36 所示二端口网络的 T、H 参数。(图 11-36(b)中 $\omega = 1\text{rad/s}$，$R = 1\Omega$，$L = 1\text{H}$，$C = 1\text{F}$)

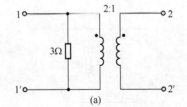
(a)
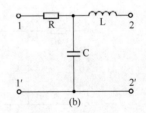
(b)

图 11-36 题 4 图

5. 求图 11-37 所示二端口网络的 Z 参数。

6. 求图 11-38 所示二端口网络的 Y 参数矩阵。

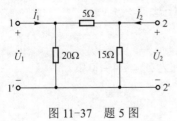

图 11-37 题 5 图

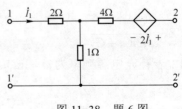

图 11-38 题 6 图

7. 求图 11-39 所示双 T 电路的 Y 参数（角频率为 ω）。

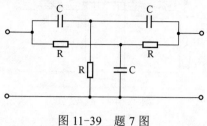

图 11-39　题 7 图

8. 试求图 11-40 所示二端口网络的 T 参数。

9. 求图 11-41 所示耦合电感的 Z 参数矩阵。

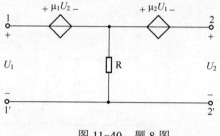 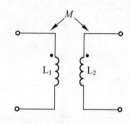

图 11-40　题 8 图　　　　图 11-41　题 9 图

10. 求图 11-42 所示二端口网络的 Z 参数。

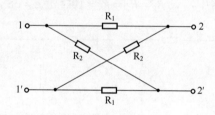

图 11-42　题 10 图

11. 求图 11-43 所示二端口网络的 Z 参数。

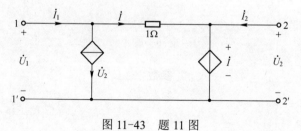

图 11-43　题 11 图

12. 电路如图 11-44 所示，已知网络 N_0 不含独立源，其 Z 参数矩阵为 $\begin{bmatrix} j & -j \\ -j & j \end{bmatrix} \Omega$，试求 ab 端的戴维南等效电路。

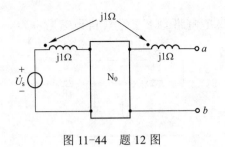

图 11-44 题 12 图

13. 电路如图 11-45 所示，已知 N_0 为对称二端口网络，当 $R_L = \infty$ 时，$u_2 = 4V$，$i_1 = 2A$，试求：

（1）网络 N_0 的传输参数；

（2）R_L 取何值时，$u_2 = 2V$？

14. 如图 11-46 所示电路，求 T 参数和 H 参数。

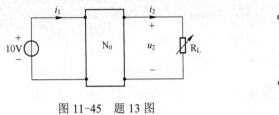

图 11-45 题 13 图

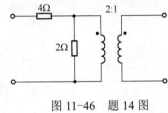

图 11-46 题 14 图

15. 图 11-47 所示电路中，设 $R_1 = R_2 = R_3 = 10\Omega$，$g = 5S$，求混合参数矩阵 H。

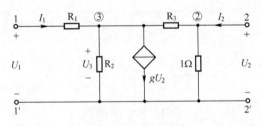

图 11-47 题 15 图

练习题答案

1. (a) $Z_{11} = j\omega L_1$, $Z_{12} = Z_{21} = j\omega M$, $Z_{22} = j\omega L_2$

   $Y_{11} = j\dfrac{L_2}{\omega(M^2 - L_1L_2)}$, $Y_{12} = Y_{21} = -j\dfrac{M}{\omega(M^2 - L_1L_2)}$, $Y_{22} = j\dfrac{L_1}{\omega(M^2 - L_1L_2)}$

   (b) $Y_{11} = \dfrac{R_1 + R_2}{R_1 R_2}$, $Y_{12} = -\dfrac{1}{R_2}$, $Y_{21} = G_m - \dfrac{1}{R_2}$, $Y_{22} = \dfrac{1}{R_2}$

   $Z_{11} = \dfrac{R_1}{1 + R_1 G_m}$, $Z_{12} = \dfrac{R_1}{1 + R_1 G_m}$, $Z_{21} = \dfrac{R_1(1 - R_2 G_m)}{1 + R_1 G_m}$, $Z_{22} = \dfrac{R_1 + R_2}{1 + R_1 G_m}$

   (c) $Y_{11} = \dfrac{1}{R}$, $Y_{12} = -\dfrac{3}{R}$, $Y_{21} = -\dfrac{1}{R}$, $Y_{22} = \dfrac{3}{R}$, Z 参数不存在。

2. $Y_{11} = 4\text{S}$, $Y_{12} = Y_{21} = -3\text{S}$, $Y_{22} = 1.5\text{S}$

3. $Y_{11} = \dfrac{3}{2}\text{S}$, $Y_{12} = -\dfrac{1}{2}\text{S}$, $Y_{21} = 4\text{S}$, $Y_{22} = -\dfrac{1}{2}\text{S}$

   $Z_{11} = -\dfrac{2}{5}\Omega$, $Z_{12} = \dfrac{6}{5}\Omega$, $Z_{21} = \dfrac{2}{5}\Omega$, $Z_{22} = -\dfrac{16}{5}\Omega$

4. (a) $[T] = \begin{bmatrix} 2 & 0 \\ \dfrac{2}{3}\text{S} & \dfrac{1}{2} \end{bmatrix}$, $[H] = \begin{bmatrix} 0 & 2 \\ -2 & \dfrac{4}{3}\text{S} \end{bmatrix}$;

   (b) $[T] = \begin{bmatrix} 1+j1 & j1\Omega \\ j1\text{S} & 0 \end{bmatrix}$, H 参数不存在

5. $\begin{bmatrix} 10 & 7.5 \\ 7.5 & 9.375 \end{bmatrix} \Omega$

6. $\begin{bmatrix} \dfrac{5}{12} & -\dfrac{1}{12} \\ -\dfrac{1}{4} & \dfrac{1}{4} \end{bmatrix} \text{S}$

7. $Y_{11} = Y_{22} = \dfrac{R\omega C - j1}{R(R\omega C - j2)} - \dfrac{R(\omega C)^2 - j\omega C}{1 + j2R\omega C}$

   $Y_{12} = Y_{21} = \dfrac{-j1}{R(R\omega C - j2)} - \dfrac{R(\omega C)^2}{1 + j2R\omega C}$

8. $\begin{bmatrix} \dfrac{1+\mu_1}{1+\mu_2} & 0 \\ \dfrac{1-\mu_1\mu_2}{R(1+\mu_2)} & 1 \end{bmatrix}$

9. $\begin{bmatrix} j\omega L_1 & j\omega M \\ j\omega M & j\omega L_2 \end{bmatrix}$

10. $Z_{11} = \dfrac{1}{2}(R_1 + R_2)$, $Z_{12} = \dfrac{1}{2}(R_2 - R_1)$, $Z_{21} = \dfrac{1}{2}(R_2 - R_1)$, $Z_{22} = \dfrac{1}{2}(R_1 + R_2)$

11. $Z_{11} = 1\Omega$, $Z_{12} = 0$, $Z_{21} = 0.5\Omega$, $Z_{22} = 0$

12. $\dot{U}_{oc} = -\dot{U}_s$, $Z_{eq} = 0$

13. （1）$\begin{bmatrix} 2.5 & 10.5 \\ 0.5 & 2.5 \end{bmatrix}$；（2）$4.2\Omega$

14. $\boldsymbol{T} = \begin{bmatrix} 6 & 2\Omega \\ 1S & \dfrac{1}{2} \end{bmatrix}$, $\boldsymbol{H} = \begin{bmatrix} 4\Omega & 2 \\ -2 & 2S \end{bmatrix}$

15. $\boldsymbol{H} = \begin{bmatrix} 15\Omega & -26.5 \\ -0.5 & 3.55S \end{bmatrix}$

第 12 章 动态电路的复频域分析

A 内 容 提 要

一、拉普拉斯变换的定义

记 $f(t)$ 为原函数，$F(s)$ 为象函数，则

$$L[f(t)] = F(s) = \int_{0_-}^{\infty} f(t) e^{-st} dt$$

$$L^{-1}[F(s)] = f(t)\varepsilon(t) = \frac{1}{2\pi j} \int_{\sigma-j\infty}^{\sigma+j\infty} F(s) e^{st} ds$$

式中：$f(t)\varepsilon(t)$ 称为与 $f(t)$ 对应的有因函数，即

$$f(t)\varepsilon(t) = \begin{cases} f(t) & (t \geq 0) \\ 0 & (t<0) \end{cases}$$

二、拉普拉斯变换简表

常用函数的拉普拉斯变换关系如表 12-1 所示，表中 $f(t)$ 为原函数、$F(s)$ 为对应象函数。

表 12-1 拉普拉斯变换简表

象函数 $F(s)$	原函数 $f(t)$	象函数 $F(s)$	原函数 $f(t)$
1	$\delta(t)$	$\dfrac{\omega}{s^2+\omega^2}$	$\sin\omega t$
$\dfrac{1}{s}$	$\varepsilon(t)$	$\dfrac{s}{s^2+\omega^2}$	$\cos\omega t$
$\dfrac{1}{s^2}$	t	$\dfrac{\omega}{(s+b)^2+\omega^2}$	$e^{-bt}\sin\omega t$
$\dfrac{1}{s^{n+1}}$	$\dfrac{1}{n!}t^n$	$\dfrac{s+b}{(s+b)^2+\omega^2}$	$e^{-bt}\cos\omega t$
$\dfrac{1}{s+\alpha}$	$e^{-\alpha t}$	$\dfrac{2\omega s}{(s^2+\omega^2)^2}$	$t\sin\omega t$
$\dfrac{1}{(s+\alpha)^2}$	$te^{-\alpha t}$	$\dfrac{s^2-\omega^2}{(s^2+\omega^2)^2}$	$t\cos\omega t$
$\dfrac{1}{(s+\alpha)^{n+1}}$	$\dfrac{1}{n!}t^n \sigma^{-\alpha t}$	$\dfrac{s}{(s+\alpha)^2}$	$(1-\alpha t)e^{-\alpha t}$

三、拉普拉斯变换的性质

表 12-2 给出了拉普拉斯变换的部分性质。

表 12-2　拉普拉斯变换的性质

运算	$f(t)$	$F(s)$
线性	$A_1 f_1(t) \pm A_2 f_2(t)$	$A_1 F_1(s) \pm A_2 F_2(s)$
时域求导	$\dfrac{df(t)}{dt}$ $\dfrac{d^{(n)}f(t)}{dt^n}$	$SF(s) - f(0_-)$ $S^n F(s) - \sum_{k=1}^{n} S^{n-k} f^{(k-1)}(0_-)$
时域积分	$\int_{0_-}^{t} f(\xi)\,d\xi$	$\dfrac{1}{s} F(s)$
时间延迟	$f(t - t_0)$	$e^{-st_0} F(s)$
频率移位	$f(t) e^{-\alpha t}$	$F(s + \alpha)$
标度改变	$f(\alpha t)$	$\dfrac{1}{\alpha} F\left(\dfrac{s}{\alpha}\right)$
卷积	$f_1(t) * f_2(t)$	$F_1(s) F_2(s)$

四、拉普拉斯反变换

（一）查表法

利用表 12-1 进行拉普拉斯反变换。

（二）部分分式展开法

令 $F(s) = \dfrac{N_0(s)}{D(s)}$；$\dfrac{N_0(s)}{D(s)}$ 为真分式（若 $\dfrac{N_0(s)}{D(s)}$ 不是真分式，应将其化为真分式形式）

（1）$D(s) = 0$ 有 n 个单实根，$p_1, p_2, \cdots, p_n$

则
$$F(s) = \sum_{i=1}^{n} \frac{k_i}{s - p_i}$$

式中：$k_i = [(s - p_i)F(s)]_{s=p_i}$（$i = 1, 2, \cdots, n$），或 $k_i = \left.\dfrac{N_0(s)}{D'(s)}\right|_{s=p_i}$（$i = 1, 2, \cdots, n$）。

这时
$$f(t)\varepsilon(t) = \sum_{i=1}^{n} k_i e^{p_i t} \varepsilon(t)$$

（2）$D(s) = 0$ 具有一对共轭复根，即
$$p_1 = \alpha + j\omega,\quad p_2 = \alpha - j\omega$$

则
$$k_1 = [(s - \alpha - j\omega)F(s)]_{s=\alpha+j\omega} = |k_1| e^{j\theta_1}$$
$$k_2 = [(s - \alpha + j\omega)F(s)]_{s=\alpha-j\omega} = |k_1| e^{-j\theta_1}$$

此时 $f(t)\varepsilon(t)$ 中所包含的对应项为
$$[2|k_1| e^{\alpha t} \cos(\omega t + \theta_1)]\varepsilon(t)$$

（3）$D(s) = 0$ 具有重根，以三重根 p_1 为例，

令
$$F(s) = \frac{k_{13}}{s - p_1} + \frac{k_{12}}{(s - p_1)^2} + \frac{k_{11}}{(s - p_1)^3} + \sum_{i=4}^{n} \frac{k_i}{s - p_i}$$

则

$$k_{11} = (s-p_1)^3 F(s)\big|_{s=p_1}$$

$$k_{12} = \frac{\mathrm{d}}{\mathrm{d}s}\big[(s-p_1)^3 F(s)\big]_{s=p_1}$$

$$k_{13} = \frac{1}{2}\frac{\mathrm{d}^{(2)}}{\mathrm{d}s^2}[(s-p_1)^3 F(s)]_{s=p_1}$$

这时，$f(t)\varepsilon(t)$ 中所包含的对应项为

$$\left(k_{13} + tk_{12} + \frac{1}{2}t^2 k_{11}\right)\mathrm{e}^{p_1 t}\varepsilon(t)$$

五、常用简单电路的运算形式

使用复频域分析方法求解电路的过程中，常用简单电路的运算形式如表 12-3 所示。

表 12-3　常用简单电路的运算形式

时域电路	运算电路	电路方程
$i(t)$, R, $u(t)$	$I(s)$, R, $U(s)$	$U(s) = RI(s)$
$i(t)$, L, $u(t)$	$I(s)$, sL, $Li(0_-)$, $U(s)$; $I(s)$, sL, $\frac{i(0_-)}{s}$, $U(s)$	$U(s) = sLI(s) - Li(0_-)$ $I(s) = \dfrac{U(s)}{sL} + \dfrac{i(0_-)}{s}$
$i(t)$, C, $u(t)$	$I(s)$, $\frac{1}{sC}$, $\frac{u(0_-)}{s}$, $U(s)$; $\frac{1}{sC}$, $Cu(0_-)$, $I(s)$, $U(s)$	$U(s) = \dfrac{I(s)}{sC} + \dfrac{u(0_-)}{s}$ $I(s) = sCU(s) - Cu(0_-)$
i_1, M, i_2, u_1, L_1, L_2, u_2	$I_1(s)$, sM, $I_2(s)$, sL_1, sL_2, $U_1(s)$, $U_2(s)$, $L_1 i_1(0_-)$, $L_2 i_2(0_-)$, $Mi_2(0_-)$, $Mi_1(0_-)$	$U_1(s) = sL_1 I_1(s) - L_1 i_1(0_-) +$ $sMI_2(s) - Mi_2(0_-)$ $U_2(s) = sL_2 I_2(s) - L_2 i_2(0_-) +$ $sMI_1(s) - Mi_1(0_-)$

B 例 题

例 1 已知某象函数为
$$F(s) = \frac{2s^2 + 1000s + 140 \times 10^3}{s(s+200)^2}$$

试求相应的原函数。

解 此象函数有一个单极点 $s_1 = 0$ 和一个二重极点 $s_2 = -200$，因此 $F(s)$ 的部分分式展开式为
$$F(s) = \frac{A_1}{s} + \frac{A_{21}}{s+200} + \frac{A_{22}}{(s+200)^2}$$

式中
$$A_1 = sF(s)\big|_{s=0} = 3.5$$
$$A_{22} = (s+200)^2 F(s)\big|_{s=-200} = -100$$
$$A_{21} = \frac{\mathrm{d}}{\mathrm{d}s}[(s+200)^2 F(s)]\big|_{s=-200} = -1.5$$

所以
$$f(t) = 3.5\varepsilon(t) - (1.5 + 100t)\mathrm{e}^{-200t}\varepsilon(t)$$

例 2 求 $F(s) = \dfrac{s^3 + 6s^2 + 15s + 11}{s^2 + 5s + 6}$ 原函数 $f(t)$。

解 先将 $F(s)$ 变为多项式和有理真分式：
$$F(s) = s + 1 + \frac{4s+5}{s^2+5s+6}$$

下面将 $\dfrac{4s+5}{s^2+5s+6}$ 进行部分分式展开：
$$\frac{4s+5}{s^2+5s+6} = \frac{4s+5}{(s+2)(s+3)} = \frac{k_1}{s+2} + \frac{k_2}{s+3}$$

$$k_1 = \lim_{s \to -2} \frac{4s+5}{2s+5} = -3 \text{ 或 } k_1 = (s+2)\frac{4s+5}{s^2+5s+6}\bigg|_{s=-2} = -3$$

$$k_2 = \lim_{s \to -3} \frac{4s+5}{2s+5} = 7 \text{ 或 } k_2 = (s+3)\frac{4s+5}{s^2+5s+6}\bigg|_{s=-3} = 7$$

所以 $F(s) = s + 1 + \dfrac{-3}{s+2} + \dfrac{7}{s+3}$

对应的原函数 $f(t) = \delta'(t) + \delta(t) - 3\mathrm{e}^{-2t} + 7\mathrm{e}^{-3t}$

例 3 已知某象函数为
$$F(s) = \frac{s+3}{(s+1)(s^2+2s+5)}$$

求相应的原函数 $f(t)$。

解 1 此处象函数 $F(s)$ 的一个极点为 $s_1 = -1$，另外两个极点取决于下列方程：
$$s^2 + 2s + 5 = 0$$

由此解出
$$s_2 = \frac{-2 + \sqrt{2^2 - 4 \times 5}}{2} = \frac{-2 + j4}{2} = -1 + j2$$
$$s_3 = -1 - j2 = s_2^*$$

这是一对共轭复数极点。

象函数 $F(s)$ 的部分分式展开式为
$$F(s) = \frac{s+3}{(s+1)(s+1-j2)(s+1+j2)}$$
$$= \frac{A_1}{s+1} + \frac{A_2}{s+1-j2} + \frac{A_3}{s+1+j2}$$

式中各部分分式的系数分别为
$$A_1 = (s+1)F(s)\big|_{s=s_1} = \frac{s+3}{s^2+2s+5}\bigg|_{s=-1} = \frac{-1+3}{(-1)^2+2(-1)+5} = 0.5$$

$$A_2 = (s+1-j2)F(s)\big|_{s=s_2} = \frac{s+3}{(s+1)(s+1+j2)}\bigg|_{s=-1+j2}$$
$$= \frac{(-1+j2)+3}{(-1+j2+1)(-1+j2+1+j2)} = \frac{2+j2}{(j2)(j4)}$$
$$= -0.25(1+j1) = -0.25\sqrt{2}\,\mathrm{e}^{-j\frac{\pi}{4}}$$

$$A_3 = (s+1+j2)F(s)\big|_{s=s_3} = \frac{s+3}{(s+1)(s+1-j2)}\bigg|_{s=-1-j2}$$
$$= \frac{2-j2}{(-j2)(-j4)} = -0.25(1-j1) = -0.25\sqrt{2}\,\mathrm{e}^{\,j\frac{\pi}{4}} = A_2^*$$

由此可见，象函数 $F(s)$ 若有一对共轭复数极点，则其部分分式展开式中相应的两个分式的系数也是一对共轭复数。因此，在本例中，求出复系数 A_2 后，取其共轭值，即得 A_3。

求 $F(s)$ 的部分分式展开式的逆变换，即得相应的原函数
$$f(t) = L^{-1}[F(s)]$$
$$= L^{-1}\left[\frac{0.5}{s+1} - \frac{0.25\sqrt{2}\,\mathrm{e}^{-j\frac{\pi}{4}}}{s+1-j2} - \frac{0.25\sqrt{2}\,\mathrm{e}^{\,j\frac{\pi}{4}}}{s+1+j2}\right]$$
$$= 0.5\mathrm{e}^{-t}\varepsilon(t) - 0.25\sqrt{2}\,\mathrm{e}^{-j\frac{\pi}{4}}\mathrm{e}^{-(1-j2)t}\varepsilon(t) - 0.25\sqrt{2}\,\mathrm{e}^{\,j\frac{\pi}{4}}\mathrm{e}^{-(1+j2)t}\varepsilon(t)$$
$$= 0.5\mathrm{e}^{-t}\varepsilon(t) - 0.25\sqrt{2}\,\mathrm{e}^{-t}\varepsilon(t)\left[\mathrm{e}^{\,j\left(2t+\frac{\pi}{4}\right)} + \mathrm{e}^{-j\left(2t+\frac{\pi}{4}\right)}\right]$$
$$= 0.5\mathrm{e}^{-t}\varepsilon(t) - 0.5\sqrt{2}\,\mathrm{e}^{-t}\cos\left(2t+\frac{\pi}{4}\right)\varepsilon(t)$$

解 2 当判断 $F(s)$ 中含有一对共轭复数极点时，将原式展开为如下的部分分式

$$F(s) = \frac{s+3}{(s+1)(s^2+2s+5)} = \frac{as+b}{s^2+2s+5} + \frac{c}{s+1}$$

通分后比较分子多项式系数可求得待定系数 a、b、c 的值如下：

$$a = -0.5, \quad b = 0.5, \quad c = 0.5$$

从而

$$F(s) = \frac{-0.5s+0.5}{s^2+2s+5} + \frac{0.5}{s+1} = \frac{-0.5s+0.5}{(s+1)^2+2^2} + \frac{0.5}{s+1}$$

查表可得

$$\begin{aligned}f(t) &= L^{-1}[F(s)] \\ &= \left[-0.5\mathrm{e}^{-t}\cos 2t + \frac{0.5-(-0.5)}{2}\mathrm{e}^{-t}\sin 2t\right]\varepsilon(t) + 0.5\mathrm{e}^{-t}\varepsilon(t) \\ &= 0.5\mathrm{e}^{-t}\varepsilon(t) - 0.5\sqrt{2}\mathrm{e}^{-t}\cos\left(2t+\frac{\pi}{4}\right)\varepsilon(t)\end{aligned}$$

例 4 如图 12-1 所示电路，$R_1 = 30\Omega$，$R_2 = R_3 = 5\Omega$，$L = 0.1\mathrm{H}$，$C = 1000\mu\mathrm{F}$，$u_\mathrm{s} = 140\mathrm{V}$。开关打开前，电路处于稳态。求开关打开后开关两端的电压 $u_k(t)$。

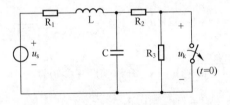

图 12-1 例 4 图

解 先求开关打开前的稳态值，即 $i_\mathrm{L}(0_-)$ 和 $u_\mathrm{C}(0_-)$。打开开关前的电路如图 12-2 所示，因为 u_s 为直流电压源所以电感短路、电容开路，有

$$i_\mathrm{L}(0_-) = \frac{u_\mathrm{s}}{R_1+R_2} = 4\mathrm{A}$$

$$u_\mathrm{C}(0_-) = R_2 i_\mathrm{L}(0_-) = 20\mathrm{V}$$

再画出打开开关后的运算电路模型如图 12-3 所示。

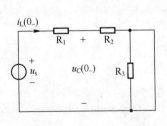 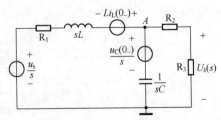

图 12-2 例 4 $t = 0_-$ 图   图 12-3 例 4 运算电路模型图

列写节点方程，有

$$\left(\frac{1}{R_1+sL}+sC+\frac{1}{R_2+R_3}\right)U_A(s)=\frac{1}{R_1+sL}\left(\frac{u_s}{s}+Li_L(0_-)\right)+sC\frac{u_C(0_-)}{s}$$

代入已知数据，得

$$\left(\frac{1}{30+0.1s}+10^{-3}s+\frac{1}{10}\right)U_A(s)=\frac{1}{30+0.1s}\left(\frac{140}{s}+0.4\right)+20\times10^{-3}$$

解出 $U_A(s)$，得

$$U_A(s)=\frac{20s^2+10^4s+140\times10^4}{s(s^2+400s+4\times10^4)}$$

而

$$U_k(s)=\frac{R_3}{R_2+R_3}U_A(s)=\frac{1}{2}U_A(s)=\frac{10s^2+5\times10^3s+70\times10^4}{s(s^2+400s+4\times10^4)}$$

最后进行拉普拉斯反变换，得

$$u_k(t)=[17.5\varepsilon(t)-(7.5+500t)e^{-200t}\varepsilon(t)]V$$

例 5 电路如图 12-4 所示，已知 $R_1=1\Omega$，$R_2=2\Omega$，$L=0.1H$，$C=0.5F$，$u_2(t)=\varepsilon(t)V$，$u_1(t)=0.1e^{-5t}\varepsilon(t)V$，在 $t=0_-$ 时电路处于零状态。试求电流 $i_2(t)$。

解 在复频域内求 AB 端口左边电路的戴维南等效电路如图 12-5 所示。

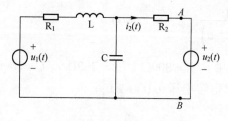

图 12-4 例 5 图

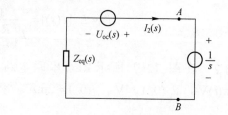

图 12-5 例 5 戴维南等效电路图

其中，因为原电路处于零状态并且

$$U_1(s)=L[u_1(t)]=\frac{0.1}{s+5}$$

所以，有

$$U_{oc}(s)=\frac{\frac{2}{s}}{1+0.1s+\frac{2}{s}}\times\frac{0.1}{s+5}=\frac{2}{(s^2+10s+20)(s+5)}$$

$$Z_{eq}(s)=2+\frac{(1+0.1s)\frac{2}{s}}{1+0.1s+\frac{2}{s}}=\frac{2s^2+22s+60}{s^2+10s+20}$$

最后可得

$$I_2(s)=\frac{U_{oc}(s)-\frac{1}{s}}{Z_{eq}(s)}=-\frac{1}{2}\frac{s^3+15s^2+68s+100}{s(s+6)(s+5)^2}$$

进行拉普拉斯反变换，得

$$i_2(t) = \left(-\frac{1}{3} + \frac{4}{3}e^{-6t} - \frac{3}{2}e^{-5t} + te^{-5t}\right)\varepsilon(t) \text{A}$$

例6 设图 12-6 所示 RL 串联电路中的激励电压为 $u(t) = e^{-at}\varepsilon(t)$，而电路的冲激响应为 $h(t) = \frac{1}{L}e^{-\frac{R}{L}t}\varepsilon(t)$，试用时域卷积定理求出此电路的零状态响应电流 $i(t)$。

解 激励电压的象函数为

$$U(s) = L[u(t)] = L[e^{-at}\varepsilon(t)] = \frac{1}{s+a}$$

冲激响应的象函数为

$$H(s) = L[h(t)] = L\left[\frac{1}{L}e^{-\frac{R}{L}t}\varepsilon(t)\right] = \frac{1}{L(s+R/L)}$$

根据时域卷积定理，此电路的零状态电流响应的象函数应为

$$I(s) = U(s)H(s) = \frac{1}{s+a}\frac{1}{L(s+R/L)}$$

求逆变换，即得电路的零状态电流响应为

$$i(t) = L^{-1}[I(s)] = \frac{1}{L\left(\frac{R}{L}-a\right)}(e^{-at} - e^{-\frac{R}{L}t})\varepsilon(t)$$

例7 在图 12-7 所示 RLC 串联电路中，$R = 800\Omega$，$L = 200\text{H}$，$C = 1000\mu\text{F}$，$u(t) = \varepsilon(t)\text{V}$，$u_C(0_-) = 1\text{V}$，$i(0_-) = 2\text{mA}$。求电容电压 $u_C(t)(t \geq 0_+)$。

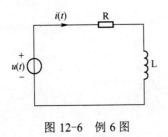

图 12-6 例 6 图　　　　图 12-7 例 7 图

解 应用基尔霍夫电压定律和各元件的电压电流关系，写出电路的微分方程为

$$Ri + L\frac{di}{dt} + u_C = u(t)$$

因为

$$i = C\frac{du_C}{dt}$$

故有

$$RC\frac{du_C}{dt} + LC\frac{d^2u_C}{dt^2} + u_C = u(t)$$

即

$$\frac{d^2 u_C}{dt^2} + \frac{R}{L} \cdot \frac{du_C}{dt} + \frac{1}{LC} u_C = \frac{1}{LC} u(t)$$

代入已知的各元件参数和激励函数，得

$$\frac{d^2 u_C}{dt^2} + 4\frac{du_C}{dt} + 5u_C = 5\varepsilon(t) \tag{1}$$

电容电压及其一阶导数当 $t = 0_-$ 时的原始值为

$$\begin{cases} u_C(0_-) = 1 \\ u'_C(0_-) = \frac{1}{C} i(0_-) = \frac{1}{10^{-3}} \times 2 \times 10^{-3} = 2 \end{cases} \tag{2}$$

对电路的微分方程式（1）进行拉普拉斯变换，设

$$L[u_C(t)] = U_C(s)$$

得

$$[s^2 U_C(s) - s u_C(0_-) - u'_C(0_-)] + 4[s U_C(s) - u_C(0_-)] + 5 U_C(s) = \frac{5}{s}$$

代入式（2）所给的原始值，整理，得

$$(s^2 + 4s + 5) U_C(s) = \frac{5}{s} + s + 6$$

待求电容电压的象函数为

$$U_C(s) = \frac{s^2 + 6s + 5}{s(s^2 + 4s + 5)} \tag{3}$$

不难判断 $s^2 + 4s + 5 = 0$ 的根是一对共轭复根，于是可将 $U_C(s)$ 展开为如下的部分分式：

$$U_C(s) = \frac{s^2 + 6s + 5}{s(s^2 + 4s + 5)} = \frac{1}{s} + \frac{2}{(s+2)^2 + 1}$$

从而可得

$$u_C(t) = L^{-1}[U_C(s)] = (1 + 2e^{-2t} \sin t) \text{V} \quad (t \geqslant 0_+)$$

用拉普拉斯变换分析动态电路的基本步骤可归纳如下：
（1）写出描述动态电路的微分方程。
（2）对电路的微分方程进行拉普拉斯变换，获得复频域中的代数方程。
（3）解复频域中的代数方程，求出待求响应的象函数。
（4）对上面求得的象函数进行拉普拉斯逆变换，即得待求的时域响应。

在将微分方程变换为复频域中的代数方程的过程中，已将电路的原始状态一并代入，这样便避免了输入/输出方程法中根据微分方程的初始条件确定积分常数的步骤。

例 8 绘出图 12-7 所示电路的复频域模型，利用此复频域模型重解例 7。

解 绘出图 12-7 的复频域模型如图 12-8 所示。

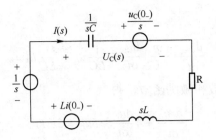

图 12-8 图 12-7 的复频域模型

图中各元件的原始参数为 $R=800\Omega$, $L=200\text{H}$, $C=1000\mu\text{F}$。已知电路的原始状态为 $u_C(0_-)=1\text{V}$, $i(0_-)=2\times10^{-3}\text{A}$。

按图 12-8 利用基尔霍夫定律的复频域形式及元件电压电流关系的复频域形式,可求得电流象函数 $I(s)$,从而计算电容电压象函数 $U_C(s)$ 如下:

$$I(s)=\frac{\dfrac{1}{s}-\dfrac{u_C(0_-)}{s}+Li(0_-)}{\dfrac{1}{sC}+sL+R}$$

$$U_C(s)=\frac{1}{sC}I(s)+\frac{u_C(0_-)}{s}=\frac{1}{sC}\cdot\frac{\dfrac{1}{s}-\dfrac{u_C(0_-)}{s}+Li(0_-)}{\dfrac{1}{sC}+sL+R}+\frac{u_C(0_-)}{s}$$

$$=\frac{\dfrac{1}{s}-\dfrac{u_C(0_-)}{s}+Li(0_-)}{1+s^2LC+sRC}+\frac{u_C(0_-)}{s}$$

将各元件参数及电路的原始状态代入,得

$$U_C(s)=\frac{0.4}{0.2s^2+0.8s+1}+\frac{1}{s}=\frac{s^2+6s+5}{s(s^2+4s+5)}$$

上式与例 7 中求得的电容电压象函数相同,从而可求得电容电压(求解步骤详见例 7)

$$u_C(t)=L^{-1}[U_C(s)]=(1+2\text{e}^{-2t}\sin t)\text{V} \quad (t\geqslant 0_+)$$

例 9 在图 12-9(a)所示电路中 $C_1=2\text{F}$, $C_2=3\text{F}$, $R=5\Omega$, $u_{C_1}(0_-)=10\text{V}$, $u_{C_2}(0_-)=0$。求开关闭合后的两电容电流 $i_{C_1}(t)$、$i_{C_2}(t)$ 及电压 $u(t)$。

解 绘出图 12-9(a)所示电路的复频域模型如图 12-9(b)所示(图中各元件参数按复频域导纳标出)。

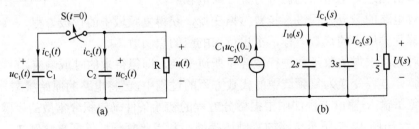

图 12-9 例 9 电路及其复频域模型

根据并联导纳的分流原理，得

$$I_{10}(s) = 20 \times \frac{2s}{2s + 3s + \frac{1}{5}} = \frac{40s}{5s + \frac{1}{5}} = \frac{8s}{s + \frac{1}{25}}$$

$$I_{C_1}(s) = I_{10}(s) - C_1 u_{C_1}(0_-) = \frac{8s}{s + \frac{1}{25}} - 20 = 8 - \frac{\frac{8}{25}}{s + \frac{1}{25}} - 20$$

$$= -12 - \frac{\frac{8}{25}}{s + \frac{1}{25}}$$

$$I_{C_2}(s) = 20 \times \frac{3s}{2s + 3s + \frac{1}{5}} = \frac{60s}{5s + \frac{1}{5}} = \frac{12s}{s + \frac{1}{25}} = 12 - \frac{\frac{12}{15}}{s + \frac{1}{25}}$$

开关接通后，两电容电压相等并等于电阻电压，即

$$u_{C_1}(t) = u_{C_2}(t) = u(t)$$

其象函数可由图 12-9（b）求得，有

$$U(s) = \frac{1}{3s} I_{C_2}(s) = \frac{1}{3s} \cdot \frac{12s}{s + \frac{1}{25}} = \frac{4}{s + \frac{1}{25}}$$

由此可求得换路后的两电容电流 $i_{C_1}(t)$、$i_{C_2}(t)$ 和电压 $u(t)$ 分别为

$$i_{C_1}(t) = L^{-1}[I_{C_1}(s)] = L^{-1}\left[-12 - \frac{\frac{8}{25}}{s + \frac{1}{25}}\right] = \left[-12\delta(t) - \frac{8}{25}e^{-\frac{t}{25}}\varepsilon(t)\right]\text{A}$$

$$i_{C_2}(t) = L^{-1}[I_{C_2}(s)] = L^{-1}\left[12 - \frac{\frac{12}{25}}{s + \frac{1}{25}}\right] = \left[12\delta(t) - \frac{12}{25}e^{-\frac{t}{25}}\varepsilon(t)\right]\text{A}$$

$$u(t) = L^{-1}[U(s)] = L^{-1}\left[\frac{4}{s + \frac{1}{25}}\right] = 4e^{-\frac{t}{25}}\varepsilon(t)\text{V}$$

由以上解答可以看出：两电容电压在 $t = 0$ 时有强迫跳变 [$u_{C_1}(0_-) = 10\text{V}$，$u_{C_2}(0_-) = 0$，而 $u_{C_1}(0_+) = u_{C_2}(0_+) = 4\text{V}$]。这是由 $t = 0$ 时两电容中的冲激电流所导致的结果。对于这类有强迫跳变的问题，用时域分析法求解时，必须确定 $t = 0_-$ 时的电容电压或电感电流的原始值，并以此求出其 $t = 0_+$ 时的初始值。用复频域分析法求解时，则不必求出 $t = 0_+$ 时的电容电压或电感电流初始值，而只需确定其 $t = 0_-$ 时的原始值，并以适当的附加电源引入复频域电路模型中，就能求得正确结果。

应当注意，电容电压 $u_{C_1}(t)$ 在 $t = 0$ 时发生了跳变，且跳变前的原始值 $u_{C_1}(0_-) \neq 0$，因而既适用于 $t > 0$ 时又适用于 $t = 0_-$ 时的 $u_{C_1}(t)$ 的表达式为

$$u_{C_1}(t) = \left[10\varepsilon(-t) + 4e^{-\frac{t}{25}}\varepsilon(t)\right]V$$

用这种表达式才能由 $i_{C_1}(t) = C_1\dfrac{du_{C_1}}{dt}$ 正确地求得电流 $i_{C_1}(t)$。

例 10 在图 12-10（a）所示含有受控源的电路中，$R_1 = 2\Omega$，$R_2 = 0.5\Omega$，$L = 2H$，$C = 0.5F$，$r_m = -0.5\Omega$，$u_C(0_-) = 1V$，$i_1(0_-) = -2A$。求电流 $i_1(t)$。

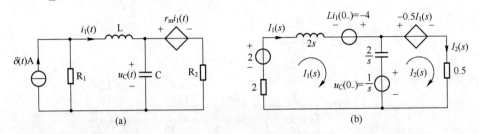

图 12-10 例 10 动态电路及其复频域模型

解 绘出图 12-10（a）所示电路的复频域模型，并将其中由电阻 R_1 与电流源并联构成的诺顿模型化为等效的戴维南模型。如图 12-10（b）所示，图中各元件参数按复频域阻抗标出。用回路分析法求解。

设两回路电流的象函数分别为 $I_1(s)$ 及 $I_2(s)$，则可列出以下方程：

回路 1　$\left(2 + 2s + \dfrac{2}{s}\right)I_1(s) - \dfrac{2}{s}I_2(s) = 2 - 4 - \dfrac{1}{s}$

回路 2　$-\dfrac{2}{s}I_1(s) + \left(\dfrac{2}{s} + \dfrac{1}{2}\right)I_2(s) = \dfrac{1}{s} - \left[-\dfrac{1}{2}I_1(s)\right]$

回路 1、回路 2 方程经整理后，得

$$\left(2 + 2s + \dfrac{2}{s}\right)I_1(s) - \dfrac{2}{s}I_2(s) = -\left(2 + \dfrac{1}{s}\right)$$

$$-\left(\dfrac{1}{2} + \dfrac{2}{s}\right)I_1(s) + \left(\dfrac{1}{2} + \dfrac{2}{s}\right)I_2(s) = \dfrac{1}{s}$$

解上列联立方程组可求得

$$I_1(s) = \dfrac{-\dfrac{9}{2s} - 1}{\dfrac{4}{s} + s + 5} = \dfrac{-\left(s + \dfrac{9}{2}\right)}{s^2 + 5s + 4} = \dfrac{-\left(s + \dfrac{9}{2}\right)}{(s+4)(s+1)}$$

将上式展开为部分分式，则有

$$I_1(s) = \dfrac{\dfrac{1}{6}}{s+4} - \dfrac{\dfrac{7}{6}}{s+1}$$

故所求电流为

$$i_1(t) = L^{-1}[I_1(s)] = \left(\dfrac{1}{6}e^{-4t} - \dfrac{7}{6}e^{-t}\right)A \qquad (t \geq 0_+)$$

例 11 应用定义求下列函数的拉普拉斯变换。

（1） $f(t) = 2\varepsilon(t-4)$；（2） $f(t) = -6e^{-2t}[\varepsilon(t) - \varepsilon(t-2)]$；
（3） $f(t) = 2\delta(t) - 3\varepsilon(t)$；（4） $f(t) = 3\delta(t-2) - 3t\varepsilon(t)$；（5） $f(t) = \varepsilon(t)\varepsilon(t-2)$。

解 由拉普拉斯变换的定义及性质，有

（1） $\dfrac{2}{s}e^{-4s}$；（2） $\dfrac{6}{2+s}(e^{-4-2s} - 1)$；（3） $2 - \dfrac{3}{s}$；（4） $3e^{-2s} - \dfrac{3}{s^2}$；（5） $\dfrac{1}{s}e^{-2s}$

例 12 应用 s 域（复频域）微分性质，求 $f(t) = te^{-t}\sin t\varepsilon(t)$ 的拉普拉斯变换。

解 由拉普拉斯变换的定义及性质（频移、频域微分），有

$$F(s) = \frac{2(s+1)}{[(s+1)^2 + 1]^2}$$

例 13 求图 12-11 所示波形的拉普拉斯变换。

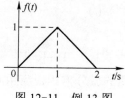

图 12-11 例 13 图

解 函数写为

$f(t) = t[\varepsilon(t) - \varepsilon(t-1)] + (-t+2)[\varepsilon(t-1) - \varepsilon(t-2)] = t\varepsilon(t) - 2(t-1)\varepsilon(t-1) + (t-2)\varepsilon(t-2)$

$$F(s) = L[f(t)] = \frac{1}{s^2} - 2\frac{e^{-s}}{s^2} + \frac{e^{-2s}}{s^2} = \frac{(1-e^{-s})^2}{s^2}$$

例 14 应用 s 域积分性质，求 $f(t) = \dfrac{e^{-3t} - e^{-5t}}{t}\varepsilon(t)$ 的拉普拉斯变换。

解 s 域积分性质：$g(t) \longleftrightarrow G(s)$，$\dfrac{g(t)}{t} \longleftrightarrow \int_s^\infty G(\eta)d\eta$

本题中 $g(t) = (e^{-3t} - e^{-5t})\varepsilon(t) \leftrightarrow G(s) = \dfrac{1}{s+3} - \dfrac{1}{s+5}$

由性质，有

$f(t) = \dfrac{g(t)}{t} = \dfrac{(e^{-3t} - e^{-5t})}{t}\varepsilon(t) \leftrightarrow F(s) = \int_s^\infty G(\eta)d\eta = \int_s^\infty \left(\dfrac{1}{\eta+3} - \dfrac{1}{\eta+5}\right)d\eta = \ln[(s+5)/(s+3)]$

例 15 应用时移定理，求图 12-12 所示函数 $f(t)$ 的拉普拉斯变换。

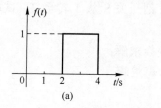 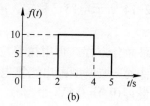

图 12-12 例 15 图

解 （a） $\dfrac{1}{s}(e^{-2s} - e^{-4s})$；（b） $\dfrac{5}{s}(2e^{-2s} - e^{-4s} - e^{-5s})$

例 16 求下列函数的逆变换。

（1） $F(s) = \dfrac{(s+1)(s+4)}{s(s+2)(s+3)}$；（2） $F(s) = \dfrac{2s^2 + 16}{(s^2 + 5s + 6)(s + 12)}$；

（3） $F(s) = \dfrac{2s + 4}{s(s^2 + 4)}$；（4） $F(s) = \dfrac{s^2 + 4s}{(s+1)(s^2 - 4)}$；（5） $F(s) = \dfrac{2s}{(s^2 + 4)^2}$

解 （1） $\dfrac{2}{3}\left(1 - \mathrm{e}^{-3t} + \dfrac{3}{2}\mathrm{e}^{-2t}\right)\varepsilon(t)$；（2） $\left(\dfrac{12}{5}\mathrm{e}^{-2t} - \dfrac{34}{9}\mathrm{e}^{-3t} + \dfrac{152}{45}\mathrm{e}^{-12t}\right)\varepsilon(t)$

（3） $(1 - \cos 2t + \sin 2t)\varepsilon(t)$；（4） $(\mathrm{e}^{-t} - \mathrm{e}^{-2t} + \mathrm{e}^{2t})\varepsilon(t)$；（5） $\dfrac{1}{2}t\sin 2t\,\varepsilon(t)$

例 17 应用时移特性，求 $F(s) = \dfrac{\mathrm{e}^{-s} + \mathrm{e}^{-2s} + 1}{(s+1)(s+2)}$ 的拉普拉斯变换。

解 令 $F_1(s) = \dfrac{1}{(s+1)(s+2)} = \dfrac{1}{s+1} - \dfrac{1}{s+2}$，则 $F(s) = \mathrm{e}^{-s}F_1(s) + \mathrm{e}^{-2s}F_1(s) + F_1(s)$

易得 $f_1(t) = L^{-1}[F_1(s)] = (\mathrm{e}^{-t} - \mathrm{e}^{-2t})\varepsilon(t)$

则根据时移性质，有

$$f(t) = L^{-1}[F(s)] = [\mathrm{e}^{-(t-1)} - \mathrm{e}^{-2(t-1)}]\varepsilon(t-1) + [\mathrm{e}^{-(t-2)} - \mathrm{e}^{-2(t-2)}]\varepsilon(t-2) + [\mathrm{e}^{-t} - \mathrm{e}^{-2t}]\varepsilon(t)$$

例 18 列出图 12-13 所示电路的微分方程，应用时域微分定理求电容电压 $u_\mathrm{C}(t)$。

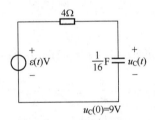

图 12-13　例 18 图

解 $\dfrac{1}{4}\dfrac{\mathrm{d}u_\mathrm{C}(t)}{\mathrm{d}t} + u_\mathrm{C}(t) = \varepsilon(t)$

两边取拉普拉斯变换，有

$$\dfrac{1}{4}[sU_\mathrm{C}(s) - u_\mathrm{C}(0_-)] + U_\mathrm{C}(s) = \dfrac{1}{s}$$

$$U_\mathrm{C}(s) = \dfrac{9s + 4}{s(s+4)} = \dfrac{1}{s} + \dfrac{8}{s+4}$$

求拉普拉斯反变换有 $u_\mathrm{C}(t) = (1 + 8\mathrm{e}^{-4t})\varepsilon(t)\,\mathrm{V}$

例 19 图 12-14 所示电路已稳定，$t=0$ 时刻开关 S 从 1 转至 2。试用以下两种方法求电容电压 $u_\mathrm{C}(t)$。

（1）列出电路微分方程，再用拉普拉斯变换求解；

（2）应用元件的 s 域模型画出运算电路，再求解。

解 （1）可得 $u_\mathrm{C}(0_-) = 0.5\,\mathrm{V}$

由 KCL，列出微分方程为 $\dfrac{[\delta(t) - u_\mathrm{C}(t)]}{1} = \dfrac{u_\mathrm{C}(t)}{1} + 1 \cdot \dfrac{\mathrm{d}u_\mathrm{C}}{\mathrm{d}t}$

即 $\dfrac{\mathrm{d}u_\mathrm{C}}{\mathrm{d}t} + 2u_\mathrm{C}(t) = \delta(t)$

两边取拉普拉斯变换,有
$$sU_C(s) - u_C(0_-) + 2U_C(s) = 1$$
$$U_C(s) = \frac{1.5}{s+2}$$

求拉普拉斯反变换有 $u_C(t) = 1.5e^{-2t}\varepsilon(t)\text{V}$

(2)画出运算电路模型如图 12-15 所示。

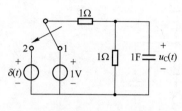
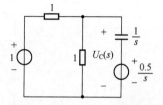

图 12-14 例 19 图   图 12-15 例 19 图解

由节点电压法,得
$$U_C(s)(s+1+1) = \frac{1}{1} + \frac{\frac{0.5}{s}}{\frac{1}{s}} = 1.5$$
$$U_C(s) = \frac{1.5}{s+2}$$

求拉普拉斯反变换,有
$$u_C(t) = 1.5e^{-2t}\varepsilon(t)\text{V}$$

例 20 图 12-16 所示电路中,已知 $i(0_-) = 1\text{A}$,$u_s = 20\cos(10t+45°)\varepsilon(t)\text{V}$,$L=2\text{H}$,$R=20\Omega$。用运算法求电流 $i(t)$。

解 $u_s = 20\cos(10t+45°)\varepsilon(t) = 10\sqrt{2}[\cos(10t)-\sin(10t)]\text{V}$
$$U_s(s) = 10\sqrt{2}\left(\frac{s-10}{s^2+100}\right)$$

画出运算电路模型如图 12-17 所示。

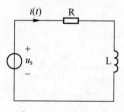
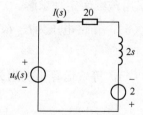

图 12-16 例 20 图   图 12-17 例 20 图解

可得
$$I_s(s) = \frac{10\sqrt{2}\left(\frac{s-10}{s^2+100}\right)+2}{2s+20} = \frac{s^2+5\sqrt{2}s+100-50\sqrt{2}}{(s+10)(s^2+100)} = \frac{2-\sqrt{2}}{2}}{(s+10)} + \frac{\frac{\sqrt{2}}{2}s}{(s^2+100)}$$

求拉普拉斯反变换，有

$$i(t) = \left(\frac{2-\sqrt{2}}{2}e^{-10t} + \frac{\sqrt{2}}{2}\cos 10t\right)\varepsilon(t) = (0.293e^{-10t} - 0.707\cos 10t)\varepsilon(t)\text{A}$$

例 21 图 12-18 所示电路已稳定，$t=0$ 时刻将开关打开，画出运算电路，并求电流 $i(t)$。已知 $R_1 = 2\Omega$，$R_2 = 0.75\Omega$，$C = 1\text{F}$，$L = \frac{1}{12}\text{H}$，$u_s = 21\text{V}$。

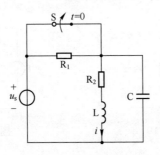

图 12-18 例 21 图

解题思路：本题是二阶动态电路，按照运算法求解步骤开展分析。

解 $u_C(0_-) = 21\text{V}$；$i_L(0_-) = 28\text{A}$

画出换路后运算电路模型如图 12-19（a）所示。

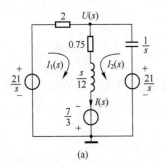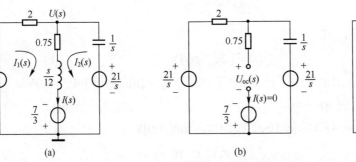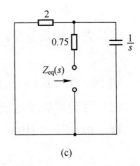

(a)   (b)   (c)

图 12-19 例 21 图解

方法（1）采用戴维南定理求解。

见图 12-19（b），开路电压为 $U_{oc}(s) = \dfrac{7}{3} + \dfrac{21}{s}$

见图 12-19（c），等效运算阻抗为 $Z_{eq}(s) = 0.75 + \dfrac{2 \cdot \frac{1}{s}}{2 + \frac{1}{s}} = \dfrac{6s+11}{4(2s+1)}$

因此，有

$$I(s) = \frac{U_{oc}(s)}{Z_L(s) + Z_{eq}(s)} = \frac{\frac{7}{3} + \frac{21}{s}}{\frac{s}{12} + \frac{6s+11}{4(2s+1)}} = \frac{14(2s+1)(s+9)}{s(s^2 + 9.5s + 16.5)} = \frac{7.6}{s} + \frac{29.85}{s+2.29} + \frac{-9.48}{s+7.21}$$

求拉普拉斯反变换有 $i(t) = (7.6 + 29.85e^{-2.29t} - 9.48e^{-7.21t})\varepsilon(t)\text{A}$

方法（2）网孔电流法。网孔电流见图 12-19（a），列写网孔电流方程，有

$$\begin{cases} \left(2+0.75+\dfrac{s}{12}\right)I_1(s) + \left(0.75+\dfrac{s}{12}\right)I_2(s) = \dfrac{21}{s} + \dfrac{7}{3} \\ \left(0.75+\dfrac{s}{12}\right)I_1(s) + \left(\dfrac{1}{s}+0.75+\dfrac{s}{12}\right)I_2(s) = \dfrac{21}{s} + \dfrac{7}{3} \end{cases}$$

上式两式相减可得 $I_2(s) = 2sI_1(s)$ 代入，可得 $I_1(s) = \dfrac{28(s+9)}{s(2s^2+19s+33)}$

$$I(s) = I_1(s) + I_2(s) = (2s+1)I_1(s) = \dfrac{28(2s+1)(s+9)}{s(2s^2+19s+33)}$$

结果与戴维南定理相同。

方法（3）节点电压法。节点电压见图 12-19（a），列出运算电路节点电压方程

$$\left(\dfrac{1}{2} + \dfrac{1}{0.75+\dfrac{s}{12}} + s\right)U(s) = \dfrac{21}{2s} - \dfrac{\dfrac{7}{3}}{0.75+\dfrac{s}{12}} + \dfrac{\dfrac{21}{s}}{\dfrac{1}{s}}$$

可得 $U(s) = \dfrac{(42s^2+343s+189)}{s(2s^2+19s+33)}$

$$I(s) = \dfrac{U(s)+\dfrac{7}{3}}{0.75+\dfrac{s}{12}} = \dfrac{28(2s+1)(s+9)}{s(2s^2+19s+33)}$$

与上述结果相同。

C 练 习 题

1. 试求下列函数的拉普拉斯函数：
（1） $f(t) = \sinh at\varepsilon(t)$；
（2） $f(t) = 2\delta(t-1) - 3e^{-at}\varepsilon(t)$；
（3） $f(t) = e^{-t}\varepsilon(t) + 2\varepsilon(t-1)e^{-(t-1)} + 3\delta(t-2)$；
（4） $f(t) = t[\varepsilon(t-1) - \varepsilon(t-2)]$。

2. 已知图 12-20 所示电路的原始状态为 $i_L(0_-) = 0$，$u_C(0_-) = 4\text{V}$，试求电路的全响应 $i(t)$。

3. 试求图 12-21 所示电路在下列两激励分别作用下的零状态响应 $u(t)$。
① $u_s(t) = \varepsilon(t)\text{V}$
② $u_s(t) = 10\delta(t)\text{V}$

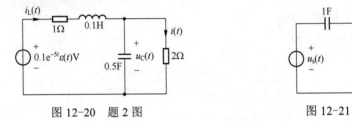

图 12-20 题 2 图　　　　图 12-21 题 3 图

4. 图 12-22 所示电路在开关 K 断开前已处于稳定状态。试求开关断开后的电压 $u_k(t)$。

5. 在图 12-23 所示电路中，电源接通前两电容均未充电。试求电源接通后的响应 $u_R(t)$ 和 $i_{C_2}(t)$。

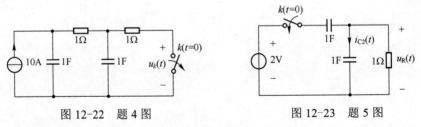

图 12-22 题 4 图　　　　图 12-23 题 5 图

6. 试用复频域分析法求解图 12-24 所示电路中的冲激响应 $u(t)$、$u_1(t)$ 和 $u_2(t)$。

7. 在图 12-25 所示电路中，电源接通前两电容均未充电。试求电源接通后的响应 $u_R(t)$ 和 $i_{C_2}(t)$。

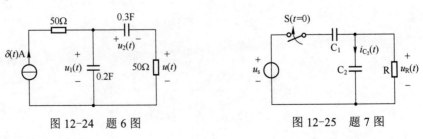

图 12-24 题 6 图　　　　图 12-25 题 7 图

8. 已知图 12-26 所示电路的原始状态为 $u(0_-) = 2\text{V}$，$i_L(0_-) = 1\text{A}$。试求电路的全响应 $u(t)$。

9. 试求图 12-27 所示电路的零状态响应 $i_1(t)$ 和 $i_2(t)$。

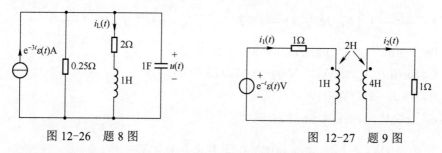

图 12-26 题 8 图　　　　图 12-27 题 9 图

10. 试就下列两种情况求图 12-28 所示电路的零状态响应 $i_{L_1}(t)$ 和 $i_{L_2}(t)$。

（1）$i_{s1}(t) = \varepsilon(t)\text{A}$，$i_{s2}(t) = 2\varepsilon(t)\text{A}$；

（2）$i_{s1}(t) = \delta(t)\text{A}$，$i_{s2}(t) = \varepsilon(t)\text{A}$。

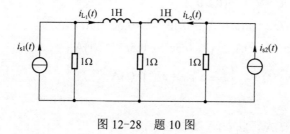

图 12-28 题 10 图

11. 图 12-29 所示电路 $t<0$ 时处于稳定状态，且 $u_C(0_-) = 0$，$t=0$ 时开关 S 闭合。求 $t \geq 0_+$ 时的 $u_2(t)$。

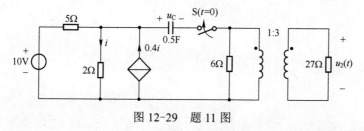

图 12-29 题 11 图

12. 图 12-30 所示电路在开关断开前处于稳定状态，试求开关断开后的电感电流 $i_L(t)$ 和电压 $u_L(t)$。

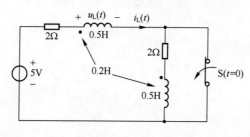

图 12-30 题 12 图

练习题答案

1. （1）$\dfrac{a}{s^2-a^2}$；（2）$2e^{-s}-\dfrac{3}{s+a}$；（3）$-\dfrac{1+2e^{-s}}{s+1}+3e^{-2s}$；（4）$\dfrac{e^{-s}-e^{-2s}}{s^2}+\dfrac{e^{-s}-2e^{-2s}}{s}$

2. $(9e^{-5t}+te^{-5t}-7e^{-6t})\varepsilon(t)\text{A}$

3. $0.5\cos(0.707t)\varepsilon(t)\text{V}$，$5\delta(t)-3.54\sin(0.707t)\varepsilon(t)\text{V}$

4. $(12.5+5t-2.5^{-3t})\varepsilon(t)\text{V}$

5. $e^{-0.5t}\varepsilon(t)\text{V}$，$\delta(t)-0.5e^{-0.5t}\varepsilon(t)\text{A}$

6. $5e^{-\frac{1}{6}t}\cdot\varepsilon(t)\text{V}$，$\left(2+3e^{-\frac{1}{6}t}\right)\varepsilon(t)\text{V}$，$2\left(1-e^{-\frac{1}{6}t}\right)\varepsilon(t)\text{V}$

7. $\dfrac{C_1U_s}{C_1+C_2}e^{-\frac{t}{R(C_1+C_2)}}\cdot\varepsilon(t)$，$\dfrac{C_1C_2U_s}{C_1+C_2}\delta(t)-\dfrac{C_1C_2U_s}{R(C_1+C_2)}e^{-\frac{t}{R(C_1+C_2)}}\cdot\varepsilon(t)$

8. $(2-2t-0.5t^2)e^{-3t}\text{V}$　　$(t\geqslant 0_+)$

9. $(0.05e^{-0.2t}+0.75e^{-t})\varepsilon(t)\text{A}$，$(-0.1e^{-0.2t}+0.5e^{-t})\varepsilon(t)\text{A}$

10. $(0.5e^{-t}-0.5e^{-3t})\varepsilon(t)\text{A}$，$(1-0.5e^{-t}-0.5e^{-3t})\varepsilon(t)\text{A}$；

    $\left(-\dfrac{1}{3}+e^{-t}+\dfrac{1}{3}e^{-3t}\right)\varepsilon(t)\text{A}$，$\left(\dfrac{2}{3}-e^{-t}+\dfrac{1}{3}e^{-3t}\right)\varepsilon(t)\text{A}$

11. $6e^{-0.5t}\varepsilon(t)\text{V}$

12. $i_L(t)=1.25\varepsilon(t)\text{A}$，$u_L(t)=-0.375\delta(t)\text{V}$